1+X 职业技能等级证书配套教材

——“可编程控制系统集成及应用”职业技能等级证书

可编程控制系统集成及应用

浙江瑞亚能源科技有限公司　组编

白国政　魏显文　主编

桑宁如　李方园　姚利森　袁海嵘　参编

中国教育出版传媒集团

高等教育出版社·北京

内容简介

本书以可编程控制系统集成及应用职业技能等级标准（中级）为主线，采用项目引领、任务驱动方式组织教材内容。书中各项目源于实际工程，按照从易到难、从单一到综合的原则进行编排，符合职业院校学生的认知特点和学习规律。全书共设 S7-1200 PLC 逻辑控制、PLC 的程序块应用、触摸屏应用与 PLC 联合仿真、工业以太网 PROFINET 通信应用、PLC 控制步进与伺服、PLC 系统综合应用 6 个项目，共 16 个任务，每个任务中都有相应的考核和评分标准，对技能考核全过程进行记录，便于过程教学评价。

本书图文并茂、案例纷呈，具有丰富的线上资源，读者扫描二维码就可以观看本书的实操视频。同时，本书提供丰富的教学资源，选用本书授课的教师可发送电子邮件至 gzdz@pub.hep.cn 获取。

本书适合高等职业院校电气自动化技术、工业机器人技术、智能控制技术、机电一体化技术等相关专业作为“可编程控制系统集成及应用”1+X 职业技能等级证书（中级）配套用书或“可编程控制器应用”课程的主教材，也适合自动化技术人员、中高级电工及技师作为工程指导用书。

图书在版编目（CIP）数据

可编程控制系统集成及应用 / 浙江瑞亚能源科技有限公司组编 ; 白国政，魏显文主编. -- 北京 : 高等教育出版社，2023.2
ISBN 978-7-04-059068-5

Ⅰ. ①可… Ⅱ. ①浙… ②白… ③魏… Ⅲ. ①可编程序控制器-系统设计 Ⅳ. ①TM571.6

中国版本图书馆CIP数据核字(2022)第134449号

KEBIANCHENG KONGZHI XITONG JICHENG JI YINGYONG

策划编辑 曹雪伟　责任编辑 曹雪伟　封面设计 王 洋　版式设计 马 云
责任绘图 于 博　责任校对 高 歌　责任印制 存 怡

出版发行	高等教育出版社	网　　址	http://www.hep.edu.cn
社　　址	北京市西城区德外大街4号		http://www.hep.com.cn
邮政编码	100120	网上订购	http://www.hepmall.com.cn
印　　刷	鸿博昊天科技有限公司		http://www.hepmall.com
开　　本	787mm×1092mm　1/16		http://www.hepmall.cn
印　　张	16.25		
字　　数	390千字	版　　次	2023 年 2 月第 1 版
购书热线	010-58581118	印　　次	2023 年 2 月第 1 次印刷
咨询电话	400-810-0598	定　　价	45.80元

物 料 号　59068-00

前言

根据我国制造业发展蓝图的规划，未来十年，新一代智能制造技术将在全国制造业实现大规模推广应用，我国的智能制造技术和应用水平以及制造业总体水平将达到世界先进水平。作为智能制造的核心，工业自动化尤其是可编程控制系统（即 PLC 系统）的发展将进入“快车道”，产业发展对具备 PLC 系统集成、产品开发、工程项目实施等技术能力的高技能人才需求量也将相应剧增。

2019 年 1 月，国务院印发《国家职业教育改革实施方案》，提出要在职业院校、应用型本科高校启动“学历证书＋若干职业技能等级证书”（即 1＋X 证书）制度试点，要进一步发挥好学历证书的作用，夯实学生可持续发展基础，鼓励职业院校学生在获得学历证书的同时，积极取得多类职业技能等级证书，拓展就业创业本领，缓解结构性就业矛盾。2019 年 4 月，教育部、国家发展和改革委员会、财政部、市场监督管理总局联合印发《关于在院校实施“学历证书＋若干职业技能等级证书”制度试点方案》，部署启动“学历证书＋若干职业技能等级证书”制度试点工作。在《关于受权发布参与 1＋X 证书制度试点的第四批职业教育培训评价组织及职业技能等级证书名单的通知》（教职所〔2020〕257 号）中，确定浙江瑞亚能源科技有限公司为“可编程控制系统集成及应用”职业技能等级证书的培训评价组织。

可编程控制系统集成及应用职业技能等级标准（中级）主要面向电气设备生产企业安装调试、技术服务、销售、电气工程、系统集成等岗位；电气设备应用企业操作维护、设备管理、电气工程等岗位；系统集成企业安装调试、操作编程、技术服务、销售、电气工程、资料管理、系统集成等岗位；科研设计院所技术服务、销售、电气绘图、资料管理等岗位，从事设备选型、图纸绘制、文件编制、系统硬件配置、简易程序编程与调试、人机界面的调试、常规巡检、故障排查、设备升级等工作。具体要求详见下表。

可编程控制系统集成及应用职业技能等级标准要求（中级）

工作领域	工作任务	职业技能要求
1 系统方案设计	1.1 设备选型	1.1.1 能够根据系统方案要求，正确完成可编程逻辑控制器及扩展模块的选型
		1.1.2 能够根据系统方案要求，正确完成触摸屏选型
		1.1.3 能够根据系统方案要求，正确完成变频器、伺服驱动器等设备选型
		1.1.4 能够根据系统方案要求，正确完成编程软件，工控机，断路器、继电器、接触器等常用电器元件选型

续表

工作领域	工作任务	职业技能要求
1　系统方案设计	1.2　系统原理图绘制	1.2.1　能够使用电气绘图软件，完成电气原理图绘制
		1.2.2　能够使用电气绘图软件，完成控制流程图绘制
		1.2.3　能够使用电气绘图软件，完成控制时序图绘制
		1.2.4　能够使用电气绘图软件，完成安全联锁图绘制
	1.3　配置文件编制	1.3.1　能够根据硬件配置，正确完成系统硬件清单编制
		1.3.2　能够根据硬件配置，正确完成系统软件清单编制
		1.3.3　能够根据硬件配置，正确完成变量表编制
		1.3.4　能够根据自动化系统标准，正确编制图纸说明
2　系统程序开发	2.1　系统硬件配置	2.1.1　能够根据系统设计要求，分配设备 IP 和名称，绘制网络拓扑图
		2.1.2　能够根据系统设计要求，完成控制器及扩展 I/O 的硬件组态
		2.1.3　能够根据系统设计要求，结合设备手册，正确完成常用设备参数设置
	2.2　控制器程序开发	2.2.1　能够根据任务要求，使用编程软件，实现基本逻辑控制
		2.2.2　能够根据任务要求，使用编程软件，实现顺序逻辑控制
		2.2.3　能够根据任务要求，使用编程软件，实现运算逻辑控制
		2.2.4　能够根据任务要求，使用编程软件，实现功能逻辑控制
		2.2.5　能够根据任务要求，使用编程软件，实现通信控制
	2.3　驱动器控制	2.3.1　能够根据系统要求，使用编程软件，实现步进驱动器的脉冲控制
		2.3.2　能够根据系统要求，使用编程软件，实现伺服控制器的通信控制
		2.3.3　能够根据系统要求，使用编程软件，实现变频驱动器的工业以太网等通信控制
		2.3.4　能够根据系统要求，使用编程软件，实现变频驱动器的端子控制
3　系统调试	3.1　控制器程序调试	3.1.1　能够根据任务要求，完成基本逻辑控制程序调试
		3.1.2　能够根据任务要求，完成顺序逻辑控制程序调试
		3.1.3　能够根据任务要求，完成运算逻辑控制程序调试

续表

工作领域	工作任务	职业技能要求
3 系统调试	3.1 控制器程序调试	3.1.4 能够根据任务要求，完成功能逻辑控制程序调试
		3.1.5 能够根据任务要求，完成通信控制程序调试
	3.2 驱动控制程序调试	3.2.1 能够根据任务要求，完成变频器控制程序的调试
		3.2.2 能够根据任务要求，完成伺服驱动器控制程序的调试
		3.2.3 能够根据任务要求，完成步进驱动器控制程序的调试
	3.3 人机界面调试	3.3.1 能够根据程序功能需求，完成基本指令程序与触摸屏的联调
		3.3.2 能够根据程序功能需求，完成简易顺序控制程序与触摸屏的联调
		3.3.3 能够根据程序功能需求，完成变频器、伺服驱动器、步进驱动器等控制程序与触摸屏的联调
	3.4 基础程序仿真调试	3.4.1 能够根据控制要求，完成控制程序仿真测试
		3.4.2 能够根据控制要求，完成人机界面仿真测试
		3.4.3 能够根据控制要求，完成控制器之间通信的仿真测试
		3.4.4 能够根据控制要求，完成控制器与人机界面之间的仿真测试
4 系统运行维护	4.1 常规巡检	4.1.1 能够根据设备维护手册，进行设备工作状态检查
		4.1.2 能够根据设备维护手册，正确完成 I/O 信号检测
		4.1.3 能够根据设备维护手册，实现网络实时性检测
		4.1.4 能够根据巡检结果，填写巡检记录表
	4.2 故障排查	4.2.1 能够根据故障现象，进行电气设备故障排查
		4.2.2 能够根据故障提示，进行可编程控制器故障排查
		4.2.3 能够根据故障代码，进行变频器故障排查
		4.2.4 能够根据故障现象，进行触摸屏故障排查
	4.3 设备升级	4.3.1 能够根据系统功能优化需求，进行程序更新和调试
		4.3.2 能够根据系统功能优化需求，完成控制器固件升级
		4.3.3 能够根据系统功能优化需求，完成触摸屏固件升级
		4.3.4 能够根据系统功能优化需求，完成变频器固件升级
		4.3.5 能够根据系统功能优化需求，完成系统硬件升级和调试

本书特点如下：

（1）按照“课证融通”的思路进行编写，既符合电气自动化技术、工业机器人技术、智能控制技术、机电一体化技术等相关专业教学标准的要求，又覆盖可编程控制系统集成及应用职业技能等级标准（中级）的要求，将专业教学目标和证书目标相互融合，既保证学历培养规格，又能促进职业技能培养。

（2）采用项目引领、任务驱动方式组织相关内容。书中各项目均源于实际工程，按照从易到难、从单一到综合的原则进行编排，符合职业教育学生的认知特点和学习规律。

本书较为全面地介绍了电气设备安装与调试、PLC安装与调试、触摸屏安装与调试、变频器安装与调试、系统联调与检修等内容，共设计S7-1200 PLC逻辑控制、PLC的程序块应用、触摸屏应用与PLC联合仿真、工业以太网PROFINET通信应用、PLC控制步进与伺服、PLC系统综合应用六个项目共16个任务，每个任务中都有相应的考核和评分标准，对技能考核全过程进行记录，便于过程教学评价。

本书由浙江瑞亚能源科技有限公司组织编写，由陕西工业职业技术学院白国政和武威职业学院魏显文担任主编，杭州瑞亚教育科技有限公司桑宁如、浙江工商职业技术学院李方园、浙江瑞亚能源科技有限公司姚利森、西门子工厂自动化工程有限公司袁海嵘参编。白国政编写项目1和项目2及全书框架，魏显文编写项目3和项目4，桑宁如、李方园、姚利森、袁海嵘共同编写项目5和项目6。

本书在编写过程中，编者参阅了大量的论著和文献以及互联网上的资料，得到了浙江瑞亚能源科技有限公司和西门子工厂自动化工程有限公司相关工程技术人员帮助，并提供了典型案例和实践经验，对此衷心表示感谢。

由于编者水平有限，书中难免存在疏漏，恳请读者提出宝贵意见，以便进一步修改和完善。

编　者

2022年6月

目 录

项目 1

S7-1200 PLC 逻辑控制

导读

可编程控制器（Programmable Logic Controller，PLC）是一种用于智能制造的工业控制装置。根据 IEC 61131-3 标准，输入继电器、输出继电器和内部辅助继电器是 PLC 最常见的三种位元件，可以与开关信号、外部负载相连接，并以自锁、互锁、计数器和定时器等梯形图逻辑功能实现最常见的电气控制。本项目旨在通过 PLC 计数控制输送带启停、PLC 控制输送带电动机星三角启动和小车往复运行 PLC 控制三个任务，掌握 PLC 逻辑控制的基本思路。

知识目标

1. 熟悉 PLC 的定义和内部结构。
2. 熟悉 S7-1200 PLC 系统构成以及外部连接方式。
3. 了解 S7-1200 PLC 计数器和定时器的指令。
4. 掌握自锁、互锁、计数器和定时器等梯形图程序的编写方法。

能力目标

1. 能绘制 S7-1200 PLC 的计数、定时或电动机控制线路图。
2. 能根据图纸进行 S7-1200 PLC 控制系统的安装接线。
3. 能使用博途软件进行 S7-1200 PLC 的硬件组态和梯形图编辑。
4. 能使用博途软件进行程序下载、监控与调试。

素养目标

1. 具有现代制造业高技能人才后备军的责任感。
2. 对从事 PLC 应用工作充满热情，有较强的求知欲。
3. 乐于、善于使用所学 PLC 技术解决生产实际问题。

任务 1.1　PLC 计数控制输送带启停

任务描述

如图 1-1 所示，输送带驱动采用交流接触器控制的三相异步电动机，控制系统选用西门子 S7-1200 CPU1215C DC/DC/DC PLC，该输送带系统具有计数指示和启停控制功能，设有启动按钮 SB1、复位按钮 SB2、计数满指示灯 HL1 和光电传感器 B1。任务要求如下：

（1）按下复位按钮 SB2，复位计数器，计数满指示灯 HL1 灭。按下启动按钮 SB1，控制输送带运行，带动物品向右移动，当到达光电传感器 B1 处时，计数器加 1；当计数满 10 个时，计数满指示灯 HL1 亮，同时停止输送带。

（2）正确绘制 PLC 控制电气原理图，并完成线路装接后上电。

（3）完成 PLC 的硬件配置和软件编程，并下载到 PLC，进行调试后实现计数、启停控制功能。

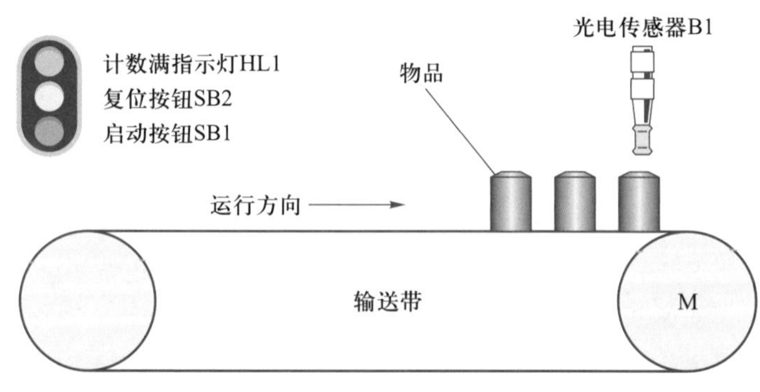

图 1-1　任务 1.1 控制示意图

知识准备 >>>

1.1.1　PLC 的基本构成

1. PLC 概念

PLC 是 Programmable Logic Controller 的英文简称，即可编程逻辑控制器，又称可编程控制器。国际电工委员会 IEC 对 PLC 做了如下的定义：“PLC 是一种数字运算操作的电子系统，专为在工业环境下应用而设计。它采用可编程序的存储器，用来在其内部存储执行逻辑运算、顺序控制、定时、计数和算术运算等操作的命令，并通过数字式、模拟式的输入和输出，控制各种类型的机械或生产过程。”

图 1–2 所示为通用 PLC 的内部结构示意图，它包括四部分：（1）电源（即 POWER），包括给 CPU 控制单元、CPU、输入接口、输出接口等供电；（2）寻址部分（即 ADDRESSING），包括输入接口、输出接口、CPU 和存储器的地址总线物理寻址；（3）数据传输部分（即 DATA），用于实现以 CPU 为中心的读取输入接口、写入输出接口、与存储器数据交换、与通信接口数据交换等；（4）控制器（即 Controller），用于实现输入接口、输出接口、CPU、存储器的控制。

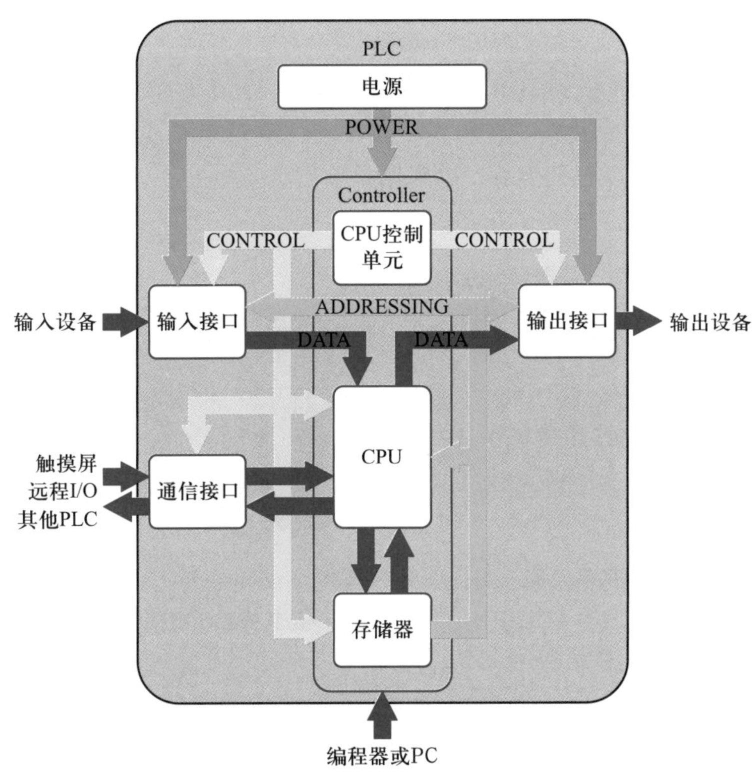

图 1–2　通用 PLC 内部结构

2. S7-1200 PLC 和 S7-1500 PLC 构成

西门子S7系列PLC包括S7-200、S7-200SMART、S7-1200、S7-300、S7-400、S7-1500等。本书将介绍两种：（1）S7-1200 PLC（中小型）；（2）S7-1500 PLC（大型）。这两款PLC涵盖了全系列的PLC应用场合，且共用博途软件进行编程、监控和仿真。

如图1-3所示，西门子S7-1200 PLC包括CPU、电源、输入信号处理回路、输出信号处理回路、存储区、RJ45端口和扩展模块接口等。西门子编程软件（即博途软件）可以通过以太网对该PLC进行编程。

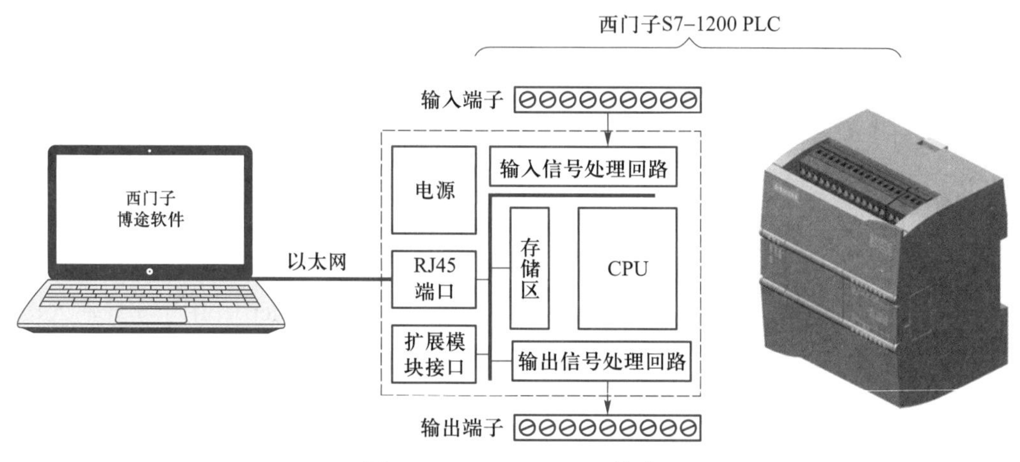

图1-3 S7-1200 PLC 构成

S7-1500 PLC是一种模块化大型PLC。图1-4所示为S7-1500标准CPU中的一款——CPU1511-1 PN外观及其安装示意。与S7-1200 PLC相比，S7-1500 PLC的电源、CPU模块、I/O模块都可以单独拆装，以根据系统需求进行组合。

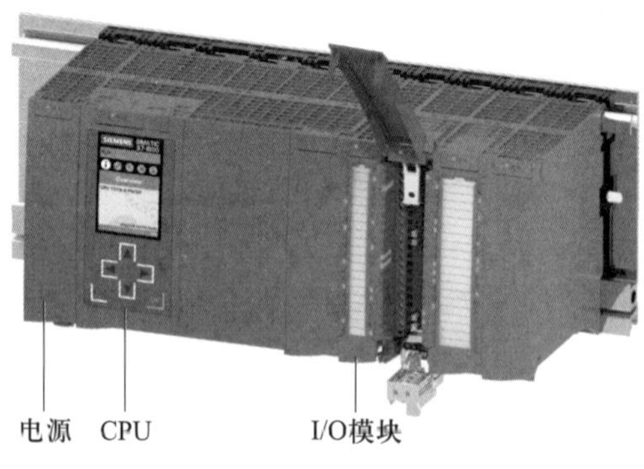

图1-4 CPU1511-1 PN 外观及其安装示意图

与S7-1200 PLC相比，S7-1500 PLC的应用更具复杂性且系统性能更高，如图1-5所示。从这个角度来看，S7-1500 PLC是高级控制器，S7-1200 PLC则是基本控制器，但两者所使用的编程软件、应用指令和通信方式几乎一致。

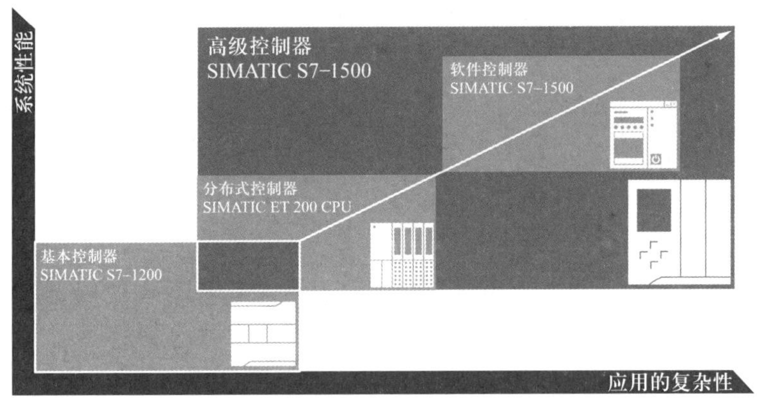

图 1-5　S7-1200 PLC 与 S7-1500 PLC 的对比

3. S7-1200 CPU 模块技术指标

为了匹配不同输入 / 输出点数以及不同运行功能的控制系统，西门子公司推出了不同的 S7-1200 PLC 主机模块，并以 CPU 作为型号前缀，如 CPU1211C、CPU1212C、CPU1212FC、CPU1214C、CPU1214FC、CPU1215C、CPU1215FC、CPU1217C 等。需要注意的是：单纯的 CPU 是指计算机通常意义上的中央处理器；CPU 模块则特指西门子 PLC 的主机模块。

西门子 S7-1200 CPU 模块共同的指标包括 1024 字节输入、1024 字节输出、3 个左侧可扩展通信模块、SIMATIC 存储卡（选件）、实时时钟（保持时间通常为 20 天，在 40 ℃时最少 12 天）、2.3 μs/ 指令的实数数学运算执行速度、0.08 μs/ 指令的布尔运算执行速度等。

不同型号西门子 S7-1200 CPU 模块的技术指标如表 1-1 所示，包括用户存储器、本地集成 I/O、信号模块扩展、高速计数器、脉冲输出、PROFINET 接口等。如 CPU1215C 有 125 KB 工作存储器、4 MB 装载存储器、10 KB 保持型存储器、8192 B 位存储器，可以扩展 8 个模块，具有 4 路 100 kHz 脉冲输出和 2 个 PROFINET 以太网接口等。

表 1-1　不同型号 S7-1200 CPU 模块的技术指标对比

型号	CPU1211C	CPU1212C	CPU1212FC	CPU1214C	CPU1214FC	CPU1215C	CPU1215FC	CPU1217C
标准 CPU	DC/DC/DC，AC/DC/RLY，DC/DC/RLY							DC/DC/DC
故障安全 CPU		DC/DC/DC，DC/DC/RLY						
用户存储器 • 工作存储器 • 装载存储器 • 保持型存储器	 • 50 KB • 1 MB • 10 KB	 • 75 KB • 2 MB • 10 KB	 • 100 KB • 2 MB • 10 KB	 • 100 KB • 4 MB • 10 KB	 • 125 KB • 4 MB • 10 KB	 • 125 KB • 4 MB • 10 KB	 • 150 KB • 4 MB • 10 KB	 • 150 KB • 4 MB • 10 KB
本地集成 I/O • 数字量 • 模拟量	• 6 点输入 / 4 点输出 • 2 路输入	• 8 点输入 /6 点输出 • 2 路输入		• 14 点输入 /10 点输出 • 2 路输入		• 14 点输入 /10 点输出 • 2 路输入 /2 路输出		
位存储器（M）	4096 B			8192 B				

续表

<table>
<tr><td colspan="2">信号模块扩展</td><td>无</td><td>2</td><td colspan="3">8</td></tr>
<tr><td colspan="2">最大本地 I/O-数字量</td><td>14</td><td>82</td><td colspan="3">284</td></tr>
<tr><td colspan="2">最大本地 I/O-模拟量</td><td>3</td><td>19</td><td>67</td><td colspan="2">69</td></tr>
<tr><td rowspan="6">高速计数器</td><td>总计</td><td colspan="5">最多可组态 6 个使用任意内置输入或 SB 输入的高速计数器</td></tr>
<tr><td>差分 1 MHz</td><td colspan="4">—</td><td>Ib.2~Ib.5</td></tr>
<tr><td>100/80 kHz</td><td colspan="5">Ia.0~Ia.5</td></tr>
<tr><td rowspan="2">30/20 kHz</td><td colspan="2">—</td><td>Ia.6~Ia.7</td><td>Ia.6~Ib.5</td><td>Ia.6~Ib.1</td></tr>
<tr><td colspan="5">使用 SB 1223 D I 2×24V DC、DQ 2×24V DC 时可达 30/20 kHz</td></tr>
<tr><td>200/160 kHz</td><td colspan="5">使用 SB 1221 D I 4×24V DC、SB 1221 DI 4×5V DC、SB 1223 DI 2×24V DC/DQ 2×24V DC、SB 1223 DI 2×5V DC/DQ 2×5V DC 时最高可达 200/160 kHz</td></tr>
<tr><td rowspan="6">脉冲输出</td><td>总计</td><td colspan="5">最多可组态 4 个使用 DC/DC/DC CPU 任意内置输出或 SB 输出的脉冲输出</td></tr>
<tr><td>差分 1 MHz</td><td colspan="4">—</td><td>Qa.0~Qa.3</td></tr>
<tr><td>100 kHz</td><td colspan="4">Qa.0~Qa.3</td><td>Qa.4~Qb.1</td></tr>
<tr><td rowspan="2">20 kHz</td><td colspan="2">—</td><td>Qa.4~Qa.5</td><td>Qa.4~Qb.1</td><td>—</td></tr>
<tr><td colspan="5">使用 SB 1223 DI 2×24 V DC、DQ2 × 24 V DC 时可达 20 kHz</td></tr>
<tr><td>200 kHz</td><td colspan="5">使用 SB 1222 DQ 4×24V DC、SB 1222 DQ 4×5V DC、SB 1223 DI 2×24V DC/DQ 2×24 V DC、SB 1223 DI 2×5V DC/DQ 2 × 5V DC 时最高可达 200 kHz</td></tr>
<tr><td colspan="2">PROFINET 接口</td><td colspan="3">1 个以太网通信接口，支持 PROFINET 通信</td><td colspan="2">2 个以太网接口，支持 PROFINET 通信</td></tr>
</table>

图 1-6 所示是西门子 S7-1200 CPU 模块后缀说明，包括 AC/DC/Rly、DC/DC/Rly 和 DC/DC/DC。

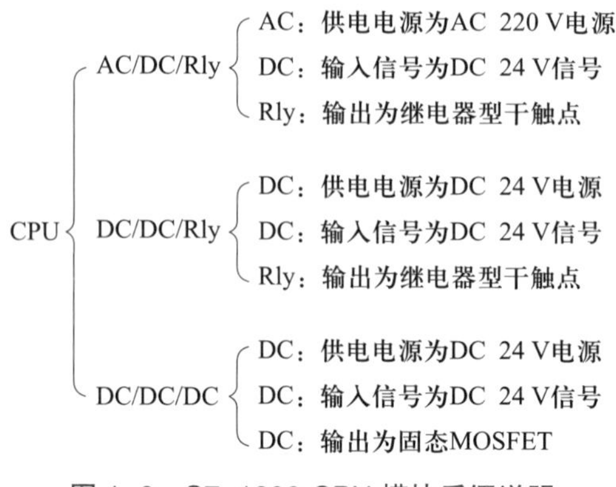

图 1-6　S7-1200 CPU 模块后缀说明

4. S7-1500 CPU 模块技术指标

表 1-2 所示为 S7-1500 CPU 模块的技术指标。

表 1-2　S7-1500 CPU 模块的技术指标

CPU 类型	性能领域	PROFIBUS 通信接口	PROFINET I/O RT/IRT 通信接口	PROFINET I/O RT 通信接口	PROFINET 基本功能	工作存储器	位操作的处理时间 /ns
CPU 1511-1 PN	适用于中小型应用的标准 CPU	—	1	—	—	1.15 MB	60
CPU 1513-1 PN	适用于中等应用的标准 CPU	—	1	—	—	1.8 MB	40
CPU 1515-2 PN	适用于大中型应用的标准 CPU	—	1	1	—	3.5 MB	30
CPU 1516-3 PN/DP	适用于高端应用和通信任务的标准 CPU	1	1	1	—	6 MB	10
CPU 1517-3 PN/DP	适用于高端应用和通信任务的标准 CPU	1	1	1	—	10 MB	2
CPU 1518-4 PN/DP	适用于高性能应用、高要求通信任务和超短响应时间的标准 CPU	1	1	1	1	24 MB	1
CPU 1511C-1 PN	适用于中小型应用的紧凑型 CPU	—	1	—	—	1.175 MB	60
CPU 1512C-1 PN	适用于中等应用的紧凑型 CPU	—	1	—	—	1.25 MB	48

1.1.2　PLC 梯形图编程基础

1. 梯形图编程与位元件

PLC 最常用的编程语言是梯形图，它是最接近继电器、线圈等电气元件实体的符号编程方法，如┤├表示动合触点，┤/├表示动断触点，-( )-表示输出线圈。图 1-7 所示为从自锁电路转化为 PLC 梯形图程序的示意图，显然对于熟悉电气的技术人员来说，梯形图编程简单明了。

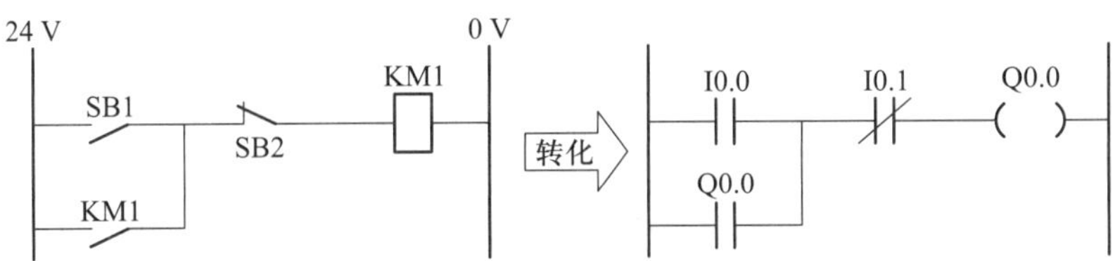

图 1-7　自锁电路转化为梯形程序的示意图

表 1-3 为自锁电路位元件定义。以图 1-7 所示右侧梯形图程序为例，左边是电源线，经过按钮 I0.0 动合触点，再经过按钮 I0.1 动断触点，最后输出线圈 Q0.0 为 ON；此时，Q0.0 的触点也接通，即使按钮 I0.0 复原时，Q0.0 的线圈仍旧为 ON；当按钮 I0.1 动作时，其动断触点断开，线圈 Q0.0 为 OFF

表 1-3　自锁电路位元件定义

输入符号	位元件	功能	输出符号	位元件	功能
SB1	I0.0	启动按钮	KM1	Q0.0	接触器
SB2	I0.1	停止按钮			

需要注意的是，停止按钮 SB2 的接线方式与梯形图的动合或动断表达容易产生歧义。当 SB2 动合触点接入到 PLC 位元件时，梯形图中表达式为动断，即图 1-7 的梯形图表达式是正确的；当 SB2 动断触点接入到 PLC 位元件时，梯形图中表达式为动合，即图 1-7 的梯形图表达式是错误，需要更改为图 1-8 所示的梯形图。

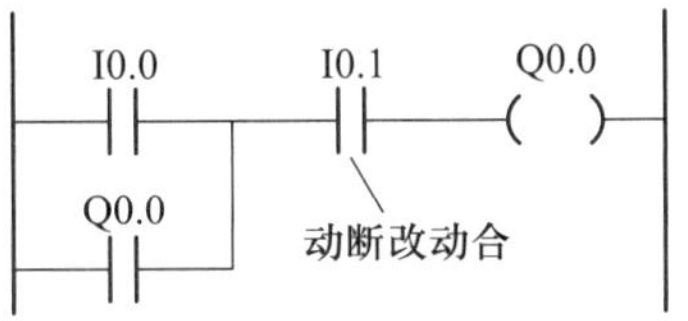

图 1-8　停止按钮 SB2 触点为动断触点时的梯形图

2. 常见三种位元件的种类、功能与符号

PLC 常见的三种位元件是输入继电器、输出继电器和内部辅助继电器。根据 IEC 61131-3 标准，PLC 元件用百分数符号“%”开始，随后是位置前缀符号；如果有位（bit）的分级，则用整数表示分级，并用小数点符号“.”分隔。

（1）输入继电器 I

输入继电器 I 是 PLC 与外部输入点（用来与外部输入开关连接并接收外部输入信号的端子）对应的内部存储器储存基本单元。它由外部送来的输入信号驱动，输入为 0 或 1。例如：%I0.0，%I0.1，…%I0.7，%I1.0，%I1.1，…，元件符号以 I 表示，顺序以八进制数编号。

用程序设计的方法不能改变输入继电器的状态，即不能对输入继电器对应的基本单元进行改写。输入继电器的触点（动合或动断触点）可无限制地多次使用。

（2）输出继电器 Q

输出继电器 Q 是 PLC 与外部输出点（用来与外部负载做连接）对应的内部存储器储存基本单元。例如：%Q0.0，%Q0.1，…%Q0.7，%Q1.0，%Q1.1，…，元件符号以 Q 表示，顺序以八进制数编号。输出继电器使用一个动合触点接通外部负载，其触点也像输入触点一样可无限制地多次使用。

（3）内部辅助继电器 M

内部辅助继电器 M 与外部没有直接联系，它是 PLC 内部的一种辅助继电器，其功能与电气控制电路中的中间（辅助）继电器一样，每个辅助继电器也对应着 PLC 内存的一个基本单元，它可由输入继电器触点、输出继电器触点以及其他内部装置的触点驱动，它自己的触点也可以无限制地多次使用。如：%M0.0, %M 0.1, …%M0.7, %M1.0, %M1.1, …，元件符号以 M 表示，顺序以八进制数编号。

需要注意的是：在本书后续说明中，一般把“%”省略以示简洁。用户在编辑梯形图程序中，博途软件也会自动予以补全“%”符号。

图 1-9 所示为字节、字和双字的寻址方式示例。8 位二进制数组成 1 个字节（即 Byte），如 %MB10 是由 %M10.0 到 %M10.7 共 8 位构成的，其中第二位字符 B 是字节（Byte）的首字母。2 个字节可以构成 1 个字，即 %MW10 是由 %M11.0 到 %M10.7 共 16 位构成的，其中第二位字符 W 即字（Word）的首字母。2 个字可以构成 1 个双字，即 %MD10 是由 %M13.0 到 %M10.7 共 32 位的状态构成的，其中第二位字符 D 是双字（DWord）的首字母。按照西门子的命名规范，以起始字节的地址作为字、双字的地址，起始字节为最高位的字节。

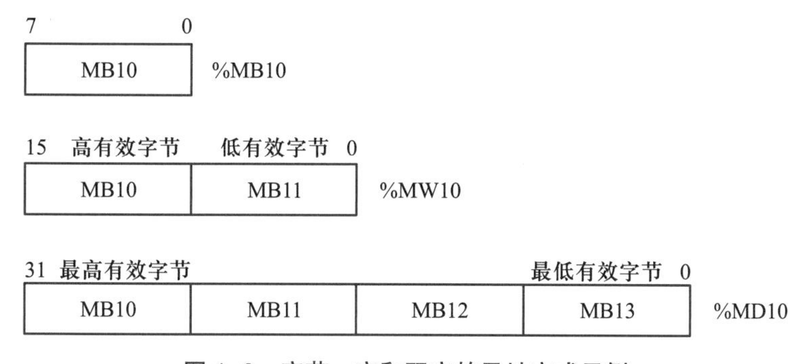

图 1-9　字节、字和双字的寻址方式示例

1.1.3　位逻辑指令

布尔量（即 Bool）是指一个假或真的状态，通常用 0 表示假，用 1 表示真。PLC 中所有的位逻辑操作就是布尔量之间的操作，它们按照一定的控制要求进行逻辑组合，可构成“与”“或”“非”、置位、复位及其组合。表 1-4 所示是常见的触点和线圈位逻辑符号与功能，包括动合触点、动断触点、上升沿、下降沿、输出线圈、取反线圈、取反逻辑、置位、复位等。

表 1-4 常见的位逻辑符号与功能

类型	LAD	说明
触点指令	—| |—	动合触点
	—|/|—	动断触点
	—|NOT|—	信号流反向
	—| P |—	扫描操作数信号的上升沿
	—| N |—	扫描操作数信号的下降沿
	P_TRIG	扫描信号的上升沿
	N_TRIG	扫描信号的下降沿
	R_TRIG	扫描信号的上升沿，并带有背景数据块
	F_TRIG	扫描信号的下降沿，并带有背景数据块
线圈指令	—( )—	结果输出 / 赋值
	—(/)—	线圈取反
	—(R)	复位
	—(S)	置位
	SET_BF	将一个区域的位信号置位
	RESET_BF	将一个区域的位信号复位
	RS	复位置位触发器
	SR	置位复位触发器
	—(P)—	上升沿检测并置位线圈一个周期
	—(N)—	下降沿检测并置位线圈一个周期

1.1.4 计数器

1. 指令概述

S7-1200 PLC 有三种计数器：加计数器（CTU）、减计数器（CTD）和加 / 减计数器（CTUD），如表 1-5 和图 1-10 所示。表 1-6 为计数器指令参数说明。

表 1-5 计数器指令

LAD	说明
CTU	加计数函数
CTD	减计数函数
CTUD	加 / 减计数函数

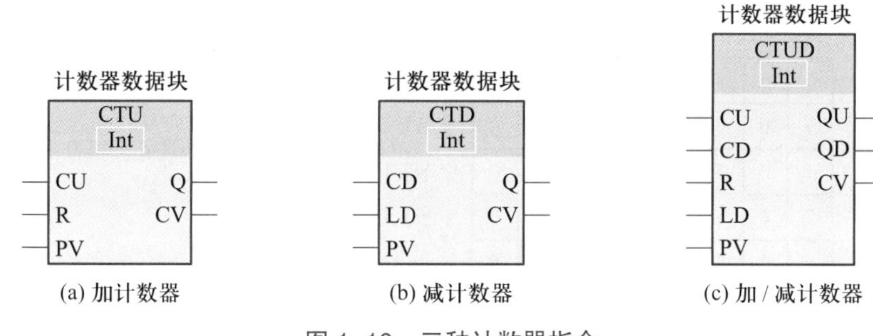

(a) 加计数器　(b) 减计数器　(c) 加 / 减计数器

图 1-10　三种计数器指令

表 1-6　三种计数器指令参数说明

参数	数据类型	说明
CU、CD	Bool	加计数或减计数，按加 1 或减 1 计数
R（CTU、CTUD）	Bool	将计数值重置为零
LD（CTD、CTUD）	Bool	预设计数值的装载控制
PV	SInt、Int、DInt、USInt、UInt、UDInt	预设计数值
Q、QU	Bool	CV ≥ PV 时为真
QD	Bool	CV ≤ 0 时为真
CV	SInt、Int、DInt、USInt、UInt、UDInt	当前计数值

2. 计数器指令相关数据类型

（1）布尔型数据类型

布尔型数据类型即 Bool，该数据类型是“位（bit）”，可被赋予“TRUE”真（即“1”）或“FALSE”假（即“0”），占用 1 位存储空间。

（2）整型数据类型

整型变量可以是 Byte（字节）、Word（字）、DWord（双字）、SInt（有符号整数）、USInt（有符号字节）、Int（整数）、UInt（无符号整数）、DInt（双整数）和 UDInt（无符号双整数）等。

3. 数据块寻址

数据块又称 DB 块，是用于存储大容量数据的区域。数据块寻址如图 1-11 所示，以字节为单位可以表示为 DBB0、DBB1、DBB2、DBB3 等；以字为单位可以表示为 DBW0、DBW1 等；以双字为单位可以表示为 DBD0 等；以位为单位可以表示为 DBX4.1 或 DBX5.2 等。

如下例所示：

DB10.DBX4.2 表示数据块 DB10 中的第 4 个数据字节 DBB4 中的第 3 个数据位；

DB10.DBB4 表示数据块 DB10 中的第 4 个数据字节 DBB4；

DB10.DBW4 表示数据块 DB10 中的第 4 个数据字 DBW4；

DB10.DBD4 表示数据块 DB10 中的第 4 个数据双字节 DBD4。

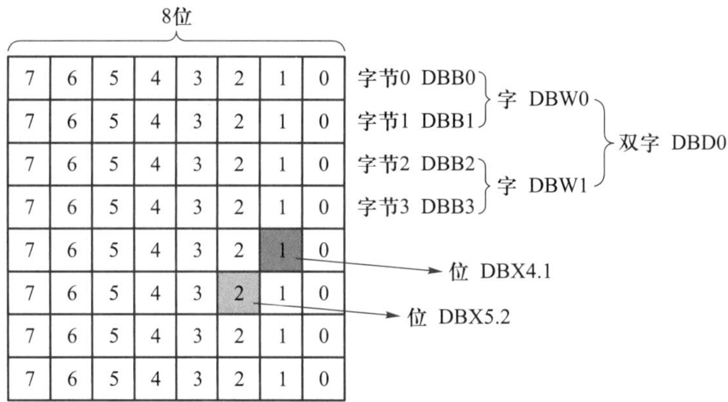

图 1-11 数据块寻址

使用计数器时会自动进行调用单个实例 DB 选项，并自动定义 IEC_Counter_0_DB 等，用于存放该计数器相关的参数。

4. CTU 计数器

如图 1-12 所示为 CTU 计数器时序图。当参数 CU 的值从 0 变为 1 时，CTU 计数值 CV 加 1。如果参数 CV 的值大于或等于预设计数值参数 PV（图中为 4）的值，则计数器输出参数 Q = 1。如果复位参数 R 的值从 0 变为 1，则当前计数值复位为 0。

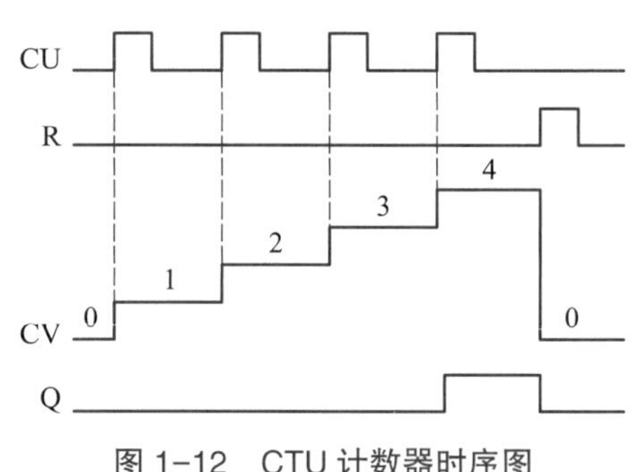

图 1-12 CTU 计数器时序图

任务实施 >>>

1.1.5 PLC 输入 / 输出分配和控制电路接线

1. PLC 输入 / 输出分配

经过分析，本任务用到 3 个输入，即启动按钮 SB1（动合，即 NO）、复位按钮 SB2（NO）和光电传感器 B1（NO）；同时还用到 2 个输出，即计数满指示灯 HL1 和控制 KM1 的中间继电器 KA1。选用的 PLC 为西门子 CPU1215C DC/DC/DC（具有 14 个输入和 10 个输出的数字量端口），符合任务要求。表 1-7 所示为输入 / 输出分配表。

微视频：

任务实施：PLC 计数控制输送带启停

表 1-7 输入 / 输出分配表

	PLC 元件	电气元件符号 / 名称
输入	I0.0	SB1/ 启动按钮（NO）
	I0.1	SB2/ 复位按钮（NO）
	I0.2	B1/ 光电传感器（NO）
输出	Q0.0	HL1/ 计数满指示灯
	Q0.1	KA1/ 控制 KM1

2. PLC 控制电路接线

CPU1215C DC/DC/DC 的进线电源部分为 DC 24 V，输入部分可以采取公共点 1 M 接 0 V（即 M 端子）的漏型接法，输出部分采用 DC 24 V 指示灯，电气接线示意如图 1-13（a）所示，具体电气接线如图 1-13（b）所示。其中光电传感器 B1 接线则稍微复杂一点，这里采用二线制 PNP 的连接方式，“+”接电源 24 V，“-”接输入 I 点（本任务中为 I0.2）。采用三相异步电动机驱动输送带，选用 AC 220 V KM1 线圈，若要交流线圈正常工作需要用中间继电器 KA1 进行信号转接，如图 1-13（c）所示。

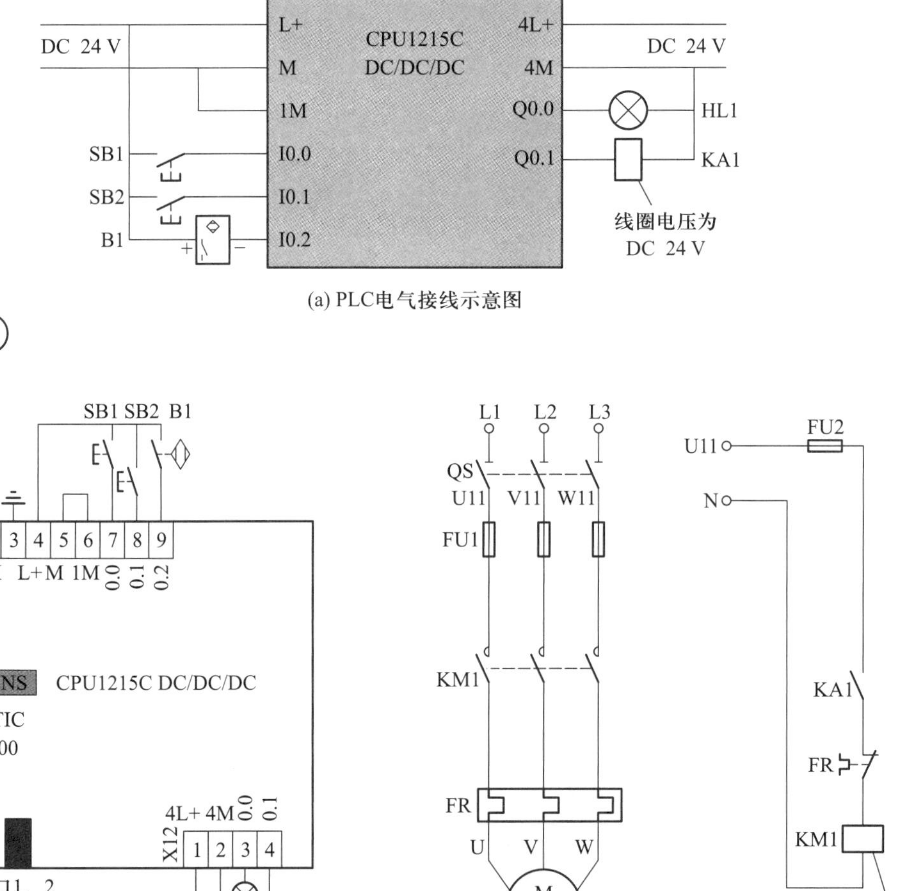

(a) PLC电气接线示意图

(b) 具体电气接线图

(c) 主电路图

图 1-13　电气接线

1.1.6　使用博途软件新建 PLC 项目

自西门子公司在 2009 年发布第一款 SIMATIC STEP7 V10.5（STEP 7 Basic）软件以来，已经发布的版本有 V10.5、V11、V12、V13、V14、V15、V16、V17 等，支持西门子 S7-1200/S7-1500 系列 PLC。

新建 PLC 项目，首先要双击博途软件的图标打开该软件，本书程序是以 V16 版本为编程环境，可以应用在大部分版本中。

1. 创建新项目

进入博途软件后，如图 1-14 所示，选择“启动→创建新项目”，然后输入项目名称（如本任务的“任务 1-1”），并单击 ... 图符输入路径，然后单击“创建”按钮。

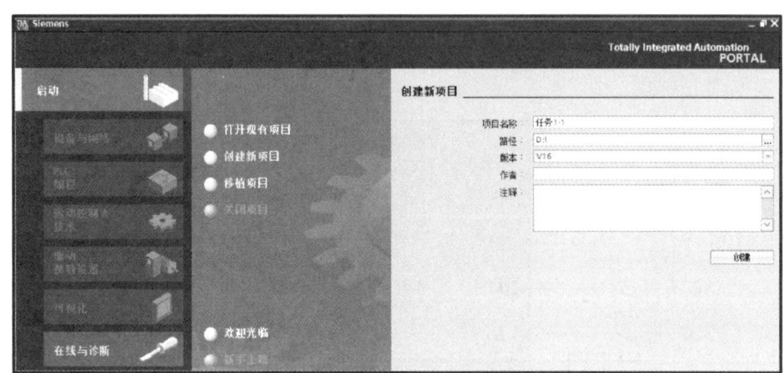

图 1-14　创建新项目

新项目名称创建完成后，就会看到“新手上路”提示，如图 1-15 所示。它包含了创建完整项目所必需的“组态设备”“创建 PLC 程序”“组态工艺对象”“参数设置驱动”“组态 HMI 画面”“打开项目视图”几个步骤。这里选择“组态设备”。

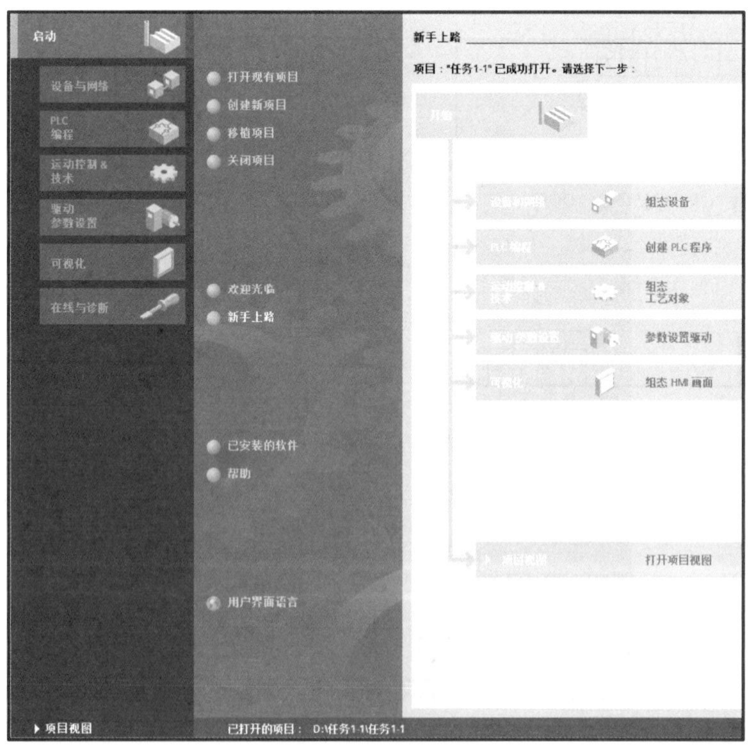

图 1-15　新手上路

S7-1200PLC 提供了控制器、HMI、PC 系统和驱动，如图 1-16 所示，在“添加新设备”窗口中依次选择“控制器→Controllers→SIMATIC S7-1200→CPU→CPU1215C DC/DC/DC→6ES7 215-1AG40-0XB0”，并根据设备选择实际的 CPU 版本，如 V4.4。

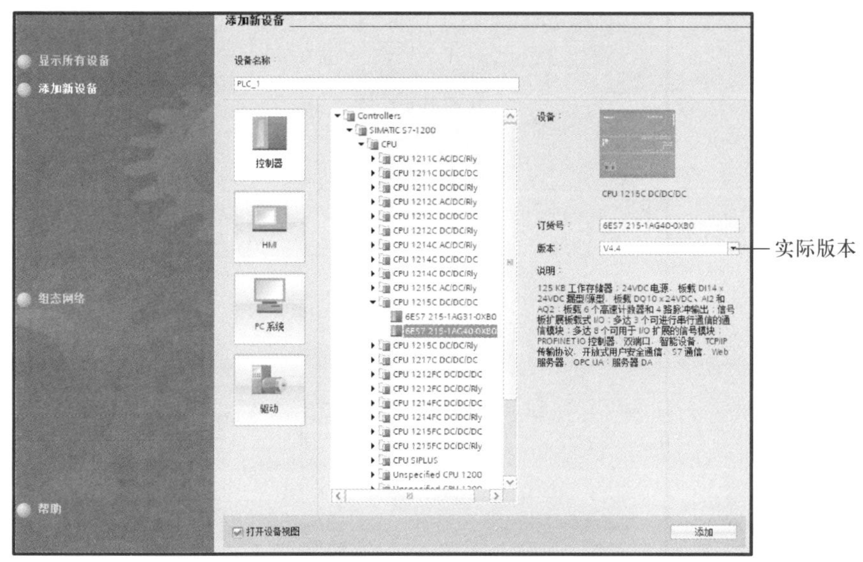

图 1-16　添加新设备

单击“添加”按钮后，系统就会出现如图 1-17 所示的完整设备视图，它包括菜单栏、符号栏、项目树、详细视图、设备视图、网络视图、拓扑视图、硬件目录窗口和属性窗口等。

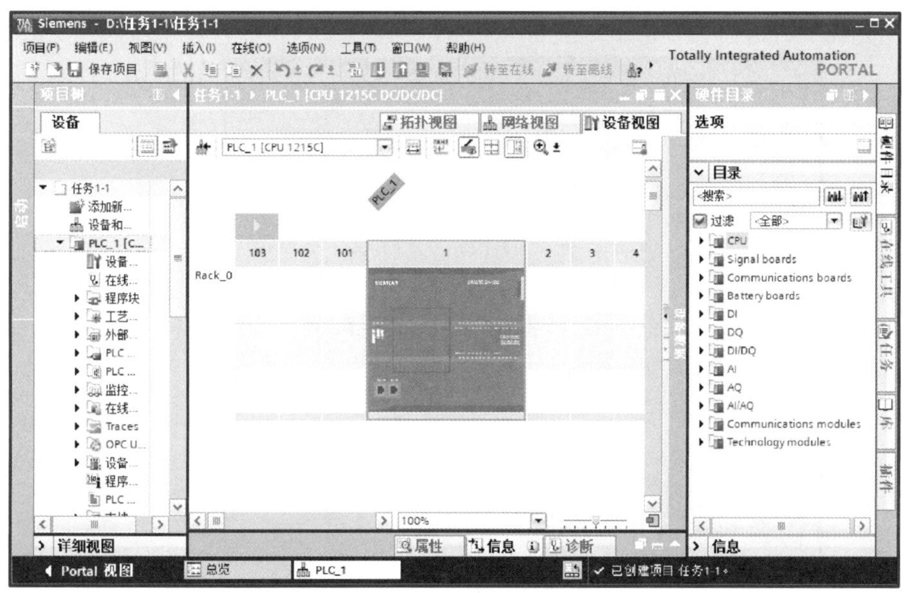

图 1-17　完整设备视图

2. 硬件配置

在设备视图中，单击选中 CPU 模块并单击右键，在弹出的菜单中选择“属性”，如图 1-18 所示，系统弹出 CPU 的属性对话框，如图 1-19 所示。

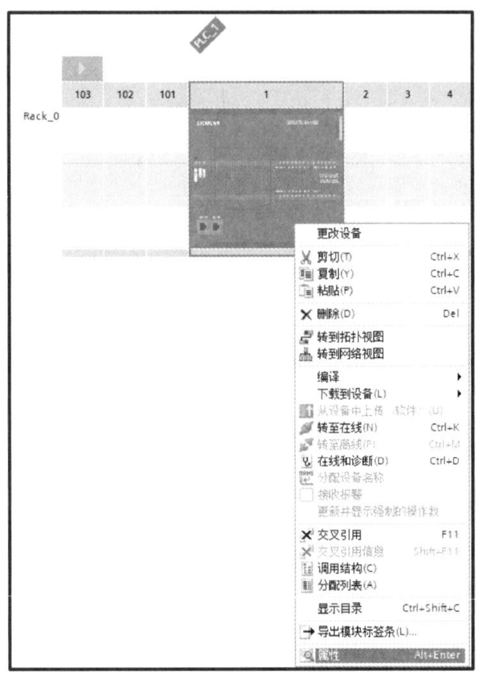

图 1-18　CPU 模块的选项

CPU 属性对话框常规选项卡包含的内容非常丰富，包括常规、PROFINET 接口、DI 14/DQ 10 等，如图 1-19 所示。该 PLC 的 PROFINET 通信接口的 IP 地址选择默认值 192.168.0.1。

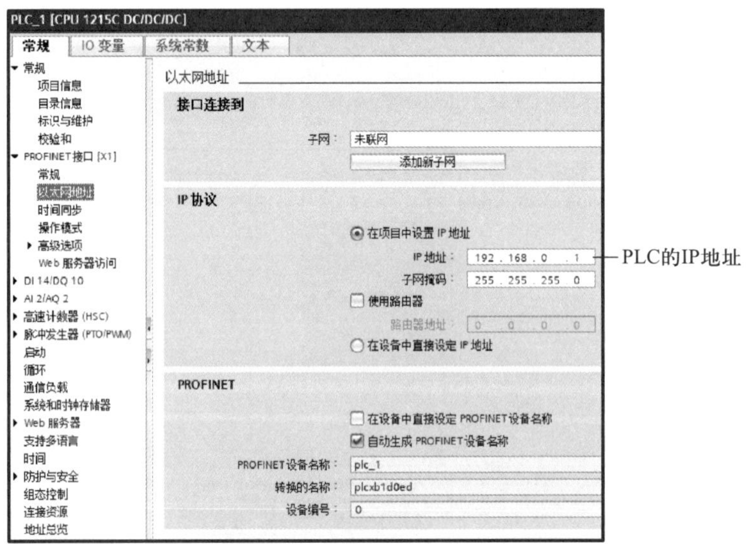

图 1-19　CPU 属性对话框

S7-1200 PLC 提供了 I/O 自由地址功能，如图 1-20 所示，它可以对 I/O 地址进行起始地址的自由选择，如 0~1022 均可以（因为最多输入地址是到 I1023.7，而本机输入点数占据了 2 个字节，因此到 1022 为止）。

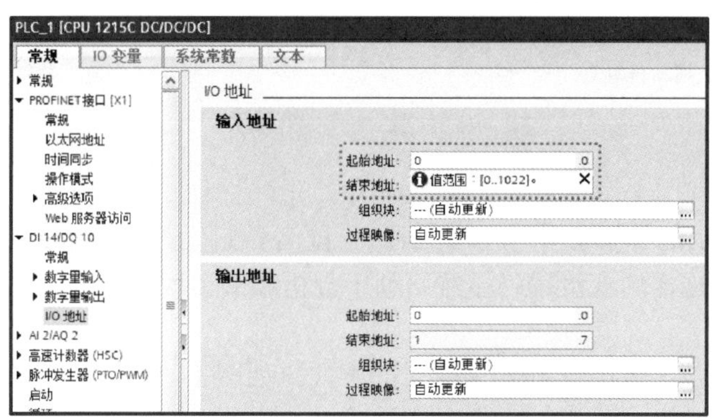

图 1-20　I/O 自由地址功能

3. 梯形图编程

项目树如图 1-21 所示，选中“任务 1-1 → PLC_1［CPU 1215C DC/DC/DC］→程序块→ Main［OB1］”，即可进入梯形图编程界面。如图 1-22 所示为 Main 空程序块。

图 1-21　项目树

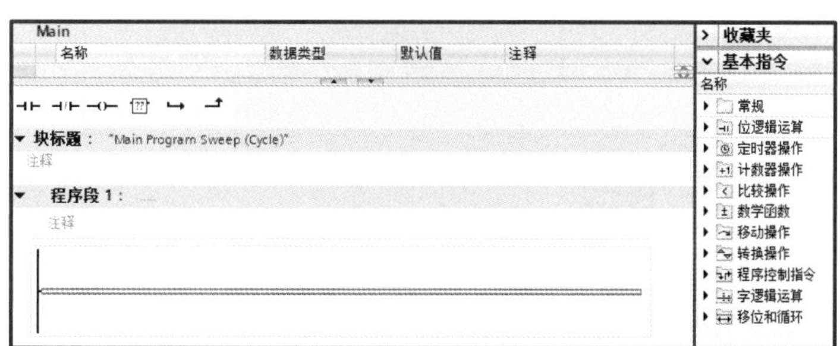

图 1-22　Main 空程序块

编程时，用户要创建程序，只需将 ⊣⊢ ⊣/⊢ ⊣( )⊢ ?? ↦ ↲ 中的图符拖拽入相应程序段即可。比如本任务先要使用动合触点时，从动合触点直接拉入程序段 1（图 1-23（a））；然后，在 <??.?> 处输入“%I0.0”或“I0.0”；根据梯形图的编辑规律，使用图符 ↦ 打开分支，输入接触器自保触点“%Q0.1”或“Q0.1”，并用图符 ↲ 关闭分支；依次进行，最后使用图符 ⊣( )⊢ 完成后续编辑过程（图 1-23（b））。

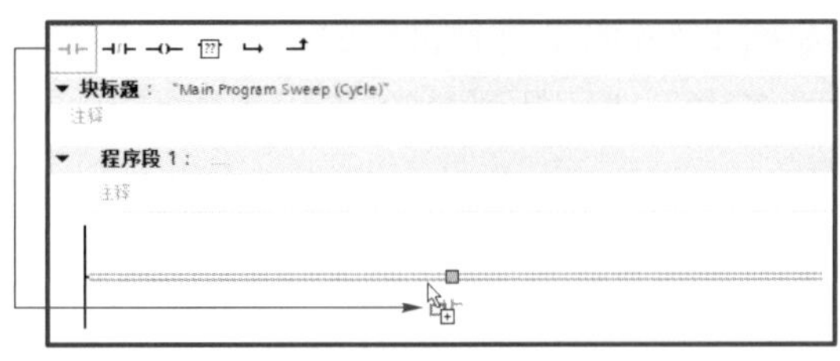

(a) 拖拽动合触点

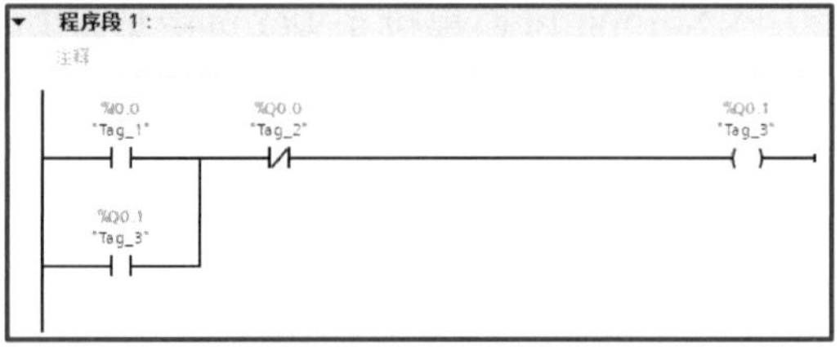

(b) 完成一个程序段编辑

图 1-23 梯形图编辑

4. 变量命名

从图 1-23 所示的梯形图中可以看到，变量名称自动变成“Tag_1”“Tag_2”等，其中 Tag 表示标签，这样的变量编码显然不利于分析和阅读程序，因此需要对这些变量名进行重新定义。

PLC 程序编辑中，共有 2 种变量命名的方式，如图 1-24（a）所示是在梯形图编辑环境中直接通过右键单击（右击）变量名，在弹出的菜单中选择“重命名变量”命令进行定

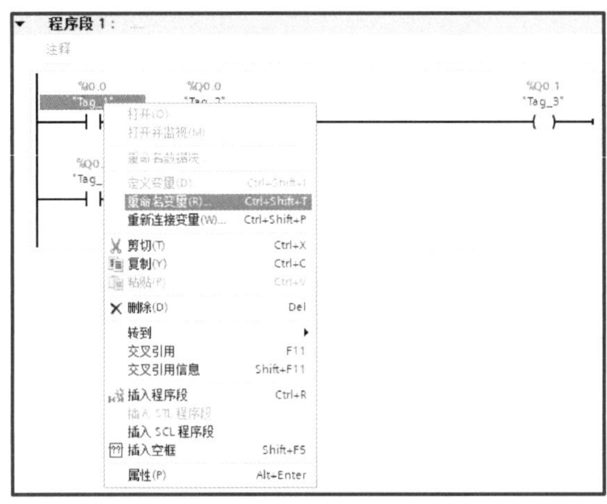

(a) 重命名变量

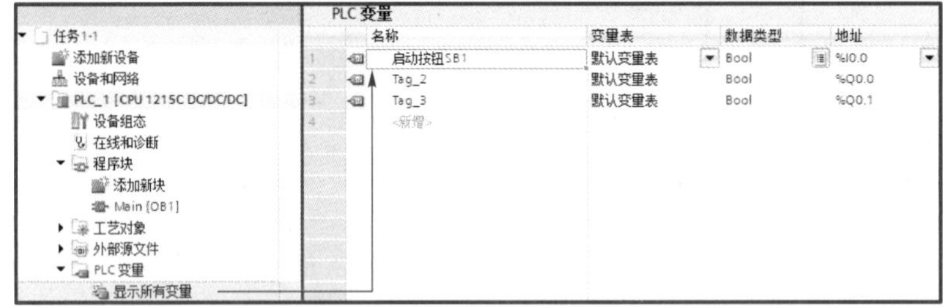

(b) PLC变量名称修改

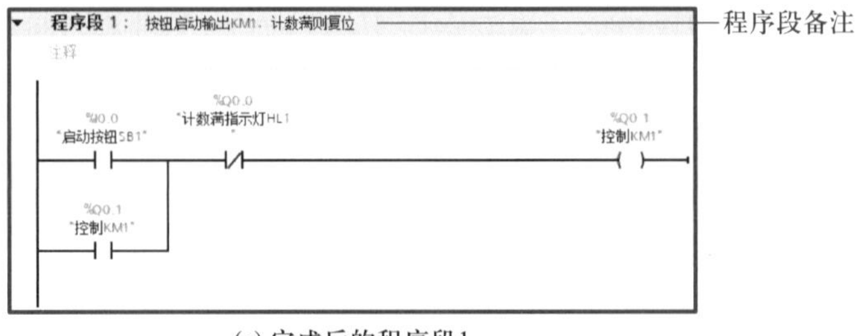

(c) 完成后的程序段1

图 1-24 变量命名和程序段备注

义，也可以在如图 1–24（b）所示项目树中，找到“任务 1–1 → PLC_1［CPU 1215C DC/DC/DC］→ PLC 变量→显示所有变量”并单击，系统弹出“PLC 变量”界面，这里可以看到 3 个变量名，然后进行名称修改，修改完成后，再次返回到 Main 程序，如图 1–24（c）所示，就会看到相关变量名称已经替换完成。除此之外，还可以对程序段进行备注，阅读起来更加方便。

用户一旦成功创建 PLC 变量后，博途软件就会将这些变量存储在变量表中。如图 1–25 所示是任务 1–1 的变量说明。博途项目中的所有编辑器（例如程序编辑器、设备编辑器、可视化编辑器和监视表格编辑器）均可访问这些变量。

名称	变量表	数据类型	地址
启动按钮SB1	默认变量表	Bool	%I0.0
复位按钮SB2	默认变量表	Bool	%I0.1
光电传感器B1	默认变量表	Bool	%I0.2
计数满指示灯HL1	默认变量表	Bool	%Q0.0
控制KM1	默认变量表	Bool	%Q0.1

图 1–25　变量说明

注意

变量定义也可以在程序编辑前完成，这样编辑 PLC 程序时，可以直接在 <??.?> 中进行变量选择，而无须直接输入，这个可以根据用户编辑习惯而定。

5. 计数器指令的调用

如图 1–26 所示，将右侧的“基本指令→计数器操作→ CTU”指令拖拽入程序段 2 中，就会出现计数器调用选项（图 1–27），即调用该 CTU 指令的背景数据块，如本任务中的 IEC_Counter_0_DB（DB1），最终完成后的完整梯形图程序如图 1–28 所示。

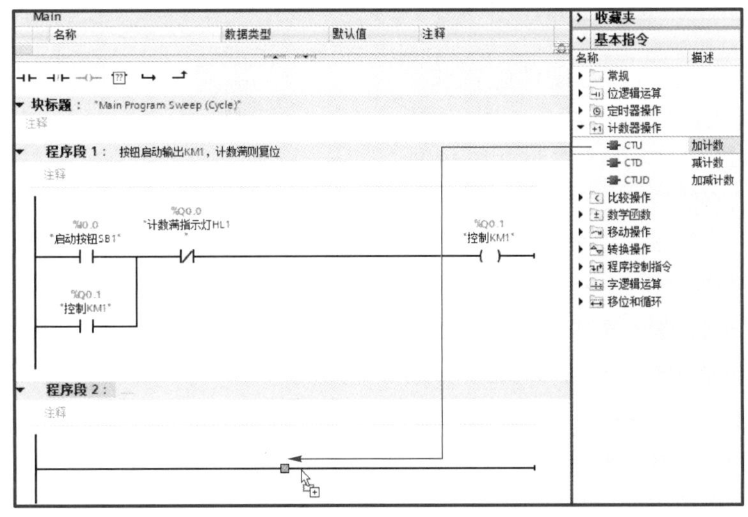

图 1–26　拖拽 CTU 指令

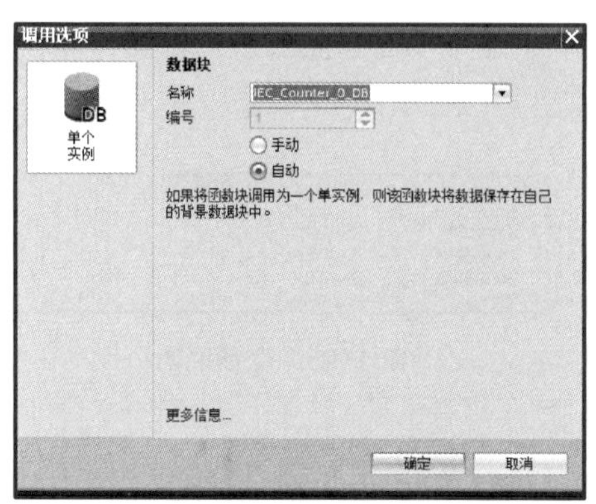

图 1-27　计数器调用选项

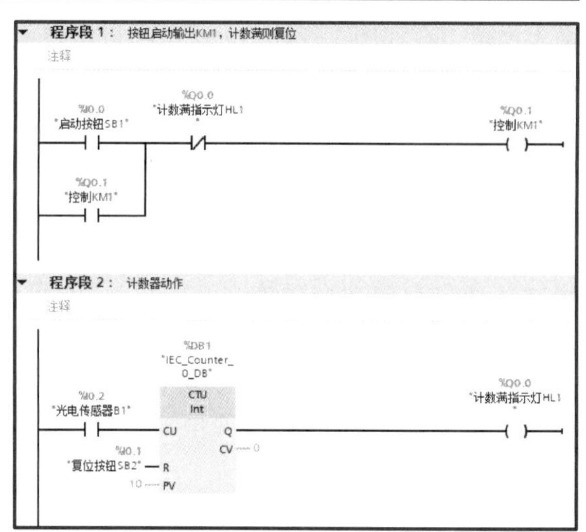

图 1-28　完整梯形图程序

本任务共有 2 个程序段，具体解释如下：

程序段 1：在计数满指示灯未点亮前，其动断触点 Q0.0 为 1，按下启动按钮 SB1，通过自保电路，Q0.1（即控制 KM1）为 ON 动作；一旦计数满指示灯亮，其动断触点 Q0.0 为 0，则与停止按钮信号类似，Q0.1 为 OFF。

程序段 2：计数器动作，即针对每一个输入的光电传感器 B1 信号都进行计数，计数满则输出 Q0.0；按下复位按钮 SB2 时，可以对该计数器进行复位，同时将计数满指示灯 HL1 灭掉。

1.1.7　以太网通信设置

要将博途软件中的 PLC 硬件配置和梯形图程序下载至 S7-1200 PLC，一方面要通过网线进行连接，另一方面需要进行 IP 地址和子网掩码的通信设置，如图 1-29 所示。

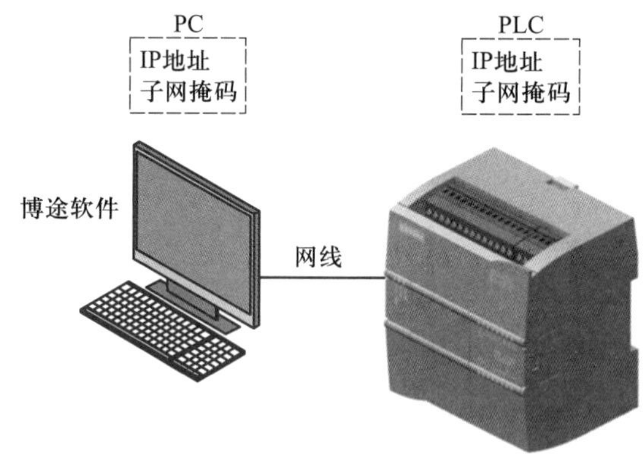

图 1-29　以太网通信设置

1. IP 地址

每个设备都必须具有一个 Internet 协议（IP）地址。该地址使设备可以在更加复杂的路由网络中传送数据。每个 IP 地址分为 4 段，每段占 8 位，并以“.”分十进制格式表示（如 192.168.0.100），其中 IP 地址第 1 段用于表示网络 ID，第 2 段表示主机 ID，第 3、第 4 段是用于区分该设备的 ID。

2. 子网掩码

子网是已连接的网络设备的逻辑分组。在局域网（LAN）中，子网中的节点往往彼此的物理位置相对接近。掩码（称为子网掩码或网络掩码）定义 IP 子网的边界。子网掩码 255.255.255.0 通常适用于小型本地网络。这就意味着此网络中的所有 IP 地址的前 3 位应该是相同的，该网络中的各个设备由最后一个数来标识。

对于博途软件所在的 PC，需要设置 IP 地址和子网掩码，完成后可以进行 ipconfig 命令，确认是否已经成功设置 PC 的 IP 地址；也可以进行 ping 命令，以确认 PC 是否与以太网上的其他地址正常通信，如“ping 192.168.0.1”就是确认在同一网络上是否存在 192.168.0.1 的以太网设备。注意：PC 的 IP 地址不能与该网络上的任何一个设备的 IP 地址重复。

1.1.8　PLC 程序下载与监控

1. 编译与下载与调试

在编辑阶段只是完成了梯形图语法的输入验证，但是要完成程序的可行性还必须执行“编译”命令。选择项目树中的“PLC_1[CPU 1215C DC/DC/DC]”并右击，在弹出的菜单中，用户可以单独选择编译命令（图 1–30），也可以直接选择下载命令图标，博途软件会自动先执行编译命令。

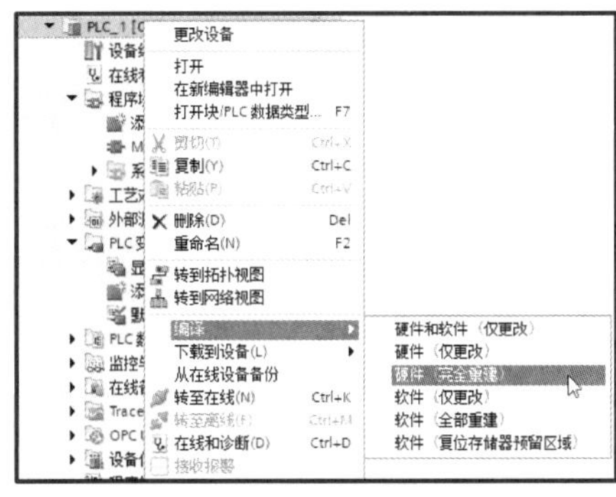

图 1–30　编译命令

下载之前，需要确保 PC 与 PLC 在“192.168.0.*”同一频段内，但不能重复。图 1–31 所示为“扩展下载到设备”界面，在“选择目标设备”时，有 3 个选项，即显示地址相同的设备、显示所有兼容的设备和显示可访问的设备。需要注意的是，第一次联机时，可能存在 PLC 的 IP 地址与 PC 的 IP 地址不在同一个频段，PLC 的 CPU 第一次使用无 IP 地址等情况，因此在“选择设备目标”时，不能选择“显示地址相同的设备”，而应选择“显示所有兼容的设备”，这时会出现接口类型为 ISO、访问地址是 MAC 地址的情况，此时可以连接该 CPU，等下载结束后就可以正常联机。单击“开始搜索”按钮，就会出现如图 1–31 所示的已配置 IP 地址的 PLC。

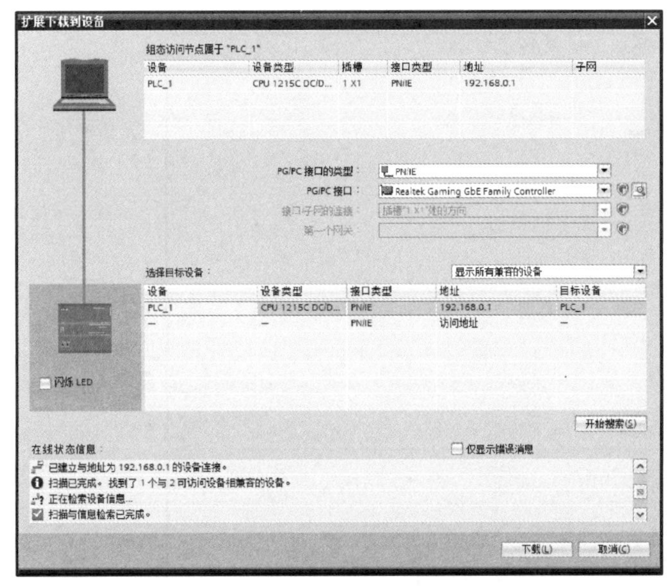

图 1–31　“扩展下载到设备”界面

2. 程序调试

完成上述步骤后，PLC 会自动切换到运行状态，此时选择图标栏中的图标进入程序块的在线监控（图 1-32），绿色实线表示接通，蓝色虚线表示断开。

调试时的梯形图状态解释如下：

（1）初始状态时，启动按钮 SB1 动合触点不接通、计数满指示灯动断触点接通，此时 Q0.1 不接通，因此输送带不工作，光电传感器 B1 没有信号，计数器不计数，程序状态如图 1-32（a）所示。

（2）当按下启动按钮 SB1，Q0.1 自保马上接通，并开始计数，此时计数为 1，程序状态如图 1-32（b）所示。

（3）当计数为 10（即计数满）时，Q0.1 输出为 OFF，程序状态如图 1-32（c）所示。

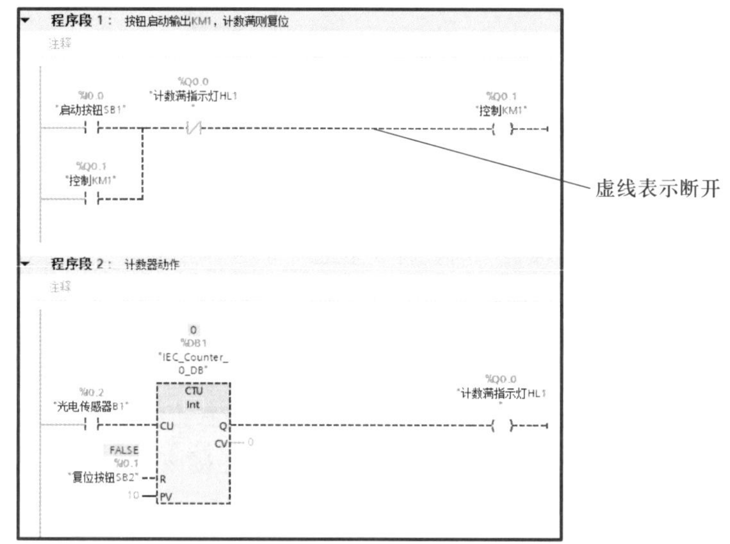

(a) 停机状态

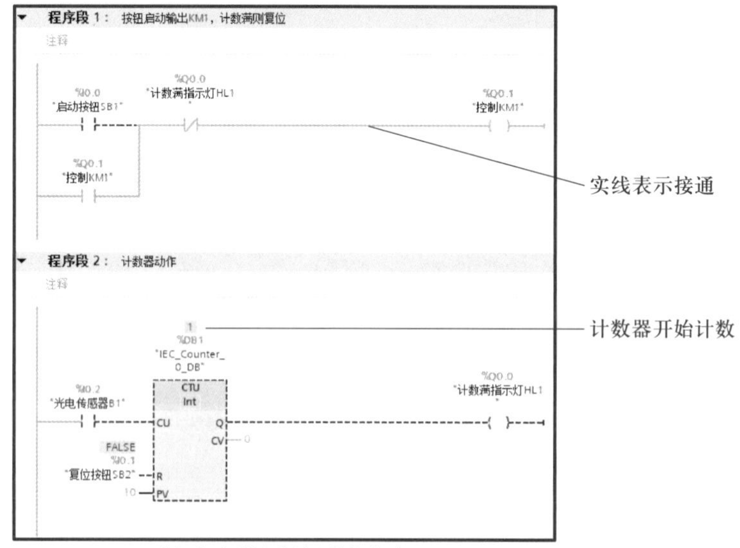

(b) 启动后计数为1时的状态

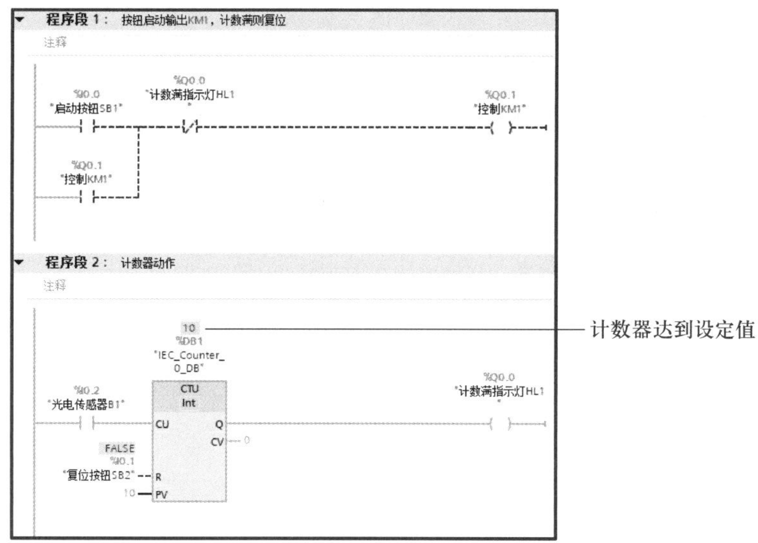

(c) 计数满时的状态

图 1-32　程序块的在线监控

除了在线程序监控之外，还可以进行计数器的数据块在线监控（图 1-33），从图中可以看到此时 PV 监视值为 10、CV 监视值为 1。

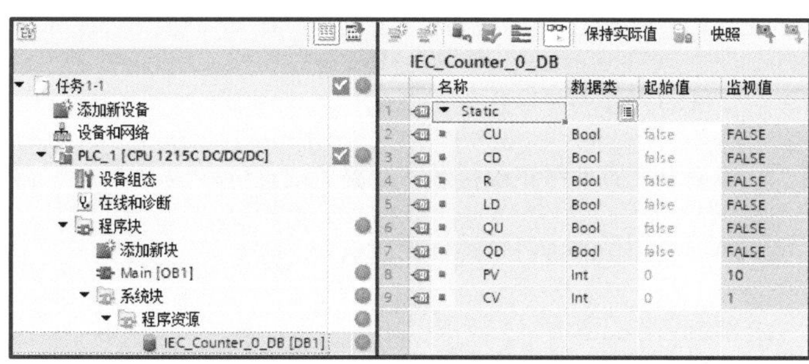

图 1-33　数据块在线监控

技能考核 >>>

考核任务：

1. 按下启动按钮，控制输送带运行，带动物品向右移动，当到达光电传感器处时，计数器正常工作，直至计数值为 10 时，输送带停止。按下复位按钮，计数器清零，允许第二次动作。

2. 正确绘制 PLC 控制电路电气原理图，并完成线路装接后上电。

3. 完成 PLC 的硬件配置和软件编程，并下载到 PLC，进行调试后实现计数和启停控制功能。

评分标准：

按要求完成考核任务，其评分标准如表 1-8 所示。

表 1–8　评分标准

<table>
<tr><td colspan="3">姓名：</td><td colspan="2">任务编号：1.1</td><td colspan="2">综合评价：</td></tr>
<tr><td>序号</td><td>考核项目</td><td colspan="2">考核内容及要求</td><td>配分</td><td>评分标准</td><td>得分</td></tr>
<tr><td>1</td><td>电工安全操作规范</td><td colspan="2">着装规范，安全用电，走线规范合理，工具及仪器仪表使用规范，任务完成后整理场地并保持场地清洁有序</td><td>20</td><td rowspan="20">现场考评</td><td></td></tr>
<tr><td>2</td><td>实训态度</td><td colspan="2">不迟到、不早退、不旷课，实训过程认真负责，组内人员主动沟通、协作，小组间互助</td><td>10</td><td></td></tr>
<tr><td rowspan="4">3</td><td rowspan="4">系统方案制订</td><td colspan="2">PLC 控制对象说明与分析</td><td rowspan="4">15</td><td rowspan="4"></td></tr>
<tr><td colspan="2">PLC 控制方案合理</td></tr>
<tr><td colspan="2">选用动合、动断触点和线圈合理</td></tr>
<tr><td colspan="2">PLC 控制电路电气原理图正确</td></tr>
<tr><td rowspan="2">4</td><td rowspan="2">编程能力</td><td colspan="2">独立完成 PLC 硬件配置</td><td rowspan="2">15</td><td rowspan="2"></td></tr>
<tr><td colspan="2">独立完成 PLC 梯形图编程</td></tr>
<tr><td rowspan="3">5</td><td rowspan="3">操作能力</td><td colspan="2">正确输入程序并进行程序调试</td><td rowspan="3">15</td><td rowspan="3"></td></tr>
<tr><td colspan="2">根据电气原理图正确接线，线路美观且可靠</td></tr>
<tr><td colspan="2">根据系统功能进行正确操作演示</td></tr>
<tr><td rowspan="4">6</td><td rowspan="4">实践效果</td><td colspan="2">系统工作可靠</td><td rowspan="4">15</td><td rowspan="4"></td></tr>
<tr><td colspan="2">满足工作要求</td></tr>
<tr><td colspan="2">PLC 变量命名规范</td></tr>
<tr><td colspan="2">按规定的时间完成任务</td></tr>
<tr><td rowspan="2">7</td><td rowspan="2">汇报总结</td><td colspan="2">工作总结，PPT 汇报</td><td rowspan="2">5</td><td rowspan="2"></td></tr>
<tr><td colspan="2">填写自我检查表及反馈表</td></tr>
<tr><td>8</td><td>创新实践</td><td colspan="2">在本任务中有另辟蹊径、独树一帜的实践内容</td><td>5</td><td></td></tr>
<tr><td colspan="4">合计</td><td>100</td><td></td></tr>
</table>

注：综合评价可以采用教师评价、学生评价、组间评价和企业评价按一定比例计算后综合得出五级制成绩，即 90~100 分为优，80~89 分为良，70~79 分为中，60~69 分为及格，0~59 分为不及格。

任务 1.2　PLC 控制输送带电动机星—三角启动

任务描述

图 1–34 左侧所示为大功率输送带电动机的传统星—三角启动接线图，按下启动按钮 SB2 时，KM1 主接触器闭合，星形接触器 KM3 闭合，时间继电器 KT 定时 6 s 后，KM3 断开、三角形接触器 KM2 闭合，完成启动过程。现在需要取消传统的时间继电器，采用 PLC 定时器编程进行控制电路改造。

任务要求如下：

（1）取消时间继电器 KT，重新进行 PLC 外围电气接线，并用 PLC 定时器指令编程进行电动机的星—三角启动控制。

（2）增加 2 个指示灯，其中 1 个指示灯是在星—三角切换过程中进行闪烁，切换后正常点亮；另外 1 个指示灯当热继电器故障信号动作时进行闪烁。

（3）能用不同的定时器编程方法来对指示灯闪烁进行编程。

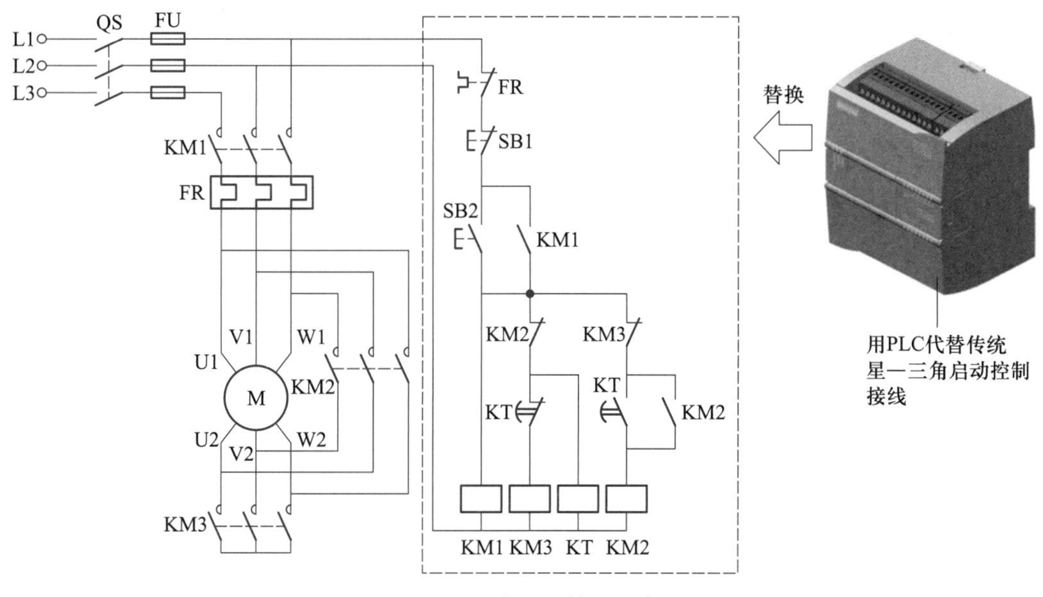

图 1–34　任务 1.2 控制示意图

知识准备

1.2.1　S7–1200 PLC 定时器种类

定时器指令用以创建可编程的延迟时间，表 1–9 所示为 S7–1200 PLC 的定时器指令，最常用的 4 种定时器如下：

（1）TON：接通延迟定时器，输出 Q 在预设的延时过后设置为 ON。

（2）TOF：关断延迟定时器，输出 Q 在预设的延时过后重置为 OFF。

（3）TP：脉冲定时器可生成具有预设宽度时间的脉冲。

（4）TONR：保持型接通延迟定时器，输出在预设的延时过后设置为 ON。在使用 R 输入重置经过的时间之前，会跨越多个定时时段一直累加经过的时间。

表 1-9　定时器指令

LAD	说明
TON	接通延时（带有参数）
TOF	关断延时（带有参数）
TP	生成脉冲（带有参数）
TONR	记录一个位信号为 1 的累计时间（带有参数）
—（TP）	启动脉冲定时器
—（TON）	启动接通延时定时器
—（TOF）	启动关断延时定时器
—（TONR）	记录一个位信号为 1 的累计时间
—（RT）	复位定时器
—（PT）	加载定时时间

1.2.2　TON、TOF、TP 和 TONR 定时器指令

1. TON 指令

TON 指令是接通延迟定时器，输出 Q 在预设的延时过后设置为 ON，其指令形式如图 1-35 所示，参数及其数据类型如表 1-10 所示。图 1-36 所示为 TON 指令的逻辑时序图，当参数 IN 从 0 跳变为 1 时将启动定时器 TON，经过 PT 时间后，Q 输出；当 IN 从 1 变为 0 时，Q 停止输出。

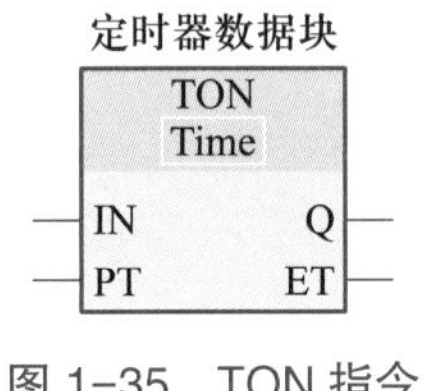

图 1-35　TON 指令

表 1-10　TON 参数及数据类型

参数	数据类型	说明
IN	Bool	启用定时器输入
PT	Bool	预设的时间值输入
Q	Bool	定时器输出
ET	Time	经过的时间值输出
定时器数据块	DB	指定要使用 TON 指令的定时器

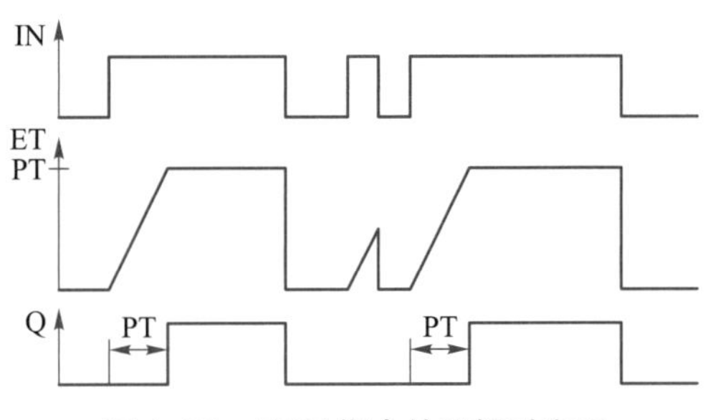

图 1-36　TON 指令的逻辑时序图

PT（预设时间）和 ET（经过的时间）值以有符号双精度整数形式存储在存储器中（表 1-11），时间单位为毫秒（ms）。Time 数据使用 T# 标识符，也可以用简单时间单元“T#200ms”或复合时间单元“T#2s_200ms（或 T#2s200ms）”的形式输入。

表 1-11　Time 数据类型

数据类型	大小	有效数值范围
Time	32bit 存储形式	T#-24d_20h_31m_23s_648ms～T#24d_20h_31m_23s_647ms-2，147，483，648ms～+2，147，483，647ms

如图 1-37 所示，在指令窗口中选择“定时器操作”中的“TON”指令，并将之拖拽到程序段中，就会跳出一个“调用数据块”对话框（图 1-38），选择自动编号，则会直接生成数据块；也可以选择手动编号，根据用户需要生成 DB 数据块。

图 1-37　选择 TON 指令操作

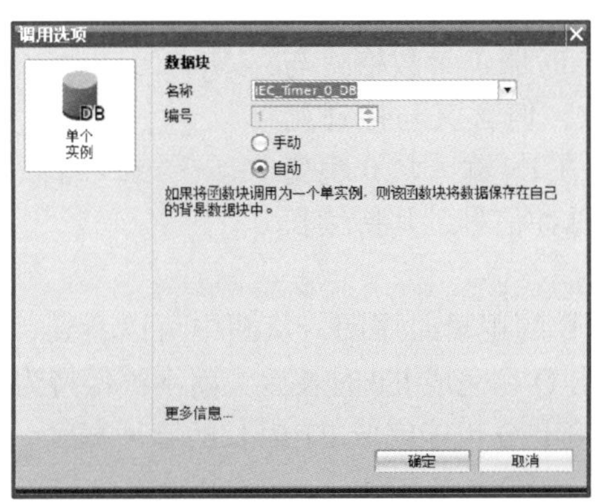

图 1-38　TON 指令“调用选项”对话框

在项目树的“程序块”中，可以看到自动生成的“IEC_Timer_0_DB[DB1]”数据块，生成后的 TON 指令调用如图 1-39 所示。图 1-40 所示为该定时器监控时的各个参数监视值，根据寻址方式，可以分别用 %DB1.PT、%DB1.ET、%DB1.IN 和 %DB1.Q 来读出输入 / 输出值。

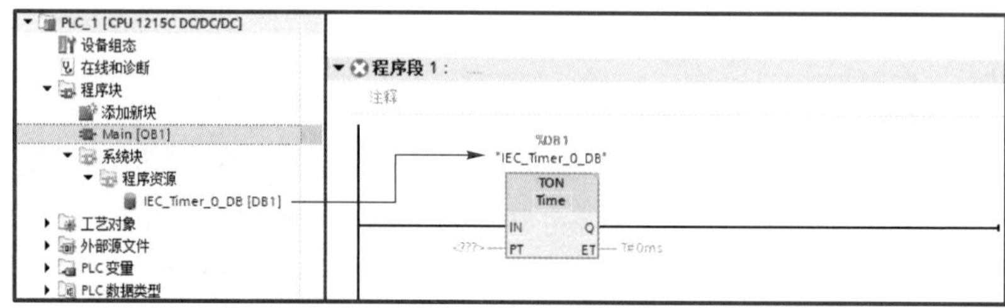

图 1-39　TON 指令调用

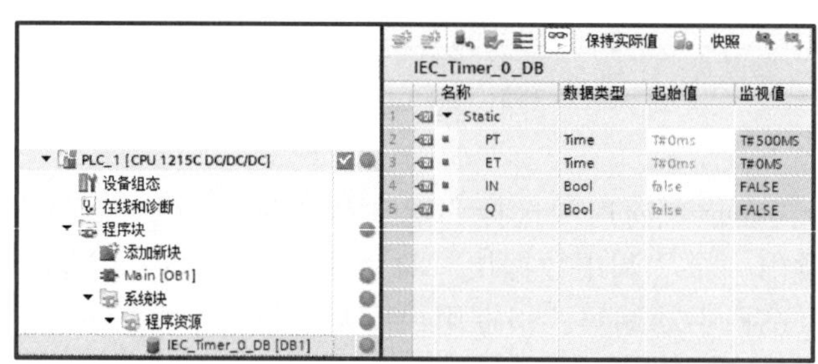

图 1-40　定时器监控时的各个参数监视值

2. TOF 指令

TOF 指令（关断延时定时器）的参数与 TON 指令相同，其区别在于 IN 从 1 跳变为 0 时将启动定时器，TOF 指令的逻辑时序图如图 1-41 所示。

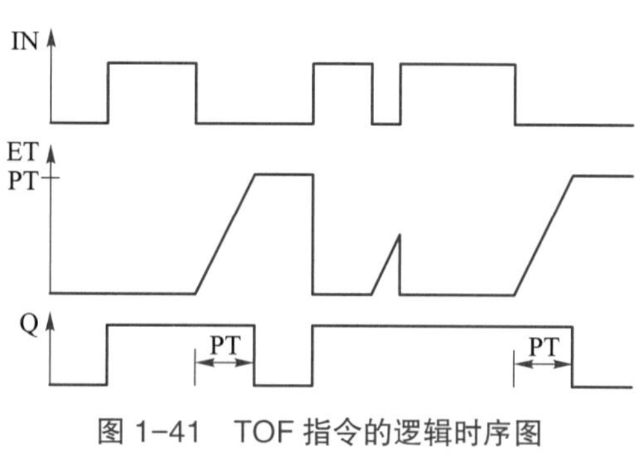

图 1-41　TOF 指令的逻辑时序图

3. TP 指令

虽然 TP 指令（脉冲定时器）参数格式与 TON 指令、TOF 指令一致，但含义与接通延时和断电延时不同，它是在 IN 输入从 0 跳变到 1 之后，立即输出一个脉冲信号，其持续长度受 PT 值控制。

图 1-42 所示为 TP 指令的逻辑时序图，从图中可以看到：即使 TON 的 IN 信号还处于“1”状态，TP 指令输出 Q 在完成 PT 时长后，就不再保持为“1”；即使 TON 的 IN 信号为多个“脉冲”信号，输出 Q 也能完成 PT 时长的脉冲宽度。

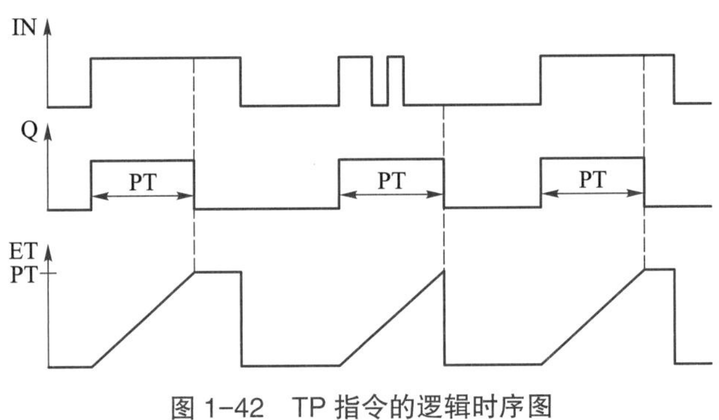

图 1-42　TP 指令的逻辑时序图

4. TONR 指令

TONR 指令如图 1-43 所示，与 TON 指令、TOF 指令、TP 指令相比增加了参数 R，TONR 指令的参数及数据类型如表 1-12 所示。

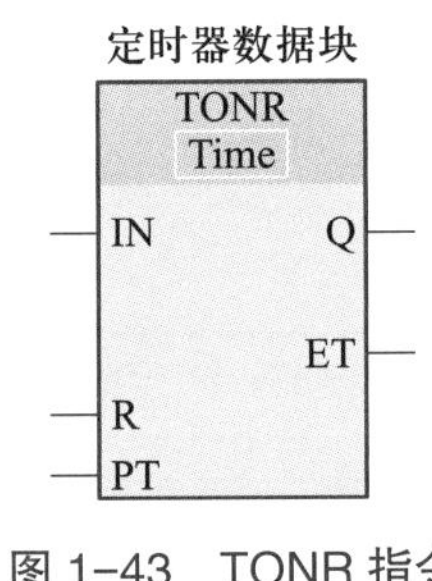

图 1-43　TONR 指令

表 1-12　TONR 指令的参数及数据类型

参数	数据类型	说明
IN	Bool	启用定时器输入
R	Bool	将 TONR 经过的时间重置为零
PT	Bool	预设的时间值输入
Q	Bool	定时器输出
ET	Time	经过的时间值输出
定时器数据块	DB	指定要使用 TONR 指令的定时器

图 1-44 所示为 TONR 指令的逻辑时序图，当 IN 信号不连续输入时，定时器 ET 的值一直在累计，直到定时时间 PT，ET 的值保持为 PT 值；当 R 信号为 ON 时，ET 的值复位为零。

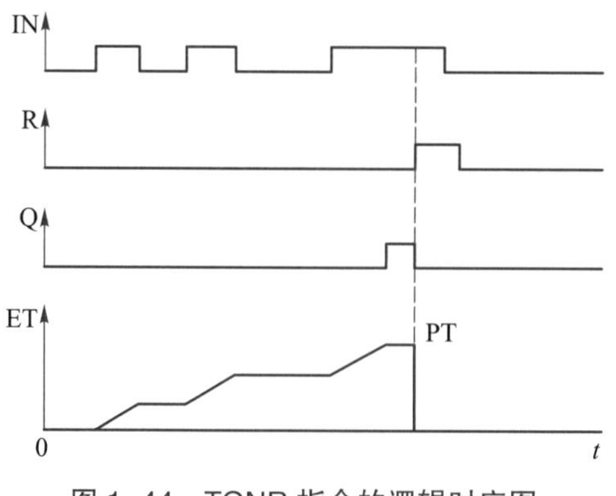

图 1-44　TONR 指令的逻辑时序图

1.2.3　系统和时钟存储器

如图 1-45 所示，选中 PLC 属性“常规”选项卡中的“系统和时钟存储器”，单击右边窗口中的复选框“启用系统存储器字节”和“启用时钟存储器字节”，采用默认的 MB1、MB0 分别作为系统存储器字节和时钟存储器字节，也可以修改这两个字节的地址。

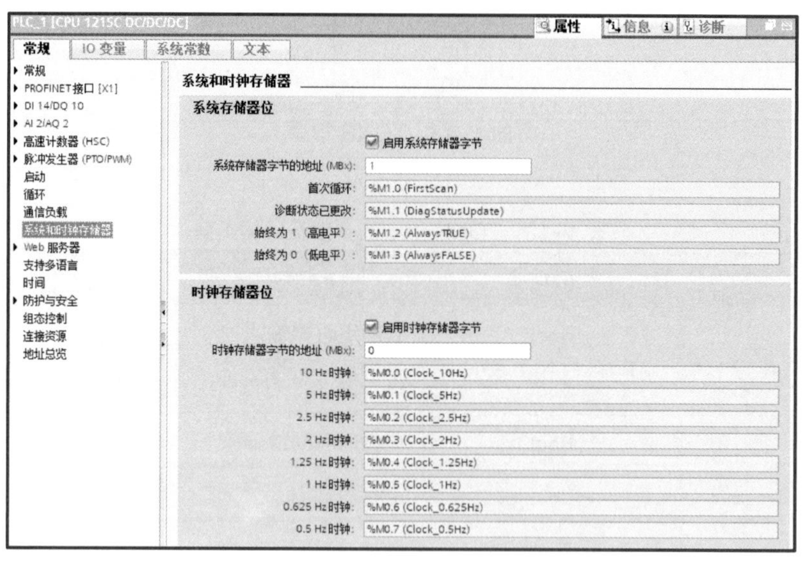

图 1-45　系统和时钟存储器

1. 系统存储器位

将 MB1 设置为系统存储器字节后，该字节的 M1.0~M1.3 的意义如下：

M1.0（FirstScan）：仅在进入 RUN 模式的首次扫描时为 1 状态，以后为 0 状态。

M1.1（DiagStatusUpdate）：诊断状态已更改。

M1.2（Always TRUE）：总是为 1 状态，其动合触点总是闭合或高电平。

M1.3（Always FALSE）：总是为 0 状态，就是 M1.2 的取反。

2. 时钟存储器位

时钟存储器位是一个周期内 0 状态和 1 状态所占的时间各为 50% 的方波信号，以 M0.5 为例，其时钟脉冲的周期为 1 s，如果用它的触点来控制接在某输出点的指示灯，指示灯将以 1 Hz 的频率闪动，亮 0.5 s、熄灭 0.5 s。

由于系统存储器和时钟存储器不是保留的存储器，用户程序或通信可能改写这些存储单元，破坏其中的数据。所以，应避免改写这两个 M 字节，以保证它们的功能正常运行。指定了系统存储器和时钟存储器字节后，这些字节就不能再做他用，否则将会使用户程序运行出错，甚至造成设备损坏或人身伤害。

系统和时钟存储器一旦启用后，就必须重新编译硬件配置并进行下载，否则将不会起到任何作用。

任务实施 >>>

1.2.4　PLC I/O 分配和控制电路接线

微视频：

任务实施：PLC 控制输送带电动机星—三角启动

通过分析三相电动机的星—三角启动过程，可以确定 PLC 外接启动按钮、停止按钮和热继电器故障信号 3 个输入，同时外接指示灯和控制接触器 KM1～KM3 的中间继电器 4 个输出。表 1-13 所示是电动机星—三角启动的输入 / 输出分配，PLC 选用西门子 S7-1200 CPU1215C DC/DC/DC。

表 1-13　电动机星—三角启动的输入 / 输出分配表

	PLC 软元件	元件符号 / 名称
输入	I0.0	SB1/ 停止按钮（NO）
	I0.1	SB2/ 启动按钮（NO）
	I1.1	FR/ 热继电器故障信号（NC）
输出	Q0.0	HL1/ 运行指示灯
	Q0.1	HL2/ 故障指示灯
	Q0.2	KA1/ 控制接触器 KM1
	Q0.3	KA2/ 控制接触器 KM2
	Q0.4	KA3/ 控制接触器 KM3

图 1-46 所示为本任务电气原理图，从图中可以看出，接触器的线圈为三相 380 V，采用中间继电器 KA1～KA3 分别来控制接触器 KM1～KM3。

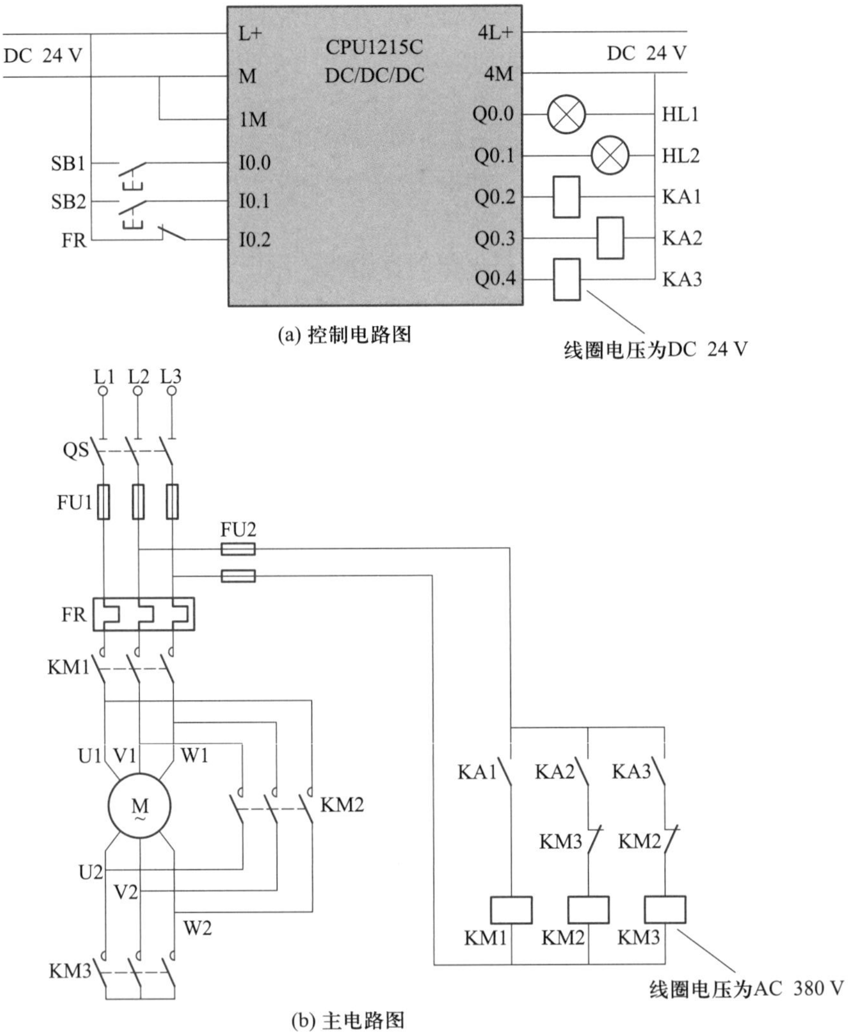

(a) 控制电路图

(b) 主电路图

图 1-46　电气原理图

1.2.5　PLC 梯形图编程

图 1-47 所示为本任务的变量说明，包括输入、输出和定时器中间变量。

名称	变量表	数据类型	地址
停止按钮SB1	默认变量表	Bool	%I0.0
启动按钮SB2	默认变量表	Bool	%I0.1
热继电器故障FR	默认变量表	Bool	%I0.2
运行指示灯HL1	默认变量表	Bool	%Q0.0
故障指示灯HL2	默认变量表	Bool	%Q0.1
控制KM1	默认变量表	Bool	%Q0.2
控制KM2	默认变量表	Bool	%Q0.3
控制KM3	默认变量表	Bool	%Q0.4
定时器中间变量1	默认变量表	Bool	%M10.0
定时器中间变量2	默认变量表	Bool	%M10.1
定时器中间变量3	默认变量表	Bool	%M10.2
定时器中间变量4	默认变量表	Bool	%M10.3

图 1-47　变量说明

图 1-48 所示为本任务的梯形图程序。程序解释如下：

程序段 1：电动机启动自锁回路，启动按钮 SB2 与控制 KM1 的触点信号形成自锁，当按下停止按钮 SB1 或热继电器故障 FR 动作时，自锁解除。

程序段 2：接触器 KM2 和 KM3 延时控制，即当 KM1 闭合时，开始延时 6 s，在延时未到时，KM3 接触器动作，实施星形运行；在延时 6 s 后，KM3 断开、KM2 动作，实施三角形运行。为确保 KM2 和 KM3 切换不出故障，在图 1-46 所示的控制电路中已经进行了电气互锁。

程序段 3：利用两个 TOF 指令组成交替工作的定时器组，用于故障报警时的周期脉冲信号 M10.0，其接通时间为 400 ms，周期为 1 s。

程序段 4：利用 M10.0 的周期信号对热继电器故障进行闪烁指示。

程序段 5：利用两个 TP 指令组成交替工作的定时器组，用于星—三角切换时的周期脉冲信号 M10.3，其接通时间为 500 ms，周期为 1 s。

程序段 6：指示灯 Q0.0 分成两种情况：一种是当星—三角切换时，进行闪烁；另一种是当星—三角切换后，用作运行指示。

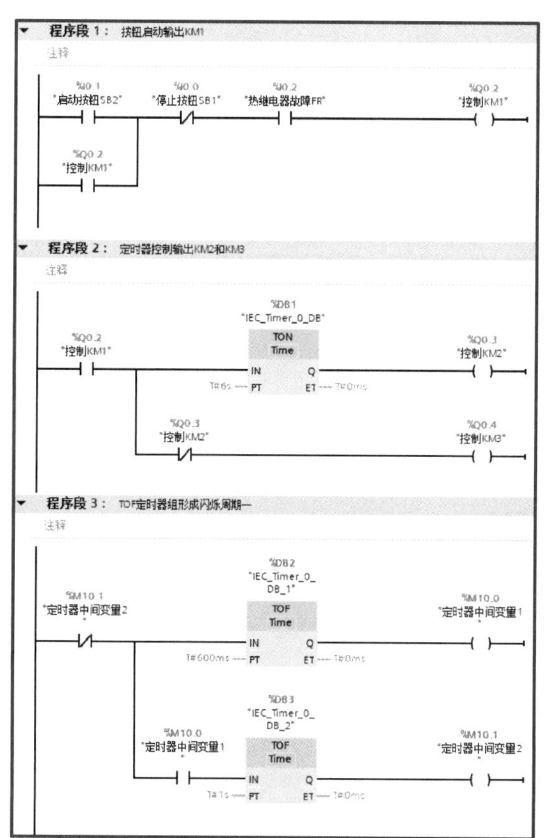

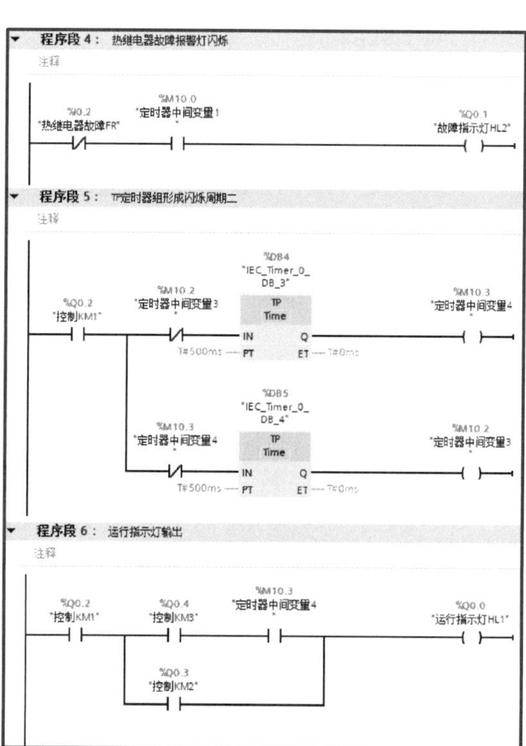

图 1-48 定时器编程改造传统电动机星—三角启动梯形图程序

图 1-49 所示为本任务中的定时器数据块，共有 5 个 DB，其中 IEC_Timer_0_DB［DB1］为星—三角切换用的定时器数据块，其他 4 个为闪烁周期用的定时器数据块。

对于闪烁周期来说，可以采用 TON、TONR、TP、TOF 指令和时钟存储器位等多种方法进行编程，本任务采用了其中的 TOF 指令和 TP 指令。

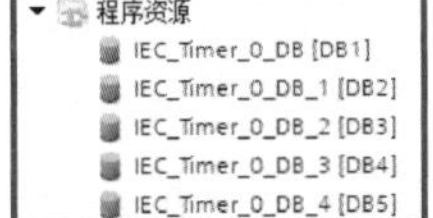

图 1–49　定时器数据块

技能考核

考核任务：

1. 能在原传统星—三角控制基础上进行 PLC 改造接线。
2. 能用多种定时器完成指示灯闪烁编程。
3. 能实现 PLC 正确控制电动机星—三角启动。

评分标准：

按要求完成考核任务，其评分标准如表 1–14 所示。

表 1–14　评分标准

姓名：		任务编号：1.2	综合评价：		
序号	考核项目	考核内容及要求	配分	评分标准	得分
1	电工安全操作规范	着装规范，安全用电，走线规范合理，工具及仪器仪表使用规范，任务完成后整理场地并保持场地清洁有序	20	现场考评	
2	实训态度	不迟到、不早退、不旷课，实训过程认真负责，组内人员主动沟通、协作，小组间互助	10		
3	系统方案制订	PLC 控制对象说明与分析合理	20		
		采用 PLC 定时器替换时间继电器方式正确			
		PLC 控制电路电气原理图正确			
4	编程能力	能使用多种定时器完成指示灯闪烁编程	20		
		能使用定时器指令完成传统电动机星—三角启动控制			
5	操作能力	根据电气原理图正确接线，线路美观且可靠	10		
		根据系统功能进行正确操作演示			
6	实践效果	系统工作可靠，满足工作要求	10		
		PLC 变量命名规范			
		按规定的时间完成任务			
7	汇报总结	工作总结，PPT 汇报	5		
		填写自我检查表及反馈表			
8	创新实践	在本任务中有另辟蹊径、独树一帜的实践内容	5		
合计			100		

注：综合评价可以采用教师评价、学生评价、组间评价和企业评价按一定比例计算后综合得出五级制成绩，即 90~100 分为优，80~89 分为良，70~79 分为中，60~69 分为及格，0~59 分为不及格。

任务 1.3　小车往复运行 PLC 控制

任务描述

图 1-50 所示为小车往复运行控制示意图，小车安置在输送带上可以往复运行，两边均安装了限位开关，右限位为 A，左限位为 B。PLC 选用西门子 S7-1200 CPU1215C DC/DC/DC，按钮盒（包括选择开关 SA1、右行按钮或自动启动按钮 SB1、左行按钮或自动停止按钮 SB2、次数加按钮 SB3、次数减按钮 SB4）和左右限位开关信号接入到 PLC 的输入端，指示灯和电动机控制信号则由 PLC 的输出端控制。任务要求如下：

（1）选择开关 SA1 可以进行手动和自动选择。手动时，按下 SB1 则点动右行，按下 SB2 则点动左行，两种点动都受到左右限位开关的限制。

（2）自动时，小车自动回到右限位 A 处，进入准备状态。小车往复运行次数默认为 1，即从右到左、再从左到右运行一个来回动作的次数为 1；可以用 SB3 和 SB4 按钮进行次数加减，最多为 5 次，最少为 1 次。按下 SB1 时，电动机左行，到达左限位 B 后，停留 3 s，立即切换方向为右行，直至到达右限位，再停留 3 s，往复运行次数为 1；依次类推，当实际次数满足设定次数时，小车停止运行。在自动往复运行期间，按下 SB2，则小车自动回到右限位 B 处，并将实际次数清零，而设定次数不变。

（3）正确绘制 PLC 控制的电气原理，并完成线路装接后上电。

（4）完成 PLC 的硬件配置和软件编程，并下载到 PLC，最后经调试后实现小车往复运行控制。

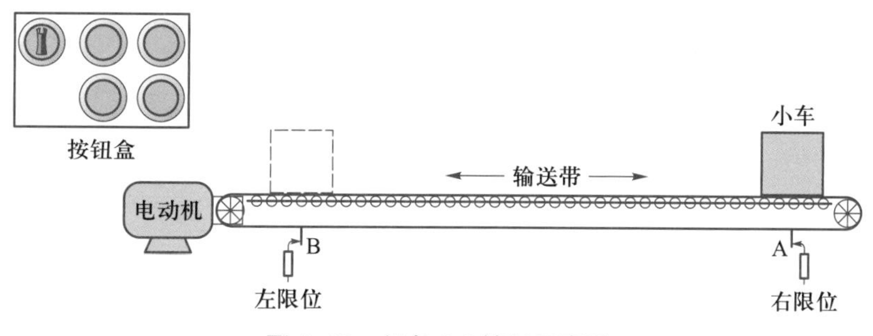

图 1-50　任务 1.3 控制示意图

知识准备

1.3.1　比较指令

比较指令是指当要比较的两个值为相同数据类型时，可以进行“等于”（==）、“不等于”（<>）、“大于等于”（>=）、“小于等于”（<=）、“大于”（>）和“小于”（<）

等多种比较。这里以“等于”比较指令为例进行说明：如图 1-51（a）所示，可以使用“等于”指令确定第一个比较值（<操作数 1>）是否等于第二个比较值（<操作数 2>）。比较指令可以通过指令右上角黄色三角的第一个选项来选择“等于”“大于等于”等比较类型，如图 1-51（b）所示，也可以通过右下角黄色三角的第二个选项来选择数据类型，如整数（Int）、实数（Real）等，如图 1-51（c）所示。表 1-15 所示是几种常见数据类型的比较。

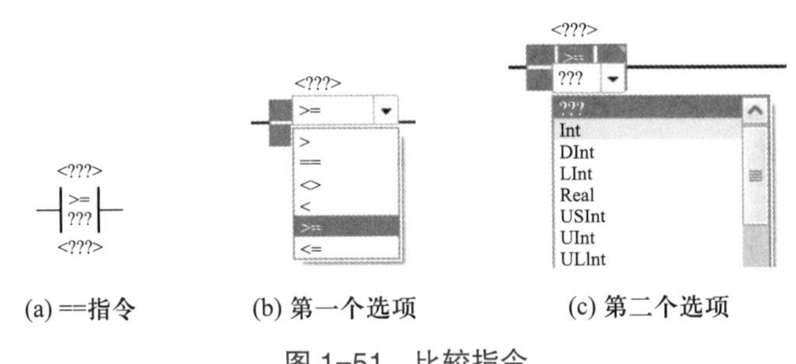

(a) ==指令　　(b) 第一个选项　　(c) 第二个选项

图 1-51　比较指令

表 1-15　几种常见数据类型比较

变量类型	符号	位数	取值范围	常数举例
字符	Char	8	16#00～16#FF	‘A’，‘t’，‘@’
有符号字节	SInt	8	−128～127	123，−123
整数	Int	16	−32768～32767	123，−123
双整数	Dint	32	−2147483648～2147483647	123，−123
无符号字节	USInt	8	0～255	123
无符号整数	UInt	16	0～65535	123
无符号双整数	UDInt	32	0～4294967295	123
浮点数（实数）	Real	32	$\pm 1.175495 \times 10^{-38}$～$\pm 3.402823 \times 10^{38}$	12.45，−3.4，−1.2E＋3
双精度浮点数	LReal	64	$\pm 2.2250738585072020 \times 10^{-308}$～ $\pm 1.7976931348623157 \times 10^{308}$	12345.12345 −1.2 E＋40
时间	Time	321	T#−24d20h31m23s648ms ～ T#24d20h31m23s648ms	T#1d 2h 15m 30s 45ms

1.3.2　移动指令

1. MOVE 指令

MOVE 指令是将数据元素复制到新的存储器地址，移动过程中不更改源数据。如图 1-52 所示，可以使用 MOVE 指令将 IN 输入操作数中的内容传送给 OUT1 输出的操作数中。始终沿地址升序方向进行传送。MOVE 指令可传送的类型包括位、字符串、整数、浮点数、定时器、时间等，如果使能输入 EN 的信号状态为“0”或 IN 参数的数据类型与 OUT1 参数的指定数据类型不对应时，则使能输出 ENO 的信号状态为“0”。

在 MOVE 指令中，若 IN 输入端数据类型的位长度超出了 OUT1 输出端数据类型的位长度，则传送源值中多出来的有效位会丢失。若 IN 输入端数据类型的位长度小于 OUT1 输出端数据类型的位长度，则用零填充传送目标值中多出来的有效位。

在初始状态，指令框中包含 1 个输出（OUT1），可以通过单击图符扩展输出数目，如扩展为 OUT1、OUT2、OUT3 等（图 1-53）。在该指令框中，应按升序排列所添加的输出端。执行该指令时，将 IN 输入端操作数中的内容发送到所有可用的输出端。如果传送结构化数据类型（DTL、Struct、Array）或字符串（String）的字符，则无法扩展指令框。

图 1-52　MOVE 指令　　图 1-53　MOVE 指令的多个变量输出

2. MOVE_BLK 指令

如图 1-54 所示，使用 MOVE_BLK 指令，可将存储区（源区域）的内容移动到其他存储区（目标区域），实现块移动功能。参数 COUNT 可以指定待复制到目标区域中的元素个数，通过 IN 输入端的元素宽度来指定待复制元素的宽度，并按地址升序执行复制操作。

3. UMOVE_BLK 指令

如图 1-55 所示，UMOVE_BLK 指令可将存储区（源区域）的内容连续复制到其他存储区（目标区域），实现无中断块移动功能。参数 COUNT 可以指定待复制到目标区域中的元素个数，可通过 IN 输入端的元素宽度来指定待复制元素的宽度。

4. FILL_BLK 指令

如图 1-56 所示，FILL_BLK 指令可以用 IN 输入的值填充一个存储区域（目标区域），将以 OUT 输出指定的起始地址，填充目标区域，实现填充块功能。参数 COUNT 可以指定复制操作的重复次数。执行该指令时，将选择 IN 输入的值，并复制到目标区域 COUNT 中指定的次数。

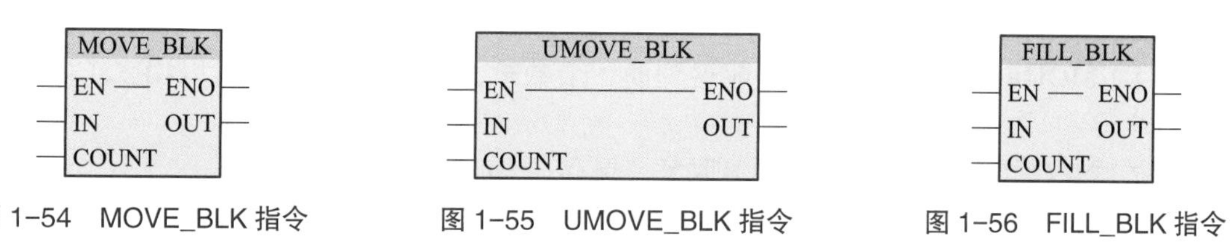

图 1-54　MOVE_BLK 指令　　图 1-55　UMOVE_BLK 指令　　图 1-56　FILL_BLK 指令

5. SWAP 指令

SWAP（交换）指令可以更改输入 IN 中 Word 或 DWord 字节的顺序，并在输出 OUT 中查询结果，实现交换功能。图 1-57 说明了如何使用 SWAP 指令交换数据类型为 DWord 的操作数的字节。

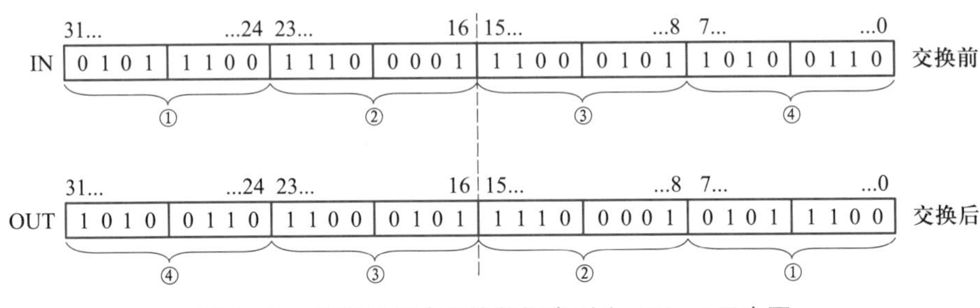

图 1-57 SWAP 指令交换数据类型为 DWord 示意图

1.3.3 数学运算指令

在数学运算指令中，ADD、SUB、MUL 和 DIV 指令分别是加、减、乘、除指令，其操作数的数据类型可选 SInt、Int、Dint、USInt、UInt、UDInt 和 Real。在运算过程中，操作数的数据类型应该相同。

以 ADD（加法）指令为例进行介绍，它可以从 TIA 软件右边指令窗口的“基本指令→数学函数”中直接添加。使用 ADD 指令［图 1-58（a）］，根据图 1-58（b）选择的数据类型，将输入 IN1 的值与输入 IN2 的值相加，并在输出 OUT（OUT = IN1＋IN2）处查询总和。在初始状态下，指令框中至少包含两个输入（IN1 和 IN2），可以通过单击图符 扩展输入数目，如图 1-58（c）所示。

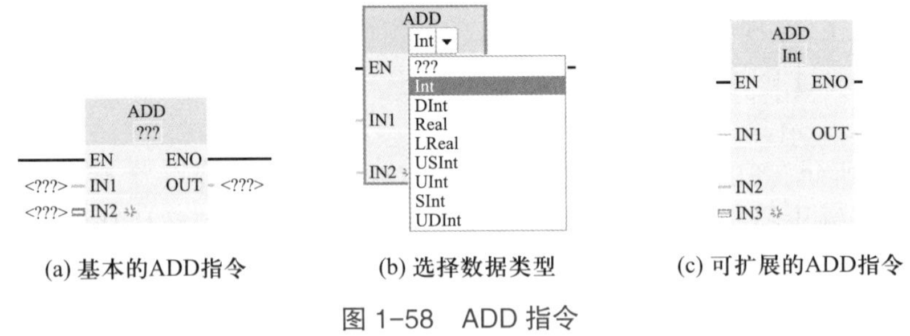

图 1-58 ADD 指令

除此之外，还有 MOD、NEG、INC、DEC 和 ABS 等数学运算指令，具体说明如下：

（1）MOD 指令：除法指令只能得到商，余数被丢掉，MOD 指令可以用来求除法的余数。

（2）NEG 指令：将输入 IN 的值取反，保存在 OUT 中。

（3）INC 和 DEC 指令：参数 IN/OUT 的值分别加 1 和减 1。

（4）ABS（绝对值）指令：求输入 IN 中有符号整数或实数的绝对值。

任务实施 >>>

1.3.4　PLC I/O 分配与外围电路接线

表 1-16 所示为本任务的输入 / 输出定义。

表 1-16　输入 / 输出定义

	PLC 软元件	元件符号 / 名称
输入	I0.0	SA1/ 手动 OFF、自动 ON
	I0.1	SB1/ 右行按钮（或自动启动按钮）
	I0.2	SB2/ 左行按钮（或自动停止按钮）
	I0.3	SB3/ 次数加按钮
	I0.4	SB4/ 次数减按钮
	I0.5	SQ1/ 右限位
	I0.6	SQ2/ 左限位
输出	Q0.0	HL1/ 手动指示
	Q0.1	HL2/ 自动指示
	Q0.2	KA1/ 控制右行接触器 KM1
	Q0.3	KA2/ 控制左行接触器 KM2

图 1-59 所示为本任务的电气原理图。

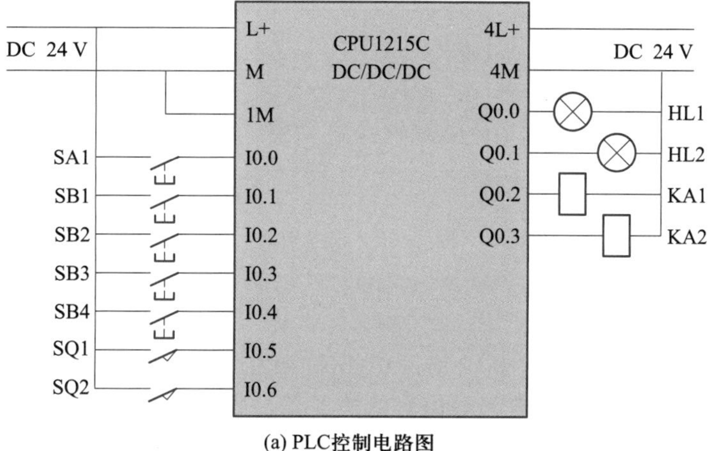

(a) PLC控制电路图

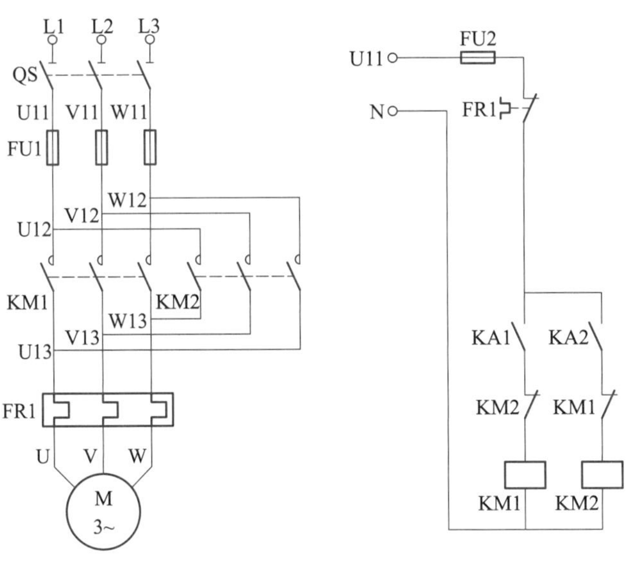

(b) 主电路图

图 1-59 PLC 接线原理图与主电路图

1.3.5 梯形图编程

1. PLC 扫描周期

当 PLC 投入运行后，其工作过程一般分为三个阶段：输入采样、用户程序执行和输出刷新，如图 1-60 所示，完成上述三个阶段称为一个扫描周期。在整个运行期间，PLC 以一定的扫描速度重复执行上述三个阶段。

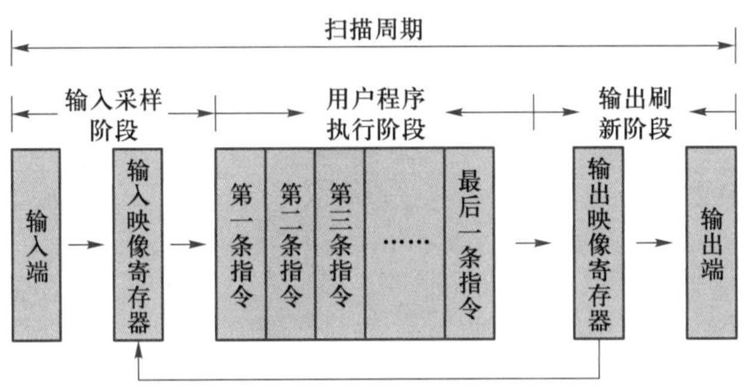

图 1-60 扫描周期

2. 变量说明

变量说明如图 1-61 所示，其中 M11.0~M11.4 为边沿变量，它在 PLC 程序中比较常见，如电动机的启动、停止、故障等信号的捕捉都是通过边沿信号实现的。如图 1-62 所示，上升沿检测指令检测每一次从 0 到 1 的正跳变，让能流只接通一个 PLC 扫描周期；下降沿检测指令检测每一次 1 到 0 的负跳变，让能流只接通一个扫描周期。

名称	变量表	数据类型	地址
手动/自动选择开关	默认变量表	Bool	%I0.0
右行或自动启动按钮SB1	默认变量表	Bool	%I0.1
左行或自动停止按钮SB2	默认变量表	Bool	%I0.2
次数加按钮SB3	默认变量表	Bool	%I0.3
次数减按钮SB4	默认变量表	Bool	%I0.4
右限位SQ1	默认变量表	Bool	%I0.5
左限位SQ2	默认变量表	Bool	%I0.6
手动指示HL1	默认变量表	Bool	%Q0.0
自动指示HL2	默认变量表	Bool	%Q0.1
控制KM1	默认变量表	Bool	%Q0.2
控制KM2	默认变量表	Bool	%Q0.3
自动运行状态1	默认变量表	Bool	%M10.0
自动运行状态2	默认变量表	Bool	%M10.1
自动运行状态3	默认变量表	Bool	%M10.2
自动运行状态4	默认变量表	Bool	%M10.3
自动运行状态5	默认变量表	Bool	%M10.4
计数满变量	默认变量表	Bool	%M10.5
边沿变量1	默认变量表	Bool	%M11.0
边沿变量2	默认变量表	Bool	%M11.1
边沿变量3	默认变量表	Bool	%M11.2
边沿变量4	默认变量表	Bool	%M11.3
边沿变量5	默认变量表	Bool	%M11.4
运行次数设定	默认变量表	Int	%MW12

图 1-61　变量说明

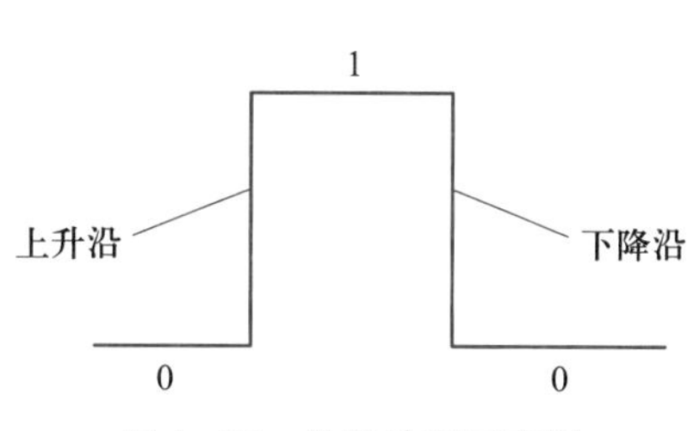

图 1-62　边沿检测示意图

在 S7-1200 PLC 指令中，—|P|— 指令表示上升沿触点输入信号，—|N|— 指令表示下降沿触点输入信号；(P) 指令表示置位脉冲操作，(N) 指令表示复位脉冲操作，该输出为一个扫描周期。

3. 程序编写

程序编写分手动和自动两个环节，其中自动环节按照如表 1-17 所示进行编写。

表 1-17　自动环节状态与动作

状态	变量	执行动作
自动运行状态 1	M10.0	当 I0.0 选择开关为 ON 时产生的上升沿，置位 M10.1
自动运行状态 2	M10.1	自动运行到最右侧限位，当限位为 ON 时，复位 M10.1，置位 M10.2
自动运行状态 3	M10.2	可以进行运行次数设定（1~5 之间）；等待 SB1 为 ON 时，复位 M10.2，置位 M10.3
自动运行状态 4	M10.3	先左行，到达左限位时，停留 3 s 后，复位 M10.3，置位 M10.4
自动运行状态 5	M10.4	先右行，到达右限位时，停留 3 s 后，进行计数，复位 M10.4，置位 M10.3

本任务梯形图程序如图 1-63 所示，程序段解释如下：

程序段 1：初始化设定运行次数为 1，即 MW12＝1；同时复位 M10.0~M10.4、Q0.2 和 Q0.3。当选择开关 SA1 拨到 OFF 时，也参照初始化。

程序段 2：当选择开关 SA1 为 OFF 时，为手动状态，可以进行点动左行或右行。这里采用置位和复位指令进行。

程序段 3：从自动运行状态 1 切换到自动运行状态 2。

程序段 4：执行自动运行状态 2 的动作，进入自动运行状态 3。

程序段 5：执行自动运行状态 3 的动作，即进行运行次数设定（1~5 之间）。

程序段 6：等待 SB1 为 ON 时，置位 M10.3，进入自动运行状态 4。

程序段 7：自动运行状态 4 时执行相应的动作，进入自动运行状态 5。

程序段 8：自动运行状态 5 时执行相应的动作，进入自动运行状态 4。

程序段 9：计数动作，当计数满时，进入自动运行状态 3，否则仍在程序段 7 和 8 之间执行动作。

程序段 10：在自动状态时的停止按钮动作。

程序段 11：指示灯的动作显示，其中自动分两种状态，当自动往复运行时指示灯 HL2 闪烁，当自动待机时指示灯 HL2 常亮。

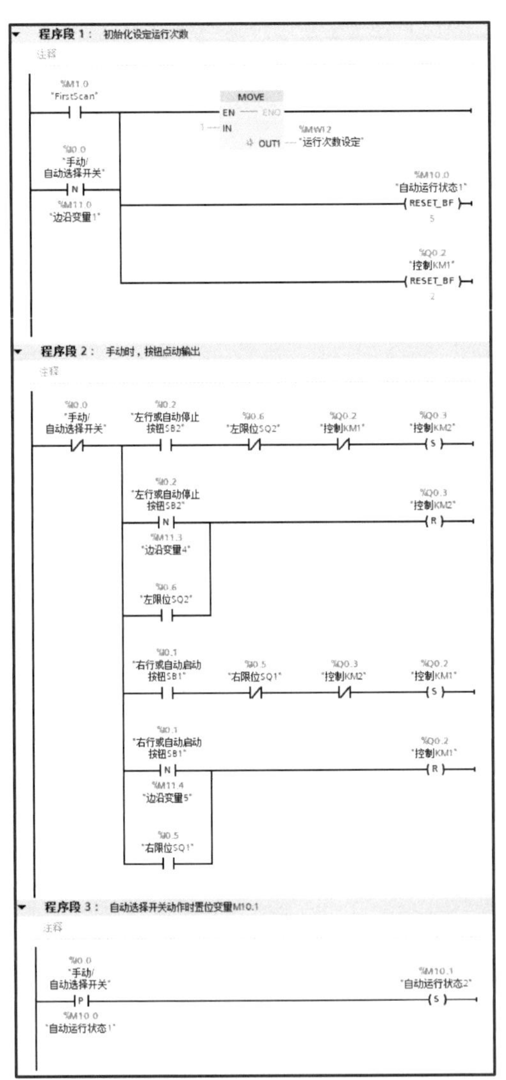

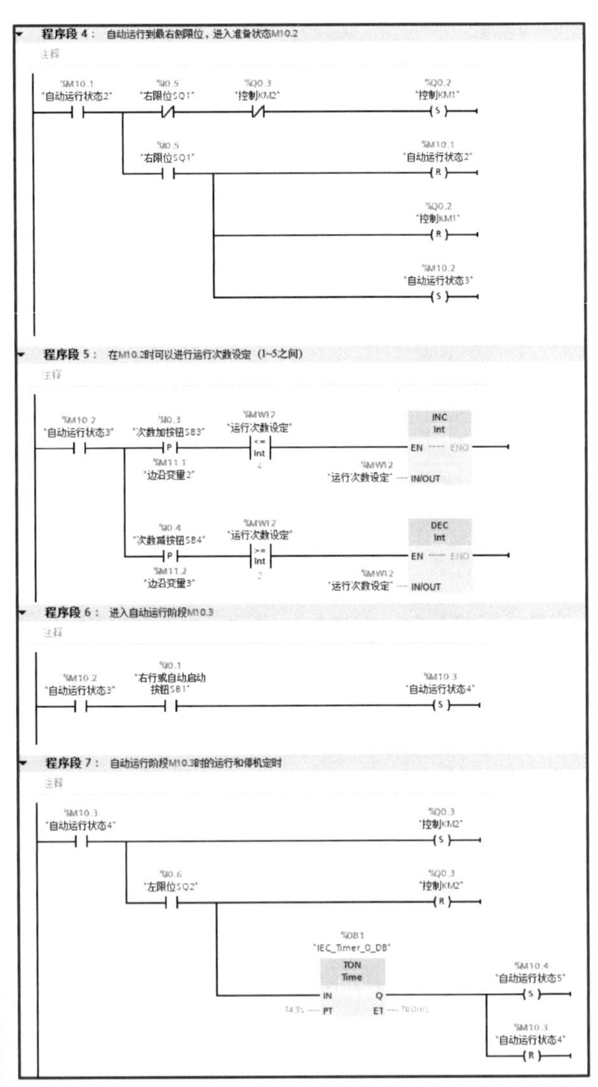

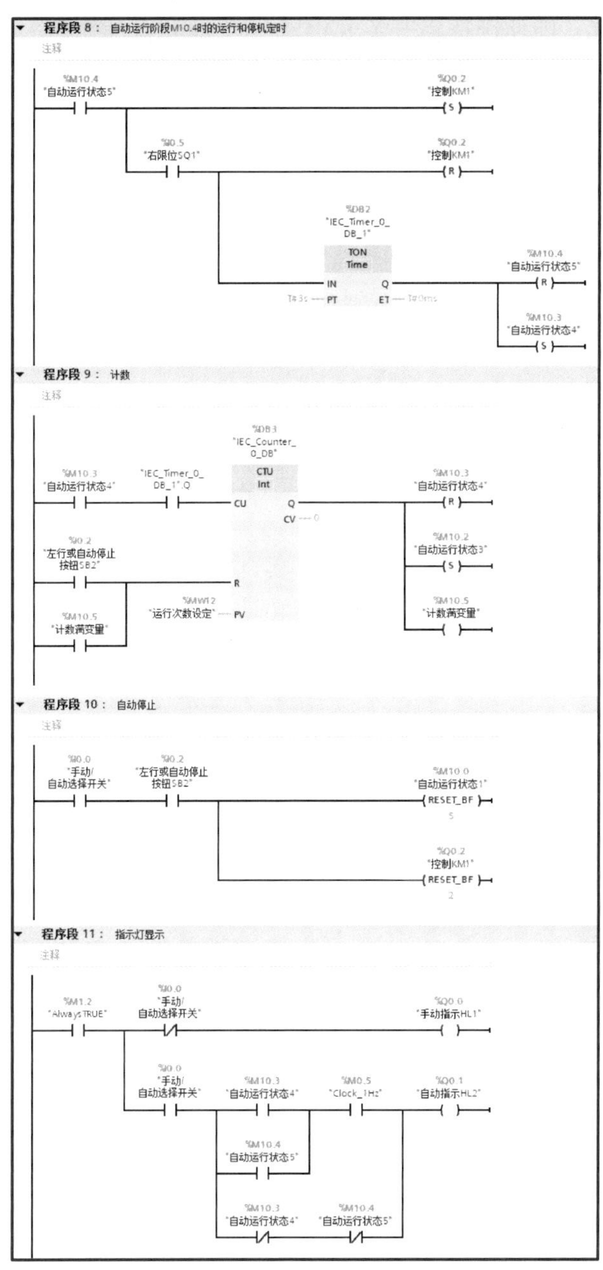

图 1–63　梯形图程序

技能考核 >>>

考核任务：

1. PLC 控制电路电气原理图绘制符合规范，能正确区分接触器、中间继电器等接线强弱电信号。

2. 完成 PLC 的硬件配置和软件编程。

3. 功能测试正常，即使用选择开关 SA1 实现手动和自动切换，小车运行正常，指示正常，计数功能可以正常设定和计数。

评分标准：

按要求完成考核任务，其评分标准如表 1-18 所示。

表 1-18　评分标准

姓名：		任务编号：1.3	综合评价：		
序号	考核项目	考核内容及要求	配分	评分标准	得分
1	电工安全操作规范	着装规范，安全用电，走线规范合理，工具及仪器仪表使用规范，任务完成后整理场地并保持场地清洁有序	20	现场考评	
2	实训态度	不迟到、不早退、不旷课，实训过程认真负责，组内人员主动沟通、协作，小组间互助	10		
3	系统方案制订	PLC 控制对象说明与分析	20		
		PLC 手动和自动控制方案合理			
		PLC 控制电路电气图正确			
4	编程能力	独立完成 PLC 硬件配置	10		
		独立完成 PLC 梯形图编程			
5	操作能力	正确输入程序并进行程序调试	15		
		根据电气原理图正确接线，线路美观且可靠			
		根据系统功能进行正确操作演示			
6	实践效果	系统工作可靠	15		
		满足工作要求			
		PLC 变量命名规范			
		按规定的时间完成任务			
7	汇报总结	工作总结，PPT 汇报	5		
		填写自我检查表及反馈表			
8	创新实践	在本任务中有另辟蹊径、独树一帜的实践内容	5		
合计			100		

注：综合评价可以采用教师评价、学生评价、组间评价和企业评价按一定比例计算后综合得出五级制成绩，即 90~100 分为优，80~89 分为良，70~79 分为中，60~69 分为及格，0~59 分为不及格。

项目 1 拓展阅读

思考与练习

1. 如图 1-64 所示，S7-1200 CPU 1215C DC/DC/DC 外接了 1 个选择开关（SA1）、2 个按钮（SB1、SB2）和 2 个 DC24V 指示灯（HL1、HL2），请绘制电气原理图，列出输入 / 输出分配表，并编写 2 个程序实现如下功能：

（1）程序 1：按下按钮 SB1 时进行计时，计数达到 5 个时，HL1 灯亮；计数达到 10 个时，HL1 和 HL2 都亮；按下按钮 SB2 时，计数复位且两个指示灯都灭。

（2）程序 2：SA1 为 OFF 时，计数器采用 CTU，实现程序 1 的动作；SA1 为 ON 时，计数器采用 CTUD，其中 SB1 为升计数，SB2 为降计数，计数设定值为 5 个，HL1 灯亮；计数达到 10 个时，HL1 和 HL2 都亮，无复位功能。

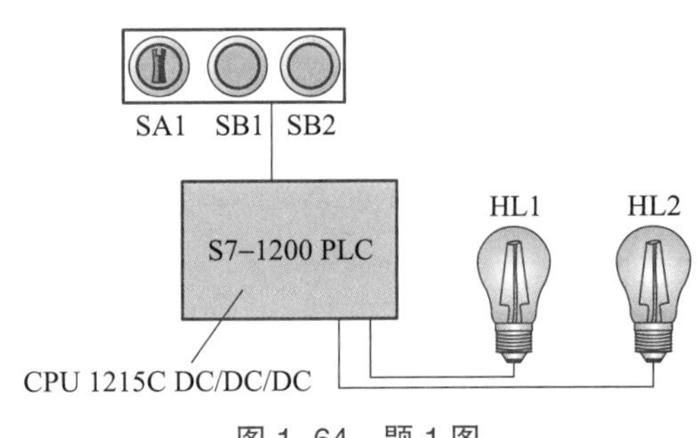

图 1-64　题 1 图

2. 某输送带电动机为直流 24 V 驱动，采用选择开关、正转按钮、反转按钮和停止按钮实现正反转手动自动控制。手动时，可以正转运行和反转运行。自动时，按下正转按钮，启动输送带电动机正转，定时 5 s 后自动停机；按下反转按钮，启动输送带电动机反转，定时 12 s 后自动停机；停止按钮在任何时候都可以停止运行。请绘制主电路电气原理图、控制电路电气原理图，列出输入 / 输出分配表，并编写程序实现控制要求。

3. 图 1-65 所示为△—YY 接法双速异步电动机，三相定子绕组接成△，三相电源接至定子绕组作为△联结顶点的出线端 U1、V1、W1，磁极数为 4，同步转速为 1 500 r/min。从每相绕组的中点各引出一个出线端 U2、V2、W2，把 U1、V1、W1 并接在一起，U2、V2、W2 接三相电源，电动机采用 YY 接法，磁极数为 2，同步转速为 3 000 r/min。传统的按钮控制电路可以实现从高速向低速或从低速向高速变化的过程。现在采用 PLC 控制来实现传统控制电路改造，将 SB1、SB2 和 SB3 接入 CPU1215C DC/DC/DC，请绘制输出控制电路电气原理图，列出输入 / 输出分配表，并编写程序实现双速电动机控制。

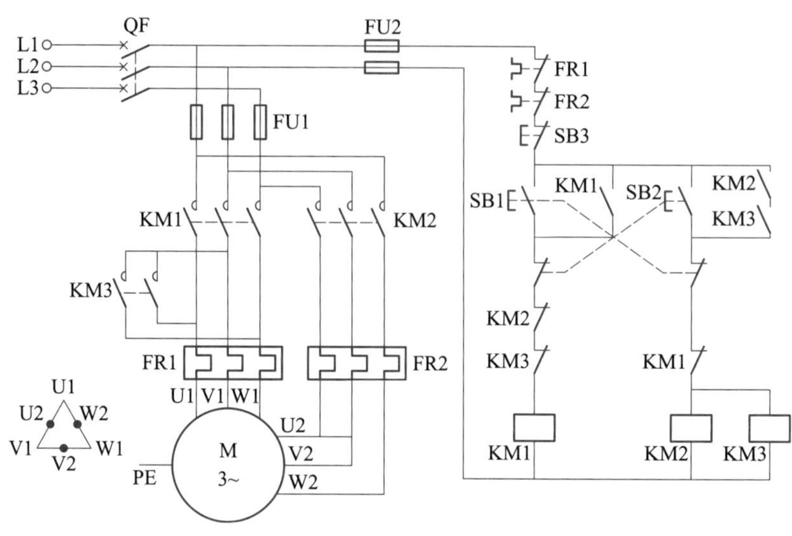

图 1-65　题 3 图

4. 如图 1-66 所示的传送系统由 M1 输送带和 M2 输送带构成，按下启动按钮 SB1 后，M1 带动物品运行，经过光电开关后进行定时，5 s 后 M2 输送带启动。按下停止按钮 SB2 后，M1 延时 6 s 后停止，M2 延时 12 s 后再停机。请列出输入 / 输出分配表，设计 PLC 控制电路电气原理图，并用定时器进行编程。

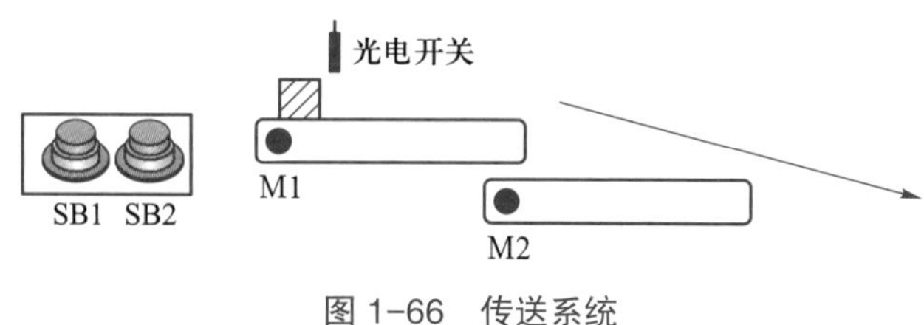

图 1-66　传送系统

5. 某控制系统要求用启动按钮和停止按钮来控制 A、B、C 三组音乐喷泉的喷头阀门工作，控制要求具体如下：当按下启动按钮后，A 组喷头先喷 5 s 后停止，然后 B、C 组喷头同时喷，5 s 后 B 组喷头停止，C 组喷头继续喷 5 s 再停止；而后 A、B 组喷头喷 7 s，C 组喷头在这 7 s 的前 2 s 内停止，后 5 s 内喷水，接着 A、B、C 三组喷头同时停止 3 s，以后重复前述过程。按下停止按钮后，三组喷头同时停止喷水。请列出输入 / 输出分配表，设计 PLC 控制电路电气原理图，并用定时器进行编程。

项目 2

PLC 的程序块应用

导读

把复杂的自动化任务分割成与过程工艺功能相对应或者可重复使用的子任务，更易于对这些复杂的自动化任务进行处理和管理。这些子任务在用户程序中用 FC、FB 或 OB 程序块来表示，最终形成结构化编程。其优点在于每个程序段都可以实现标准化，从而通过更改接口参数实现程序代码的反复使用，让程序结构更简单，更改程序更容易，测试和排错过程更灵活。通过使用 FC 实现气缸动作异常报警、使用 FB 实现电动机延时启停和使用硬件中断 OB 设定调节阀开度三个任务可以更好地理解 PLC 的程序块应用。

知识目标

1. 熟悉 S7-1200 PLC 实现控制的过程。
2. 熟悉 FC、FB 和 OB 的概念与调用过程。
3. 掌握结构化编程的优点和实例应用。
4. 掌握 FC 和 FB 的形参定义。

能力目标

1. 能进行 FC 函数的创建和实例编程。
2. 能进行 FB 函数块的创建和实例编程。
3. 掌握硬件中断 OB 块的创建和实例编程。
4. 能使用结构化编程思路解决自动化应用案例。

素养目标

1. 对电气控制系统的 PLC 编程有兴趣并乐于拓展思维。
2. 形成善于利用网络资源学习有关 PLC 应用的意识。
3. 增强对自主设备投入重大工程使用的责任感和自豪感。

任务 2.1　使用 FC 实现气缸动作异常报警

任务描述

图 2-1 所示是用 PLC 来控制二位五通电磁阀带动伸缩气缸从原位到工作位的动作，实现生产流水线中的物料推出、压紧等相关工艺要求。在动作过程中，气管泄漏、气压降低、机械卡死等都会影响到气缸动作的最终执行情况，因此，需要用 PLC 来进行气缸动作同时实现异常报警。

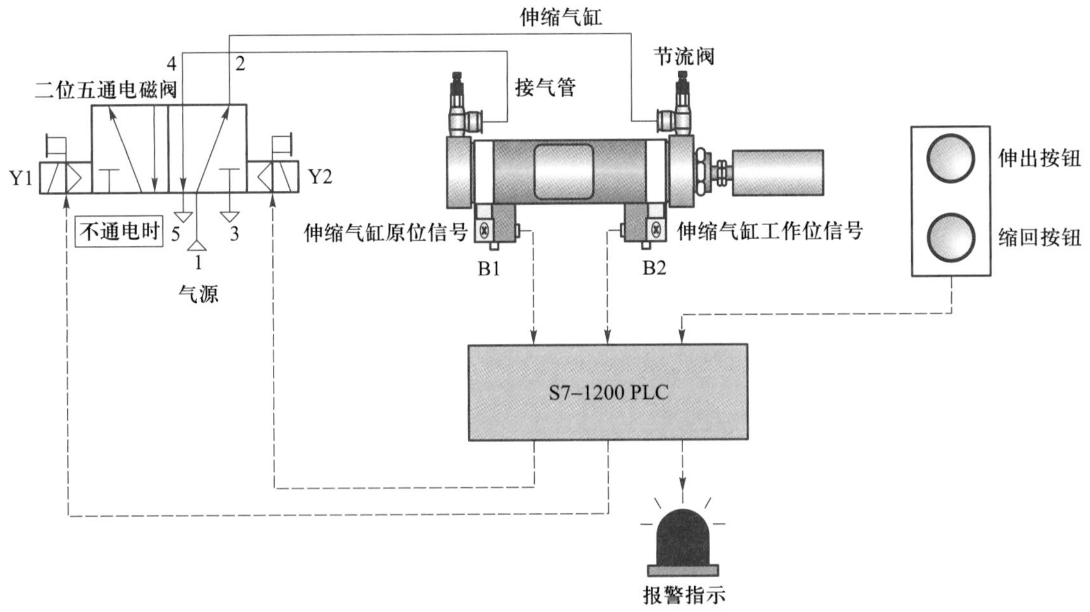

图 2-1　任务 2.1 控制示意图

任务要求如下：

（1）能正确完成伸缩气缸的原位信号和工作位信号所用的磁感应式接近开关、电磁阀线圈等 PLC 控制外围电气接线。

（2）能完成伸缩气缸控制的气路安装。

（3）能用 FC 块实现气缸动作报警，即气缸伸出或缩回动作 5 s 后所对应的磁感应式接近开关未动作，报警灯就亮。

知识准备 >>>

2.1.1　S7-1200 PLC 实现控制的过程

1. 代码块种类

在 S7-1200 PLC 中，CPU 支持 OB、FC、FB、DB 代码块，使用它们可以创建有效的用户程序结构，具体介绍如下。

微视频：OB、FB、FC、DB 块的使用

（1）组织块（OB）

组织块（OB）用于定义程序的结构。有些 OB 具有预定义的行为和启动事件，但用户也可以创建具有自定义启动事件的 OB。在组织块中，OB 1 是用于循环执行用户程序的默认组织块，为用户程序提供基本结构，是唯一一个用户必需的程序块。如果程序中包括其他 OB，这些 OB 会中断 OB1 的执行。其他 OB 可执行特定功能，如用于启动任务，用于处理中断和错误或者用于按特定的时间间隔执行特定的程序代码。

（2）函数（FC）和函数块（FB）

函数（FC）和函数块（FB）是包含与特定任务或参数组合相对应的程序代码。每个 FC 或 FB 都提供一组输入和输出参数，用于与调用块共享数据。FB 还使用相关联的数据块（称为背景数据块）来保存执行期间的值状态，程序中的其他块可以使用这些值状态。

（3）数据块（DB）

数据块（DB）用于存储程序块可以使用的数据，它可以手动建立或者在调用指令时自动建立。

2. 用户程序的结构

用户程序的执行顺序是：从一个或多个在进入 RUN 模式时运行一次的可选启动 OB 开始，然后执行一个或多个循环执行的程序循环 OB。OB 也可以与中断事件（可以是标准事件或错误事件）相关联，并在相应的标准或错误事件发生时执行。

如图 2-2 所示，根据实际应用要求，可选择线性结构或模块化结构用于创建用户程序。线性程序按顺序逐条执行用于自动化任务的所有指令，通常线性程序将所有程序指令都放入用于循环执行程序的 OB（默认为 OB 1）中。模块化程序调用可执行特定任务的特定代码块。要创建模块化结构，需要将复杂的自动化任务划分为与过程的工艺功能相对应的更小的次级任务，每个代码块都为每个次级任务提供程序段，通过从另一个块中调用其中一个代码块来构建程序。

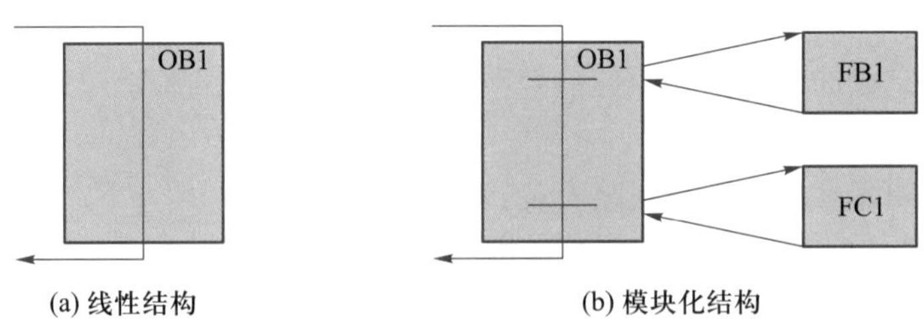

(a) 线性结构　　(b) 模块化结构

图 2-2　用户程序的结构

3. CPU 的三种工作模式和状态灯指示

S7-1200 CPU 有三种工作模式：STOP 模式、STARTUP 模式和 RUN 模式。如图 2-3 所示，CPU 前面的状态 LED 灯指示当前工作模式，其功能如表 2-1 所示。

图 2-3　状态 LED 灯

（1）STOP/RUN 灯。黄色常亮指示处于 STOP 模式，纯绿色常亮指示处于 RUN 模式，闪烁（绿色和黄色交替）指示处于 STARTUP 模式。

（2）ERROR 灯。红色闪烁指示有错误，例如 CPU 内部错误、存储卡错误或组态错误（模块不匹配）。故障状态，纯红色常亮指示硬件出现故障。如果固件中检测到故障，则所有 LED 灯闪烁。

（3）MAINT 灯。在每次插入存储卡时闪烁，然后 CPU 切换到 STOP 模式。

表 2-1　CPU 上的状态 LED 灯功能说明

说明	STOP/RUN 黄色 / 绿色	ERROR 红色	MAINT 黄色
断电	灭	灭	灭
启动、自检或固件更新	闪烁（黄色和绿色交替）	—	灭
停止模式	亮（黄色）	—	—
运行模式	亮（绿色）	—	—
取出存储卡	亮（黄色）	—	闪烁
错误	亮（黄色或绿色）	闪烁	—
请求维护 • 强制 I/O • 需要更换电池（如果安装了电池板）	亮（黄色或绿色）	—	亮
硬件出现故障	亮（黄色）	亮	灭
LED 测试或 CPU 固件出现故障	闪烁（黄色和绿色交替）	闪烁	闪烁
CPU 组态版本未知或不兼容	亮（黄色）	闪烁	闪烁

CPU 三种模式的具体说明如下：

（1）在 STOP 模式下，CPU 不执行任何程序，用户可以下载项目。

（2）在 STARTUP 模式下，执行一次启动 OB（如果存在）。在 RUN 模式的启动阶段，不处理任何中断事件。STARTUP 过程具体描述如下：只要工作状态从 STOP 切换到 RUN，CPU 就会清除过程映像输入、初始化过程映像输出并处理启动 OB。启动 OB 中的指令对过程映像输入进行任何读访问时，读取的数据都只有零，而不是当前物理输入值。因此，要在启动模式下读取物理输入的当前状态，必须执行立即读取操作。接着再执行启动 OB 以及任何相关的 FC 和 FB。如果存在多个启动 OB，则按照 OB 编号依次执行各启动 OB，OB 编号最小的先执行。

（3）在 RUN 模式下，重复执行扫描周期。中断事件可能会在程序循环阶段的任何点发生并进行处理。处于 RUN 模式下时，无法下载任何项目。

在 STARTUP 和 RUN 模式下，CPU 执行如图 2-4 所示的任务。

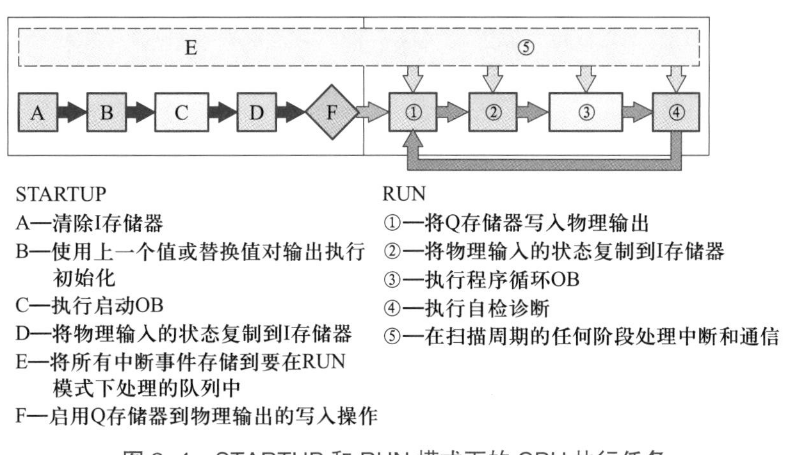

图 2-4　STARTUP 和 RUN 模式下的 CPU 执行任务

2.1.2　函数（FC）

1. 函数的定义

函数（Function，FC）是指一段可以直接被另一段程序或代码（即 OB、FB 或 FC）引用的程序或代码。在 PLC 编程中，一个较大的程序一般应分为若干个程序块，每一个程序块用来实现一个特定的功能。OB1 中可以由若干个函数构成，并在其中调用其他函数，其他函数也可以互相调用。在 PLC 程序设计中，可以将一些常用的功能模块编写成函数，放在函数库中供选用。善于利用函数，可以减少重复编写程序段的工作量。

FC 不具有相关的背景 DB，是不带“存储器”的代码块。由于没有可以存储块参数值的存储数据区，因此调用函数时，必须给所有形参分配实参。用户在函数中编写程序，在其他代码块中调用该函数。

FC 一般有两个作用：

（1）作为子程序使用。将相互独立的控制设备分成不同的 FC 编写，统一由 OB 块调用，这样可实现对整个程序进行结构化划分，便于程序调试及修改，使整个程序的条理性和易读性增强。

（2）可以在程序的不同位置多次调用同一个函数。函数中通常带有形参，通过多次调用，并对形参赋值不同的实参，可实现对功能类似的设备统一编程和控制。

2. 函数的形参接口区

图 2-5 所示为函数 FC1（名称为“块 _1”）的形参接口区，其参数类型分为输入参数、输出参数、输入 / 输出参数和返回值。本地数据包括临时数据及本地常量。每种形参和本地数据均可以定义多个变量。

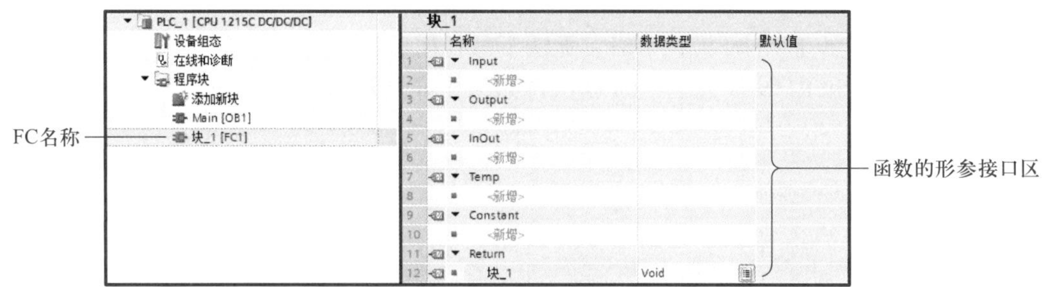

图 2-5　函数 FC1 形参接口区

函数形参具体说明如下：

（1）Input：输入参数，只能读取，函数调用时将用户程序数据传递到函数中，实参可以为常数。

（2）Output：输出参数，只能写入，函数调用时将函数执行结果传递到用户程序中，实参不能为常数。

（3）InOut：输入 / 输出参数，可读取和写入，调用时由函数读取其值后进行运算，执行后将结果返回，实参不能为常数。

（4）Temp：用于存储临时中间结果的变量，为本地数据区 L，只能用于函数内部作为中间变量使用。临时变量在函数调用时生效，函数执行完成后临时变量区被释放，所以临时变量不能存储中间数据。临时变量在调用函数时由系统自动分配，退出函数时系统自动回收，所以数据不能保持。因此，采用上升沿 / 下降沿信号时如果使用临时变量区存储上一个周期的位状态，将会导致错误。如果是非优化的函数，临时变量的初始值为随机数；如果是优化存储的函数，临时变量中的基本数据类型的变量会初始化为“0”。比如 Bool 型变量初始化为“FALSE”，Int 型变量初始化为“0”。

（5）Constant：声明常量符号名后，程序中可以使用符号代替常量，使得程序具有可读性且易于维护。符号常量由名称、数据类型和常量值三个元素组成。局部常量仅在块内适用。

（6）Return：FC 的执行返回情况，数据类型为 Void。

3. 无形参函数（子程序功能）

在函数的接口数据区中可以不定义形参变量，即调用程序与函数之间没有数据交换，只是运行函数中的程序，这样的函数可作为子程序调用。

使用子程序可将整个控制程序进行结构化划分，清晰明了，便于设备的调试及维护。例如，控制三个相互独立的控制设备，可将程序分别编写在三个子程序中，然后在主程序中分别调用各个子程序，实现对设备的控制，其程序结构如图 2-6 所示。

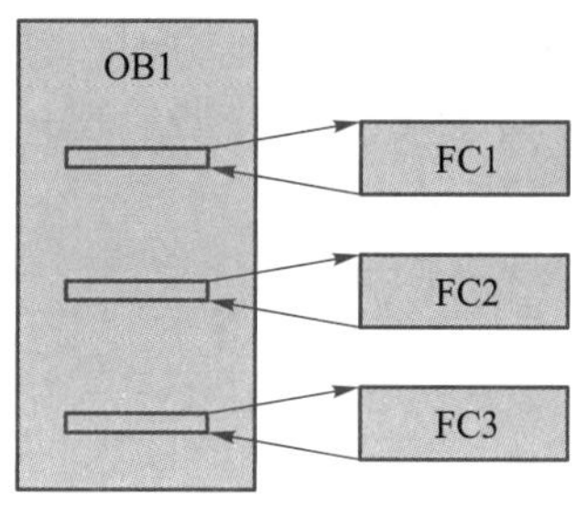

图 2-6　无形参函数的调用

任务实施 >>>

2.1.3　PLC 输入 / 输出分配和控制电路接线

微视频：

任务实施：使用 FC 实现气缸动作异常报警

1. PLC 输入 / 输出分配

从伸缩气缸的控制过程出发，确定 PLC 外接伸出按钮、缩回按钮、伸缩气缸原位信号、伸缩气缸工作位信号 4 个输入信号，均采用动合（NO）触点，同时该 PLC 外接伸缩气缸原位控制、伸缩气缸工作位控制和报警指示灯 3 个输出，伸缩气缸控制输入 / 输出分配如表 2-2 所示。

表 2-2　伸缩气缸控制输入 / 输出分配表

	PLC 软元件	元件符号 / 名称
输入	I0.0	SB1/ 伸出按钮（NO）
	I0.1	SB2/ 缩回按钮（NO）
	I0.2	B1/ 伸缩气缸原位信号（NO）
	I0.3	B2/ 伸缩气缸工作位信号（NO）
输出	Q0.0	HL1/ 报警指示灯
	Q0.1	Y1/ 伸缩气缸原位控制
	Q0.2	Y2/ 伸缩气缸工作位控制

2. 磁感应式接近开关的安装

为了确保伸缩气缸动作的正确性，通常在气缸上安装传感器，用于检测气缸伸出和缩回是否到位。由于气缸的动作为开关形式，因此只需在气缸的前点和后点上各安装一个传感器，当检测到气缸准确到位后，就给 PLC 发出一个信号。气缸运动部件处于金属壳体内部，无法使用光电开关、电感开关等常用的接近开关来进行检测，在这种情况下可以采用磁感应式接近开关。

图 2-7 所示是利用磁感应式接近开关来测量气缸活塞运动位置的示意图。如图 2-7 和图 2-8 中所示，永久磁铁固定在非磁性材料制作的活塞体内，磁感应式接近开关固定在非磁性材料制作的气缸壁上，并在该开关壳体内设置一只绕有线圈的 U 形铁芯。当气缸活塞

运动到铁芯正上方时，铁芯饱和，线圈电感量大大减小，通过转换电路，使输出端（OC 门）跳变，NPN 型为低电平、PNP 型则为高电平，当磁铁远离铁芯时 OC 门恢复为高阻态。

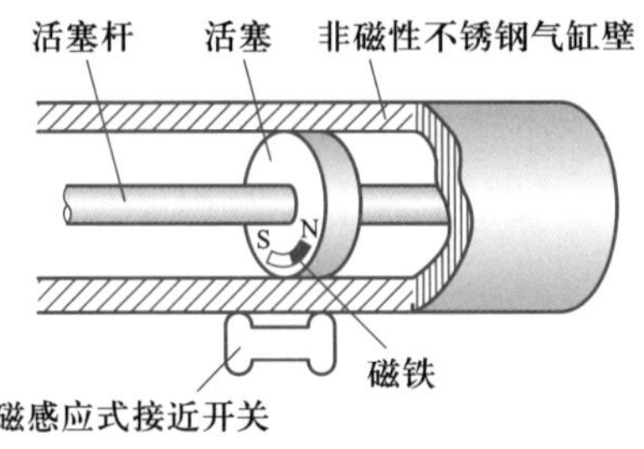

图 2-7 磁感应式接近开关的安装位置

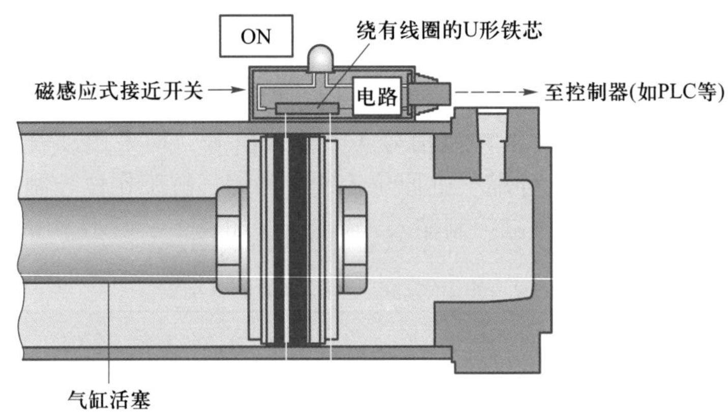

图 2-8 磁感应式接近开关的工作原理

图 2-9 所示为磁感应式接近开关的外观及安装方式。它可以采用带式、导轨式、拉杆式和直接式等方式安装在气缸两端，图 2-9 中为带式安装，安装步骤按 1—2—3—4 的顺序进行紧固即可。

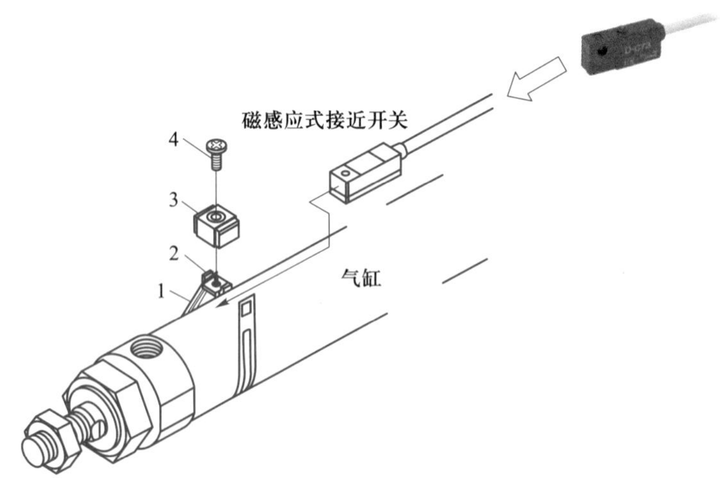

图 2-9 磁感应式接近开关外观及安装方式

3. 绘制电气原理图

本任务选择 CPU1215C DC/DC/DC，图 2-10 为 PLC 控制电路电气原理图，其中 B1、B2 为磁感应式接近开关作为伸缩气缸原位信号和工作位信号，接线一般为二线制，并采用 PNP 连接。电磁阀线圈选择 DC 24 V，如果是交流线圈则需要用中间继电器进行信号转接。

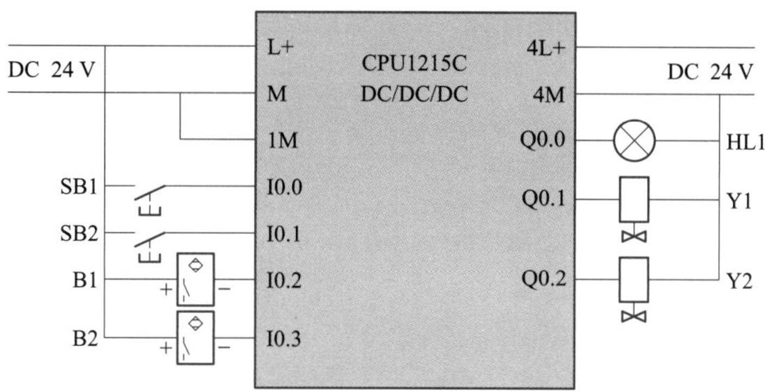

图 2-10　PLC 控制电路电气原理图

2.1.4　伸缩气缸控制的气路连接

图 2-11 所示为伸缩气缸控制气路连接示意图。气源是从气泵经过可调压的空气过滤器，到开关后，进入安装在电磁阀底座上二位五通电磁阀的 1 口，然后将二位五通电磁阀的 2 口和 4 口分别连接伸缩气缸的两端。

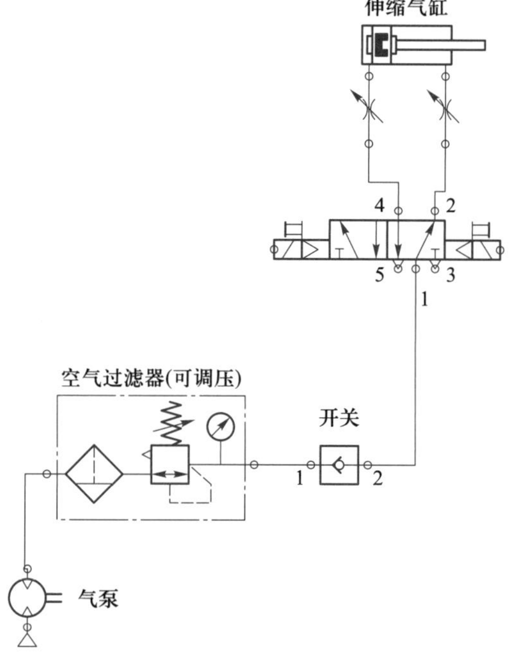

图 2-11　伸缩气缸控制气路连接示意图

如图 2-12（a）所示，空气过滤器（可调压）为空气减压阀、过滤器，又称气源处理二联件，其中减压阀可对气源进行稳压，本例中调节气压为 0.4~0.6 MPa，使气源处于恒定状态，可减小因气源气压突变时对阀门或执行器等硬件的损伤；过滤器用于对气源的清洁，可过滤压缩空气中的水分，避免水分随气体进入装置。有时，气路系统还可以对气源增加油雾器，如图 2-12（b）所示，称之为气源处理三联件，油雾器可对机体运动部件进行润滑，尤其是不方便加润滑油的部件，大大延长机体的使用寿命。

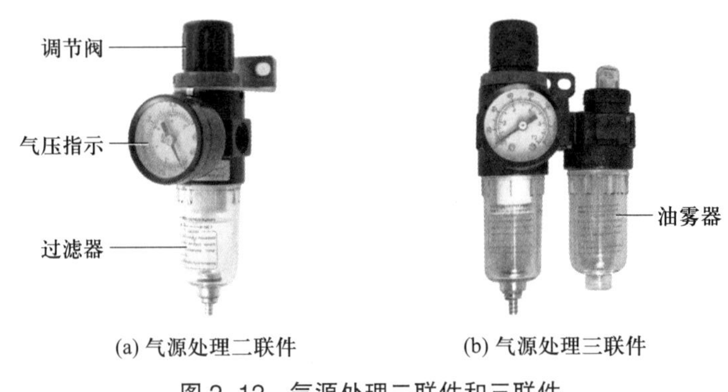

(a) 气源处理二联件　　(b) 气源处理三联件

图 2-12　气源处理二联件和三联件

图 2-13 所示是电磁阀底座连接示意图，包括 PC 螺纹接头（进气用）、电磁阀、消声器、阀板和内六角堵头。

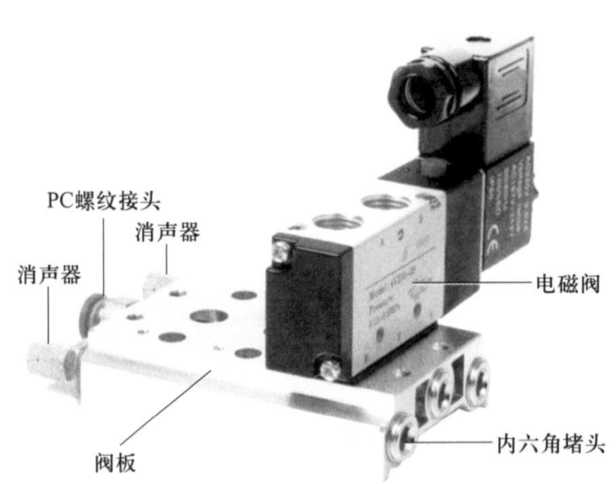

图 2-13　电磁阀底座连接示意图

图 2-14 所示为二位五通电磁阀在两端线圈通电或不通电情况下的气路走向。在两侧线圈交互通电后，就可以交换进出气的方向，从而改变气缸的伸出（缩回）运动，最后使物料被推送到相应的位置。

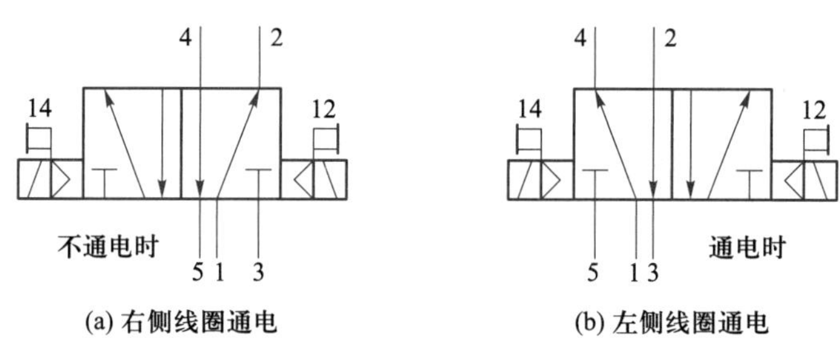

(a) 右侧线圈通电　(b) 左侧线圈通电

图 2-14　二位五通电磁阀的气路走向

气路连接中要注意插入气管和拔出气管的动作要求。

（1）插入气管

如图 2-15（a）所示，只需简单地将气管插入接头的管端，气管端面顺利通过弹簧垫片、异型 O 形圈，直至快插入接头底端面，此时弹簧垫片会牢牢锁住气管使其不易被拔出。气管插入深度不够时，会发生漏气或气管脱落的现象，如图 2-16 所示。

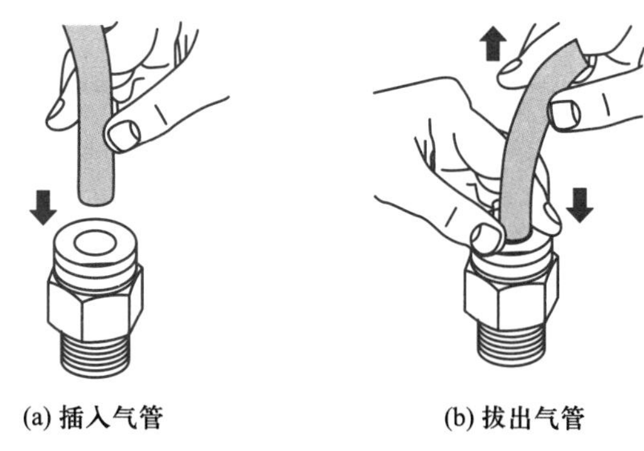
(a) 插入气管　(b) 拔出气管

图 2-15　插入气管和拔出气管

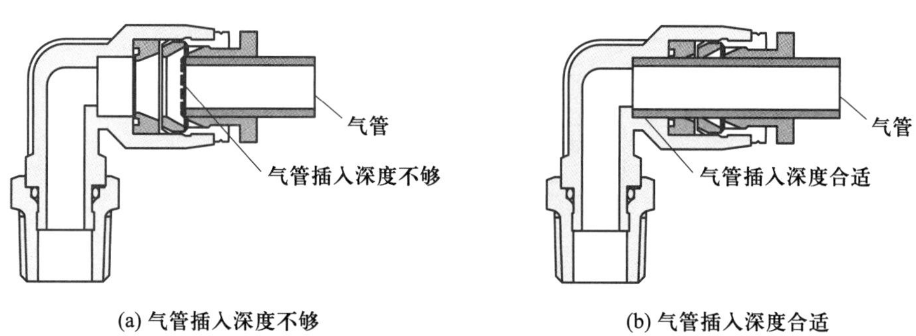

(a) 气管插入深度不够　(b) 气管插入深度合适

图 2-16　气管插入的两种情形

（2）拔出气管

拔出气管前，请关闭进气阀门，并确保气管内的气压为零。拔出气管的动作过程如下：先向下推动塑胶接口，弹簧垫片打开，气管即可被拔出，如图 2-15（b）所示。

2.1.5　PLC 梯形图编程

1. FC 块的编程

图 2-17 所示为 FC 块的编程流程图。

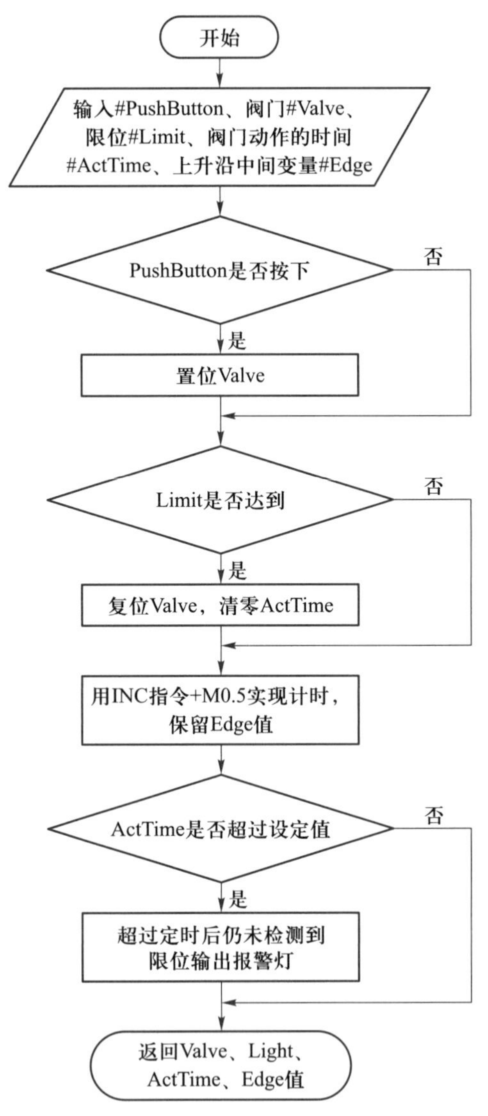

图 2-17　FC 块的编程流程图

图 2-18 所示为添加 FC 块，具体流程为单击“PLC_1→程序块→添加新块”，在弹出的“添加新块”对话框中选择“函数”（FC），输入名称“Alarm”（根据用户要求自行输入），编程语言为“LAD”（即梯形图），编号设为“自动”，即可进行 FC 块的新增并打开。

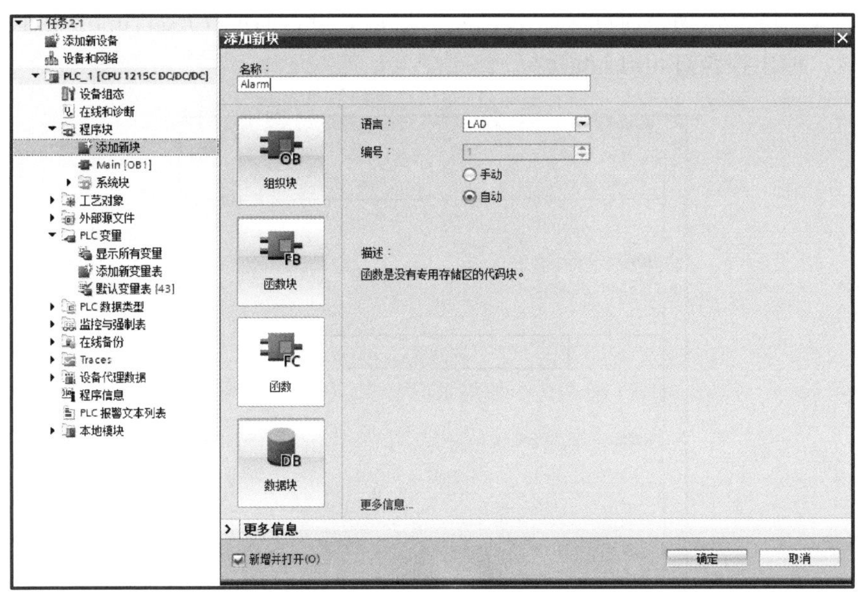

图 2-18　添加 FC 块

根据 FC 块的流程图，可以定义函数 Alarm 的形参接口区，如图 2-19 所示，如 Input 为 PushButton（即按钮信号），则可选择相关联的数据类型，如 Bool 等，最终完成的形参列表如图 2-20 所示。

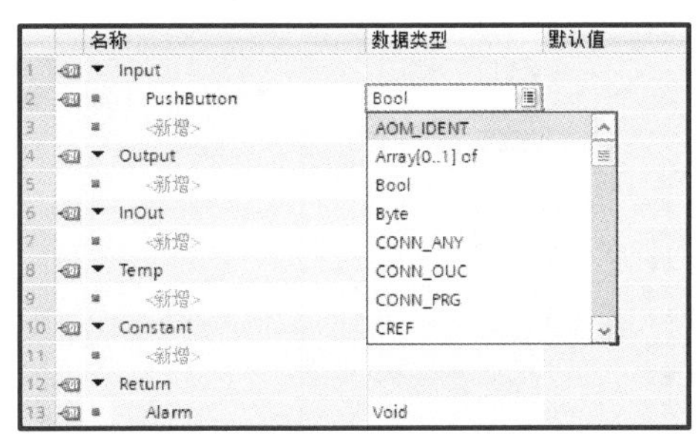

	名称	数据类型	默认值
1	Input		
2	PushButton	Bool	
3	<新增>		
4	Output		
5	<新增>		
6	InOut		
7	<新增>		
8	Temp		
9	<新增>		
10	Constant		
11	<新增>		
12	Return		
13	Alarm	Void	

图 2-19　定义 FC1 函数的形参输入

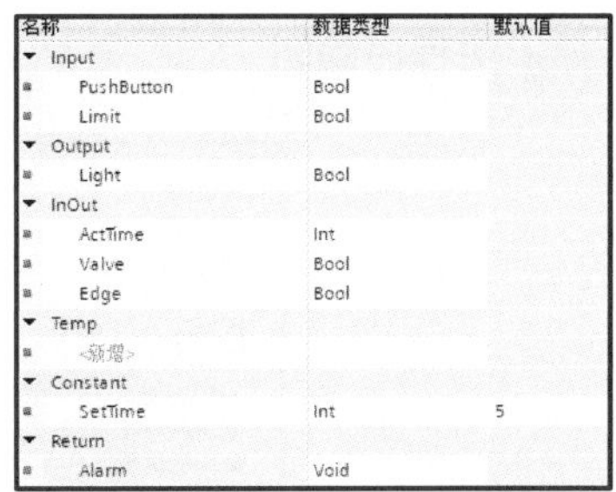

名称	数据类型	默认值
Input		
PushButton	Bool	
Limit	Bool	
Output		
Light	Bool	
InOut		
ActTime	Int	
Valve	Bool	
Edge	Bool	
Temp		
<新增>		
Constant		
SetTime	Int	5
Return		
Alarm	Void	

图 2-20　FC1 函数的形参列表

如图 2-21 所示是 FC1 函数的梯形图程序，其中变量均以“#”开始，具体说明如下：

程序段 1：按钮（#PushButton）动作时置位阀门（#Valve）。

程序段 2：限位（#Limit）动作复位阀门（#Valve），同时将阀门动作的时间（#ActTime）复位为 0。

程序段 3：对阀门（#Valve）进行定时计算，这里采用 INC 指令，即借助 M0.5 的上升沿脉冲，每隔 1 s 对阀门信号进行累加，并放置在输入 / 输出变量实际动作时间（#ActTime）中。需要注意的是，M0.5 的上升沿中间变量（#Edge）必须设置为输入 / 输出类型，否则每一个扫描周期，就会累加一次，导致运算出错。

程序段 4：将实际动作时间（#ActTime）与常数设定时间（#SetTime）进行比较，超过设定值时，输出报警灯（#Light）。

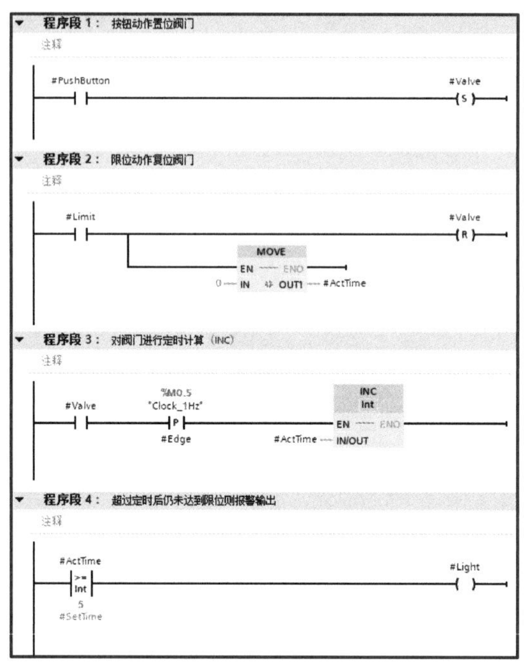

图 2-21　FC1 的梯形图程序

2. OB1 调用 FC1 块

图 2-22 所示为变量说明。图 2-23 所示为调用 FC1 块，从 OB1 块中直接拖拽 FC1 块即可进行梯形图程序编辑。

名称	变量表	数据类型	地址
伸出按钮	默认变量表	Bool	%I0.0
缩回按钮	默认变量表	Bool	%I0.1
原位限位	默认变量表	Bool	%I0.2
工作位限位	默认变量表	Bool	%I0.3
报警灯	默认变量表	Bool	%Q0.0
原位控制	默认变量表	Bool	%Q0.1
工作位控制	默认变量表	Bool	%Q0.2
伸出实际时间	默认变量表	Int	%MW10
缩回实际时间	默认变量表	Int	%MW12
报警1	默认变量表	Bool	%M14.0
报警2	默认变量表	Bool	%M14.1
边沿1	默认变量表	Bool	%M14.2
边沿2	默认变量表	Bool	%M14.3

图 2-22　变量说明

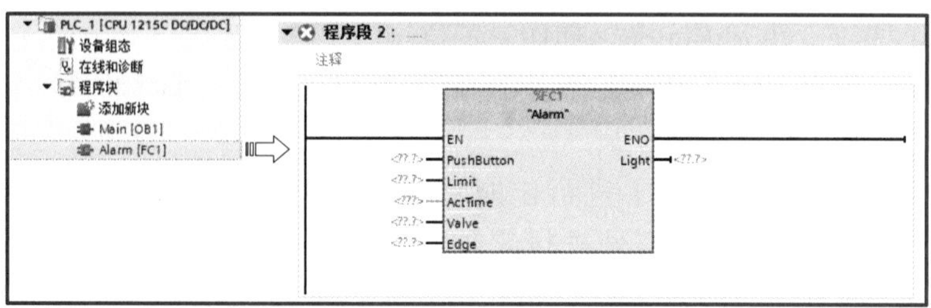

图 2-23　调用 FC1 块

图 2-24 所示为 OB1 块主程序。具体说明如下：

程序段 1：上电初始化。

程序段 2：在未执行工作位动作的情况下，用伸出按钮调用 FC1 块。当按下伸出作按钮 I0.0，使得 FC1 块中的输入 / 输出参数——Valve（二位五通电磁阀 Y2）通电，并对该阀门动作计时，限位到达后复位 Y2，并将计时寄存器复位；如果在设定时间 5 s 内仍旧没有置位阀门，则报警 1 变量为 ON。

程序段 3：在未执行原位动作的情况下，用缩回按钮调用 FC1 块，与程序段 2 类似。

程序段 4：报警灯输出。当报警 1 或报警 2 变量为 ON 时，报警灯输出 ON。

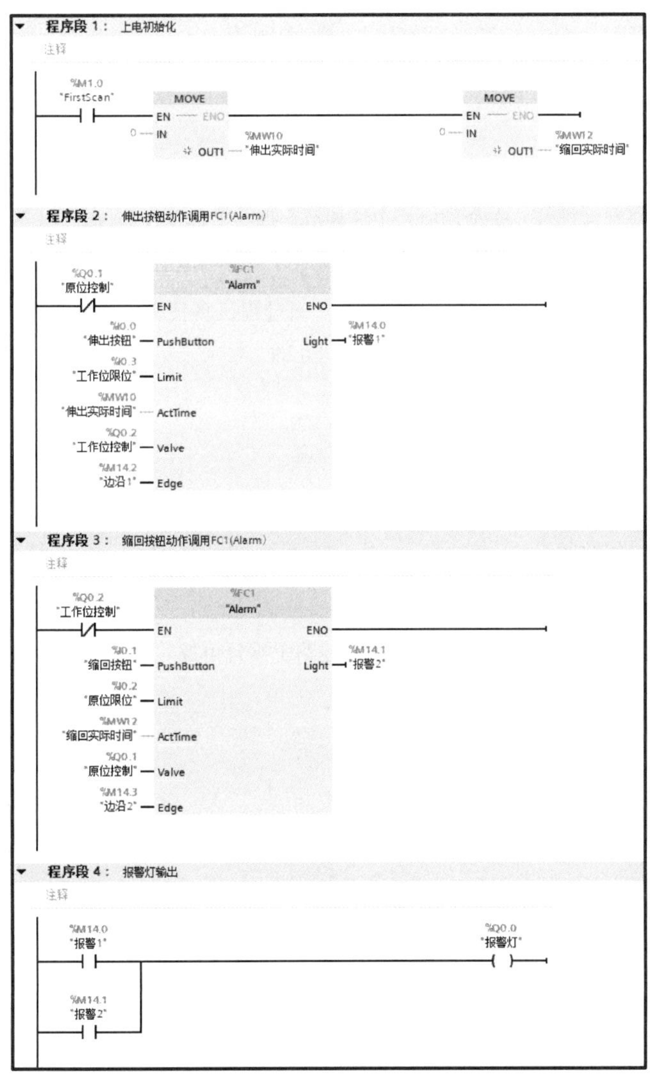

图 2-24　OB1 块调用 FC1

技能考核 >>>

考核任务：

1. PLC 控制电路电气原理图绘制符合规范，能用 FC 块进行编程。

2. 气路安装符合规范，正确执行气缸动作。

3. 在正常气压供应下，实现伸缩气缸原位控制、工作位控制正确动作；在低气压或无气压情况下，按钮动作时，气缸动作报警灯亮。

评分标准：

按要求完成考核任务，其评分标准如表 2-3 所示。

表 2-3　评分标准

<table>
<tr><td colspan="2">姓名：</td><td>任务编号：2.1</td><td colspan="3">综合评价：</td></tr>
<tr><th>序号</th><th>考核项目</th><th>考核内容及要求</th><th>配分</th><th>评分标准</th><th>得分</th></tr>
<tr><td>1</td><td>电工安全操作规范</td><td>着装规范，安全用电，走线规范合理，工具及仪器仪表使用规范，任务完成后整理场地并保持场地清洁有序</td><td>20</td><td rowspan="17">现场考评</td><td></td></tr>
<tr><td>2</td><td>实训态度</td><td>不迟到、不早退、不旷课，实训过程认真负责，组内人员主动沟通、协作，小组间互助</td><td>10</td><td></td></tr>
<tr><td rowspan="4">3</td><td rowspan="4">系统方案制订</td><td>PLC 控制对象说明与分析合理</td><td rowspan="4">20</td><td rowspan="4"></td></tr>
<tr><td>二位五通电磁阀与气缸选用合理</td></tr>
<tr><td>PLC 控制电路电气原理图正确</td></tr>
<tr><td>气路图设计正确</td></tr>
<tr><td>4</td><td>编程能力</td><td>能使用 FC 块进行编程</td><td>15</td><td></td></tr>
<tr><td rowspan="3">5</td><td rowspan="3">操作能力</td><td>根据电气原理图正确接线，线路美观且可靠</td><td rowspan="3">15</td><td rowspan="3"></td></tr>
<tr><td>根据气路图正确连接气管</td></tr>
<tr><td>根据系统功能进行正确操作演示</td></tr>
<tr><td rowspan="3">6</td><td rowspan="3">实践效果</td><td>系统工作可靠，满足工作要求</td><td rowspan="3">10</td><td rowspan="3"></td></tr>
<tr><td>FC 块和 OB 块调用正常</td></tr>
<tr><td>按规定的时间完成任务</td></tr>
<tr><td rowspan="2">7</td><td rowspan="2">汇报总结</td><td>工作总结，PPT 汇报</td><td rowspan="2">5</td><td rowspan="2"></td></tr>
<tr><td>填写自我检查表及反馈表</td></tr>
<tr><td>8</td><td>创新实践</td><td>在本任务中有另辟蹊径、独树一帜的实践内容</td><td>5</td><td></td></tr>
<tr><td colspan="3">合计</td><td>100</td><td></td></tr>
</table>

注：综合评价可以采用教师评价、学生评价、组间评价和企业评价按一定比例计算后综合得出五级制成绩，即 90~100 分为优，80~89 分为良，70~79 分为中，60~69 分为及格，0~59 分为不及格。

任务 2.2　使用 FB 实现电动机延时启停

任务描述 >>>

图 2-25 所示为使用 FB 实现电动机延时启停示意图，其功能为：按下启动按钮后，电动机延时 4 s 启动，自动延时 5 s 后停机。如果有热继电器等报警信号输入，则立即停机，并点亮报警灯。在报警信号解除的情况下，可以按下复位按钮进行复位报警灯。

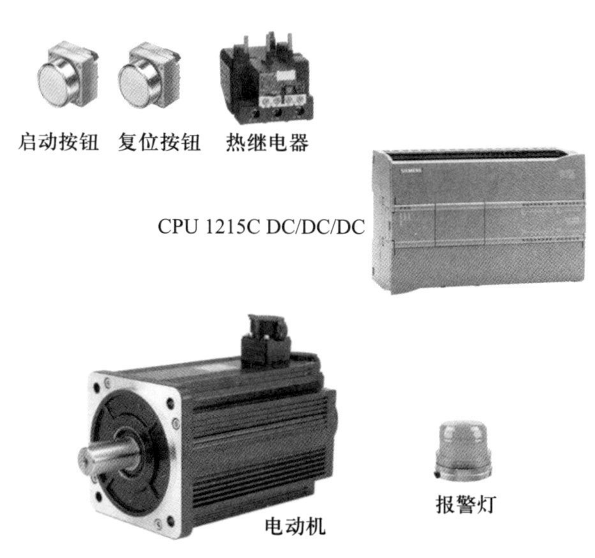

图 2-25　任务 2.2 控制示意图

任务要求如下：

（1）能正确完成 PLC 控制电路外围电气接线。

（2）能用 FB 块实现电动机延时启停，其中延时启动时间和延时停机时间可以任意设定。

知识准备 >>>

2.2.1　模块化程序设计中的块调用

在 PLC 编程中，通过设计 FB 和 FC 块来执行通用任务，可创建模块化程序块，然后通过其他程序块调用这些可重复使用的模块来构建程序，调用块将设备特定的参数传递给被调用块，具体如图 2-26 所示。当一个程序块调用另一个程序块时，CPU 会执行被调用块中的程序代码。执行完被调用块后，CPU 会继续执行该调用块之后的指令。

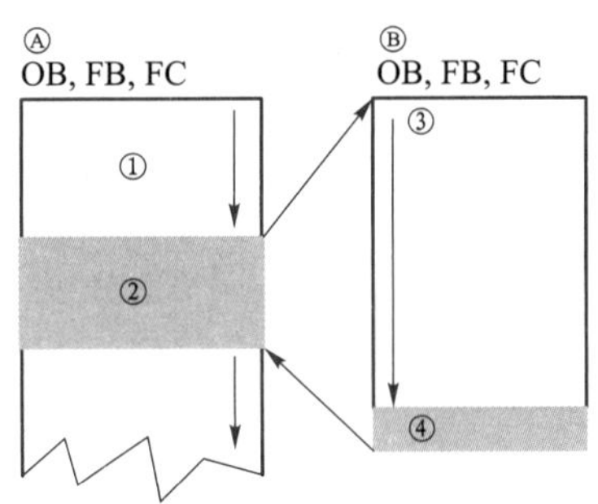

图 2-26　块调用示意图

Ⓐ—调用块；Ⓑ—被调用（或中断）块；
① —程序执行；② —可调用其他块的操作；③ —程序执行；④ —块结束（返回到调用块）

如图 2-27 所示，调用可嵌套块来实现更加模块化的结构。

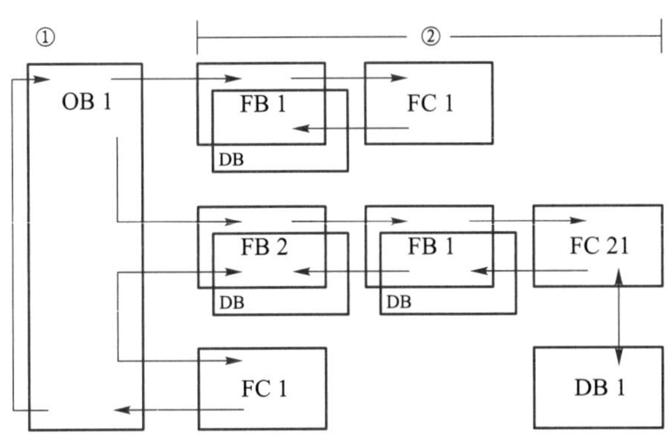

图 2-27　可嵌套块

① —循环开始；② —嵌套深度

2.2.2　函数块（FB）

1. FB 接口区

与 FC 相同，函数块（FB）也带有形参接口区。参数类型除输入参数、输出参数、输入/输出参数、临时数据区、本地常量外，还带有存储中间变量的静态数据区，函数块的参数接口区如图 2-28 所示。

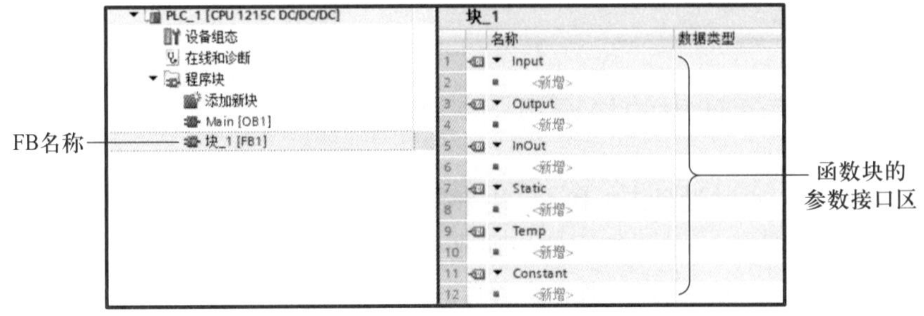

图 2-28　函数块的参数接口区

FB 参数说明如下：

Input：输入参数，函数块调用时将用户程序数据传递到函数块中，实参可以为常数。

Output：输出参数，函数块调用时将函数块的执行结果传递到用户程序中，实参不能为常数。

InOut：输入/输出参数，函数块调用时由函数块读取其值后进行运算，执行后将结果返回，实参不能为常数。

Static：静态变量，不参与参数传递，用于存储中间过程值。

Temp：用于函数内部临时存储中间结果的临时变量，不占用单个实例 DB 空间。临时变量在函数块调用时生效，函数执行完成后，临时变量区被释放。

Constant：声明常量的符号名后，在程序中可以使用符号代替常量，这使得程序可读性增强，且易于维护。符号常量由名称、数据类型和常量值三个元素组成。

2. 函数块（FB）的数据块

相对于 FC，FB 还具有存储功能，FB 调用时需要单个实例 DB，而 FC 是不需要的。图 2-29 所示为在 OB 块中调用“块_1［FB1］”时的数据块调用选项，程序会自动建立以该函数块命名的单个实例 DB，也就是“块_1_DB”，编号可以手动或自动创建。

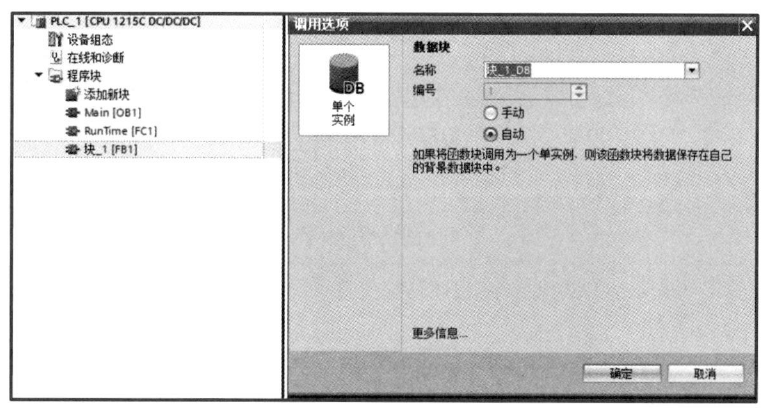

图 2-29 FB 函数块调用选项

与 FC 的输入/输出没有实际地址对应不同，FB 函数块的输入/输出对应单个实例 DB 地址，且 FB 参数传递的是数据。FB 函数块的处理方式是围绕着数据块处理数据，它的输入/输出参数及 Static 的数据都来源于数据块，这些数据不会因为函数的消失而消失，而会一直保持在数据块里。在实际编程中，需要避免出现图 2-30 左侧的 OB、FC 和其他 FB 直接访问某一个 FB 单个实例 DB 的方式，而是通过 FB 的接口参数来访问，如图 2-30 右侧所示。

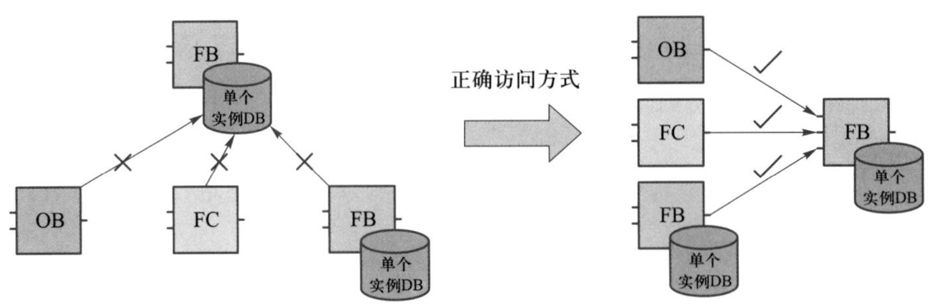

图 2-30　访问 FB 块中单个实例 DB

任务实施

2.2.3　输入 / 输出分配和 PLC 电气接线

表 2-4 是本任务的输入 / 输出分配表。

表 2-4　输入 / 输出分配

	PLC 软元件	元件符号 / 名称
输入	I0.0	SB1/ 启动按钮
	I0.1	SB2/ 复位按钮
	I0.2	F1/ 故障信号
输出	Q0.0	HL1/ 报警灯
	Q0.1	KA1/ 控制接触器 KM1

本任务 PLC 控制电路电气原理图如图 2-31 所示。

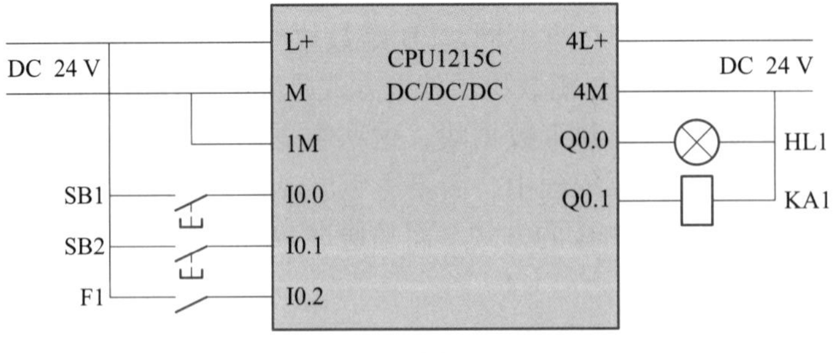

图 2-31　电气原理图

2.2.4　PLC 梯形图编程

1. 编辑 FB

图 2-32 所示为本任务 FB 的流程图。

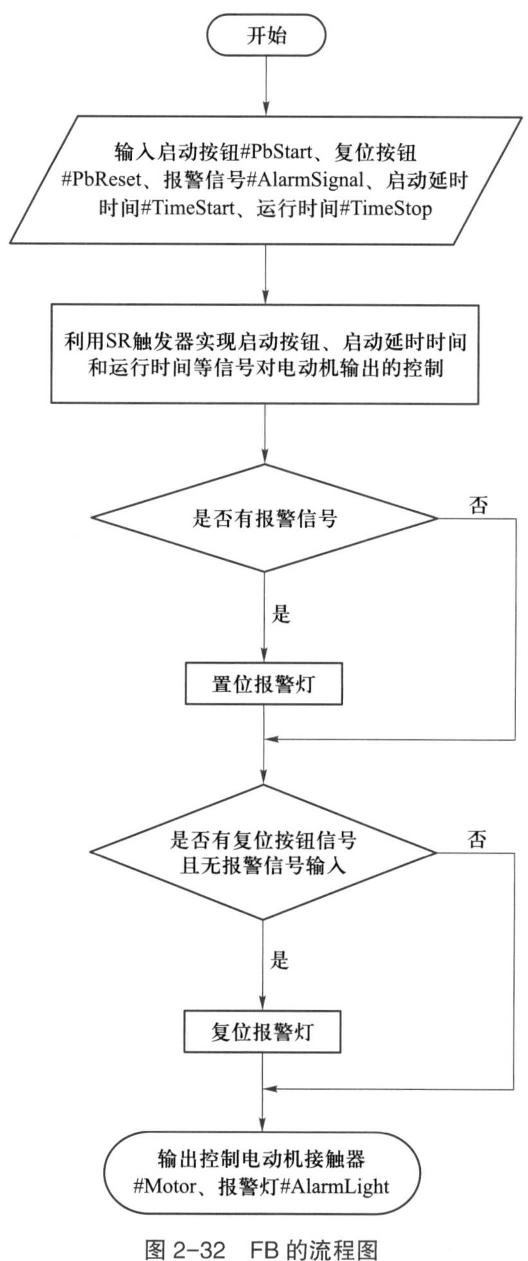

图 2-32　FB 的流程图

图 2-33 所示为添加 RunMotor FB。

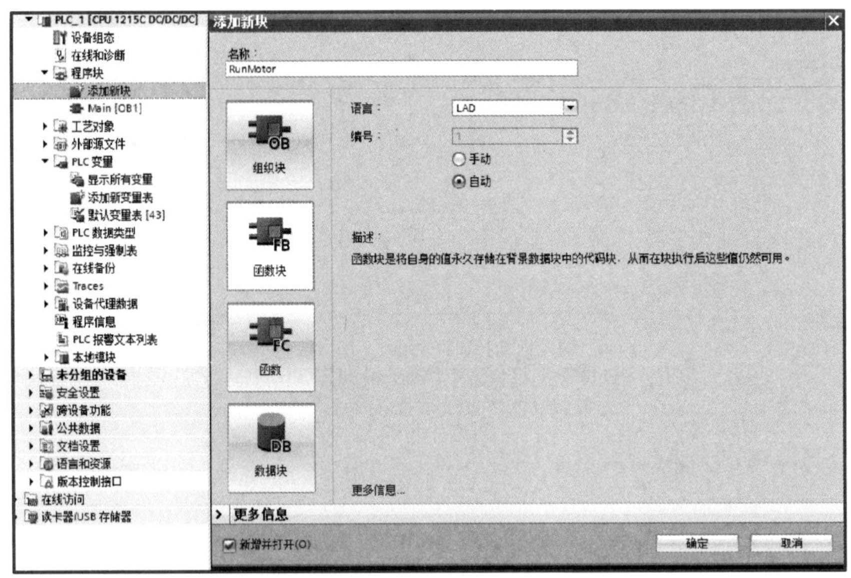

图 2-33　添加 RunMotor FB 块

表 2-5 所示为 FB1 块的输入 / 输出参数定义，除了定时器未出现在其中，所有的输入 / 输出和静态变量均包含在内。

表 2-5　输入 / 输出参数和静态变量定义

参数类型	名称	数据类型	功能
Input	PbStart	Bool	启动按钮
	PbReset	Bool	复位按钮
	AlarmSignal	Bool	报警信号
	TimeStart	Time	启动延时时间
	TimeStop	Time	运行时间
Output	Motor	Bool	控制电动机接触器
	AlarmLight	Bool	报警灯
Static	StartSign	Bool	启动中间变量

由于本任务的 FB 块编程时要采用 2 个定时器 TON 指令，在指令调用时，可以选择“多重实例”的调用选项，如图 2-34 所示，这样可减少在程序资源中生成过多的背景数据块，否则每一个定时器都会自动产生一个背景数据块。

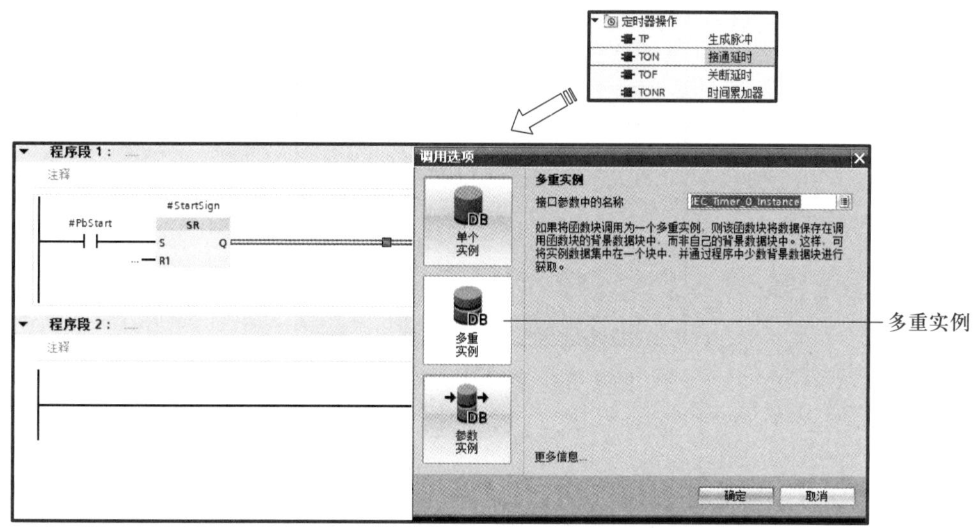

图 2-34　调用 TON 指令时的多重实例选项

图 2-35 所示为 FB1 的梯形图程序，采用 TON 和 SR 等组合逻辑实现延时启停功能。完成后的 FB 参数增加了 2 个接口参数，即 IEC_Timer_0_Instance 和 IEC_Timer_0_Instance_1，其数据类型为 TON_TIME（见图 2-36）。

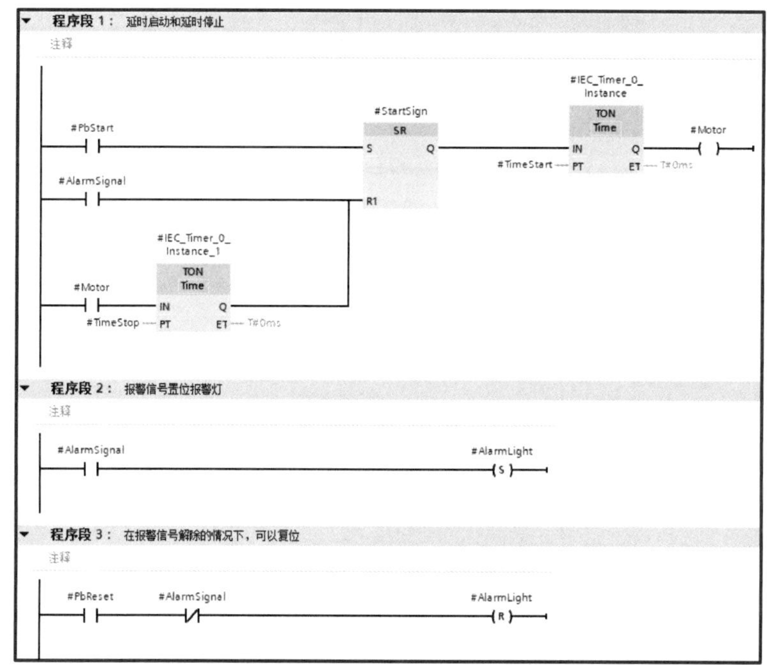

图 2-35　FB1 的梯形图程序

名称	数据类型	默认值
▼ Input		
PbStart	Bool	false
PbReset	Bool	false
AlarmSignal	Bool	false
TimeStart	Time	T#0ms
TimeStop	Time	T#0ms
<新增>		
▼ Output		
Motor	Bool	false
AlarmLight	Bool	false
<新增>		
▼ InOut		
<新增>		
▼ Static		
StartSign	Bool	false
▶ IEC_Timer_0_Instance	TON_TIME	
▶ IEC_Timer_0_Instance_1	TON_TIME	

图 2-36　完成后的 FB 参数

2. OB1 的梯形图编程

在 OB1 编程时，将 FB1 拖拽入 OB 时，会自动生成一个 DB，本任务为 RunMotor_DB（见图 2-37），完成后的梯形图程序如图 2-38 所示。

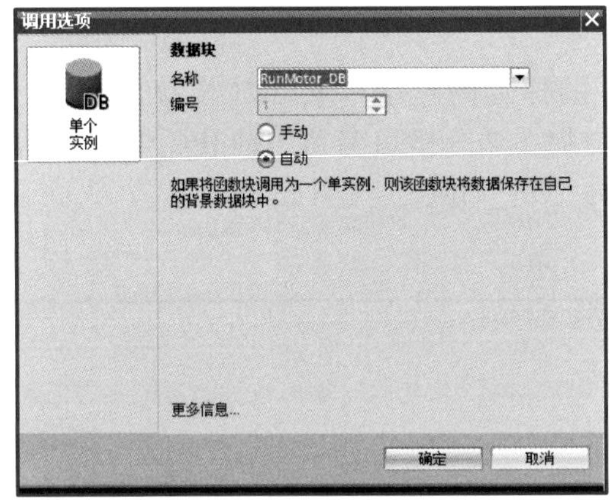

图 2-37　FB 块调用选项

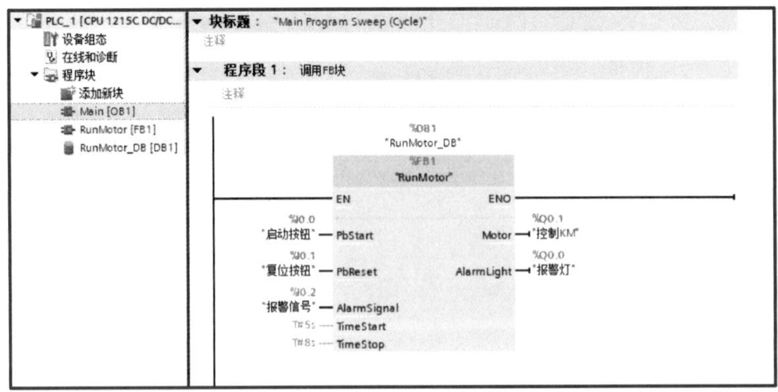

图 2-38　OB1 梯形图程序

打开背景 DB1（即 Motor_DB），可查看到在该 DB 中存放在 FB 的接口区的各参数，在 Static 的接口区中就存放了定时器的背景 DB 相关的数据。

2.2.5　在线监控

图 2-39 所示为 FB1 的延时启动监控，此时 #Motor 输出为 0，定时时间为 3 306 ms。图 2-40 所示为 FB1 的自动延时停止监控，此时 #Motor 输出为 1，运行时长为 6 313 ms。

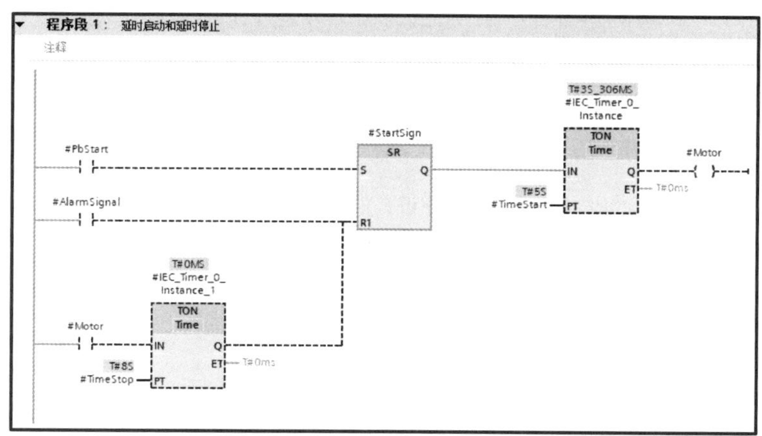

图 2-39　FB1 的延时启动监控

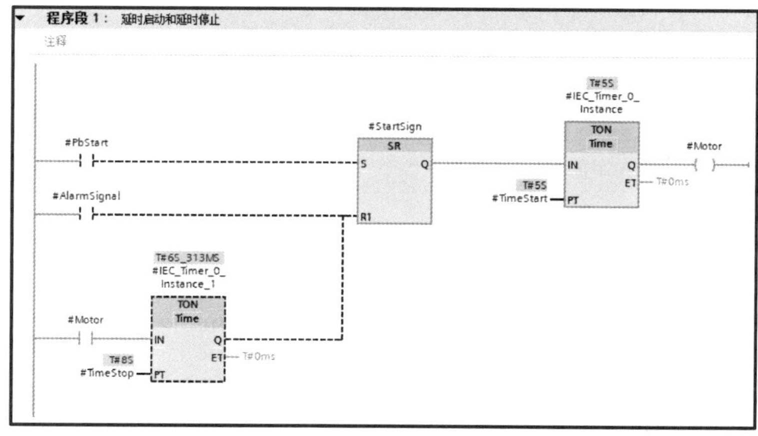

图 2-40　FB1 的自动延时停止监控

技能考核 >>>

考核任务：

1. 能正确完成 PLC 控制电路外围电气接线。

2. 能编写 FB，并在 OB1 中进行调用，通过设定延时启动时间和延时停机时间，实现电动机的延时启停功能。

评分标准：

按要求完成考核任务，其评分标准如表 2-6 所示。

表 2-6　评 分 标 准

姓名：		任务编号：2.2	综合评价：		
序号	考核项目	考核内容及要求	配分	评分标准	得分
1	电工安全操作规范	着装规范，安全用电，走线规范合理，工具及仪器仪表使用规范，任务完成后整理场地并保持场地清洁有序	20	现场考评	
2	实训态度	不迟到、不早退、不旷课，实训过程认真负责，组内人员主动沟通、协作，小组间互助	10		
3	系统方案制订	PLC 控制对象说明与分析合理	20		
		采用模块化编程方式实现 PLC 控制系统			
		PLC 控制电路电气原理图正确			
4	编程能力	能使用 FB 进行编程	15		
		能在 OB1 中调用 FB 进行延时启停控制			
5	操作能力	根据电气原理图正确接线，线路美观且可靠	10		
		根据系统功能进行正确操作演示			
6	实践效果	系统工作可靠，满足工作要求	10		
		PLC 变量命名规范			
		按规定的时间完成任务			
7	汇报总结	工作总结，PPT 汇报	5		
		填写自我检查表及反馈表			
8	创新实践	在本任务中有另辟蹊径、独树一帜的实践内容	5		
合计			100		

注：综合评价可以采用教师评价、学生评价、组间评价和企业评价按一定比例计算后综合得出五级制成绩，即 90~100 分为优，80~89 分为良，70~79 分为中，60~69 分为及格，0~59 分为不及格。

任务 2.3　使用硬件中断 OB 设定调节阀开度

任务描述 >>>

调节阀又名控制阀，是一种在工业自动化过程控制领域中，通过接收调节控制单元输出的控制信号，借助动力操作去改变介质流量、压力、温度、液位等工艺参数的最终控制元件。调节阀一般由执行机构和阀门组成。按其行程特点，调节阀可分为直行程和角行程；按其所配执行机构使用的动力，可以分为气动调节阀、电动调节阀和液动调节阀；按其功能和特性分为线性特性、等百分比特性及抛物线特性。图 2-41 所示为使用硬件中断 OB 设定调节阀开度的控制示意图。本任务中选用线性特性的气动调节阀，并设定 0 mA 开度为 0%，20 mA 开度为 100%。

任务要求如下：

（1）采用中断编程，使 SB1 和 SB2 按钮的上升沿触发不同的 OB。按下 SB1 时，触发“硬件中断 1”，模拟量输出值为此时的电位器模拟量输入值，最高为 20 mA，确保调节阀开度与电位器信号成比例关系；按下 SB2 时，触发“硬件中断 2”，模拟量输出值为固定值，即确保 20% 的调节阀开度。需要注意的是，按一次按钮 SB1 或 SB2，设定一次调节阀开度。

（2）当按下 SB3 时，重新绑定中断号，即将原先的 2 个中断触发所对应的编号更换一下。

（3）当按下 SB4 时，无论有无重新绑定中断发生，都需要解除中断。

（4）无论哪一种信号通道输出时，均需要进行指示。

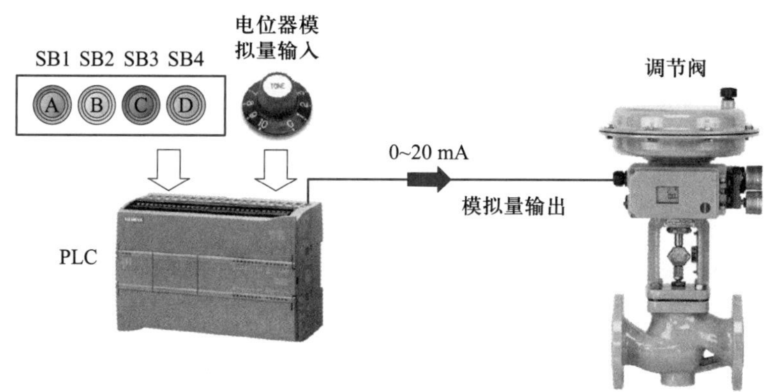

图 2-41　任务 2.3 控制示意图

知识准备 >>>

2.3.1　中断扩展指令

组织块是操作系统和用户程序之间的接口，它在如下 4 种情况时能执行：

① 在 CPU 启动时；

② 在一个循环或延时时间到达时；

③ 当发生硬件中断时；

④ 当发生故障时。

其中，②~④可以用图 2-42 所示的中断相关指令进行设置与动作，该指令可以从扩展指令中进行添加。

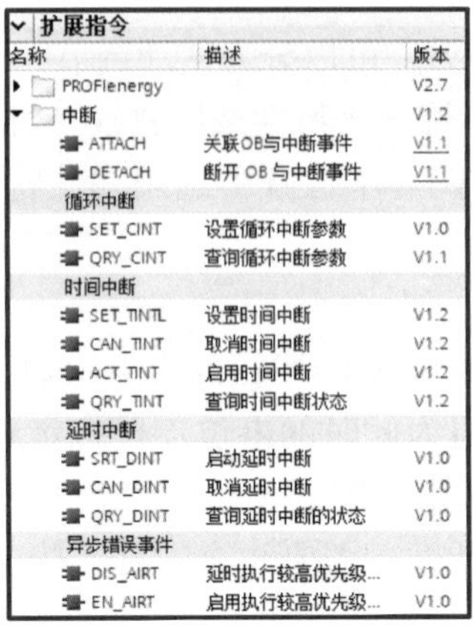

扩展指令		
名称	描述	版本
▸ PROFIenergy		V2.7
▾ 中断		V1.2
ATTACH	关联OB与中断事件	V1.1
DETACH	断开 OB 与中断事件	V1.1
循环中断		
SET_CINT	设置循环中断参数	V1.0
QRY_CINT	查询循环中断参数	V1.1
时间中断		
SET_TINTL	设置时间中断	V1.2
CAN_TINT	取消时间中断	V1.2
ACT_TINT	启用时间中断	V1.2
QRY_TINT	查询时间中断状态	V1.2
延时中断		
SRT_DINT	启动延时中断	V1.0
CAN_DINT	取消延时中断	V1.0
QRY_DINT	查询延时中断的状态	V1.0
异步错误事件		
DIS_AIRT	延时执行较高优先级...	V1.0
EN_AIRT	启用执行较高优先级...	V1.0

图 2-42　中断相关指令

2.3.2　组织块的实现功能

组织块（OB）控制用户程序的执行，每个 OB 的编号必须唯一。当启动事件（例如，诊断中断或时间间隔）动作，CPU 按优先等级处理 OB，即先执行优先级较高的 OB，然后执行优先级较低的 OB。表 2-7 所示为常见 OB 的优先级说明，从表中可以看出，最低优先等级为 1（对应“程序循环”），最高优先等级为 26（对应“时间错误”中断）。

表 2-7　常见 OB 的优先级说明

事件名称	数量	OB 编号	优先级	优先组
程序循环	≥1	1；≥123	1	1
启动	≥1	100；≥123	1	
延时中断	≤4	20~23；≥123	3	2
循环中断	≤4	30~38；≥123	7	
硬件中断	16 个上升沿 16 个下降沿	40~47；≥123	5	
	HSC 中断 6 个计数值等于参考值 6 个计数方向变化 6 个外部复位	40~47；≥123	6	
诊断错误	=1	82	9	
时间错误	=1	80	26	3

OB 具体说明如下：

（1）程序循环

在 CPU 处于 RUN 模式时循环执行，主程序块是程序循环 OB。用户在其中放置控制程序的指令以及调用其他用户块。允许使用多个程序循环 OB，它们按编号顺序执行，OB 1 是默认的循环 OB。

（2）启动

在 CPU 的工作模式从 STOP 切换到 RUN 时执行一次，包括处于 RUN 模式时和执行 STOP 到 RUN 切换命令时上电。之后将开始执行主"程序循环"OB。允许有多个启动 OB，OB 100 是默认的启动 OB。

（3）延时中断

通过启动中断（SRT_DINT）指令组态事件后，时间延时 OB 将以指定的时间间隔执行。延迟时间在扩展指令 SRT_DINT 的输入参数中指定。指定的延时时间结束时，时间延时 OB 将中断正常的循环程序执行。

图 2-43 所示为时间延时中断 OB20 的执行过程，具体如下：

① 调用"SRT_DINT"指令启动延时中断；

② 当到达设定的延时时间，操作系统将启动相应的延时中断 OB20；

③ 延时中断 OB20 中断程序循环 OB1 优先执行；

④ 当启动延时中断后，在延时时间到达之前，调用"CAN_DINT"指令可取消已启动的延时中断。

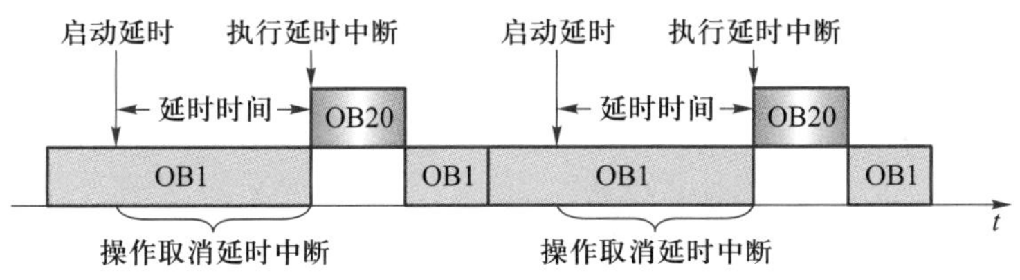

图 2-43　时间延时中断 OB20 的执行过程

（4）循环中断

循环中断 OB 将按用户定义的间隔时间（如每隔 3 s）中断循环程序执行，每个组态的循环中断事件只允许对应一个 OB。

图 2-44 所示为循环中断 OB（以 OB30 为例）的执行过程，具体说明如下：

① PLC 启动后开始计时；

② 当到达固定的时间间隔后，操作系统将启动相应的循环中断 OB30；

③ 到达固定的时间间隔后，循环中断 OB30 中断程序循环 OB1 优先执行。

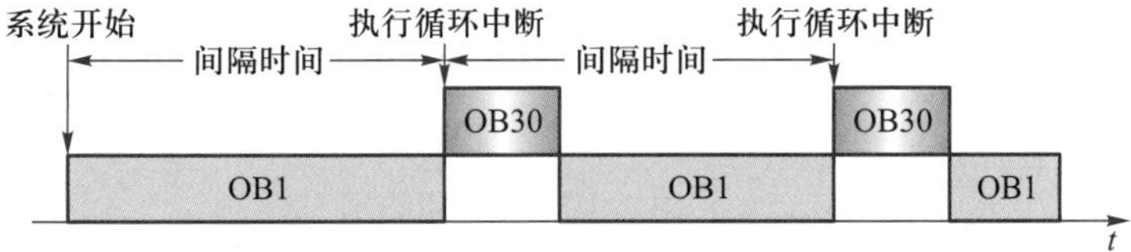

图 2-44　循环中断 OB30 的执行过程

（5）硬件中断

硬件中断事件包括内置数字输入端的上升沿、下降沿事件以及 HSC（高速计数器）事件。当发生硬件中断事件，硬件中断 OB 将中断正常的循环程序而优先执行中断 OB。

S7-1200 PLC 可以在硬件配置的属性中预先定义硬件中断事件，一个硬件中断事件只允许对应一个硬件中断 OB，而一个硬件中断 OB 可以分配给多个硬件中断事件。在 CPU 运行期间，可使用 ATTACH（附加）指令和 DETACH（分离）指令对中断事件重新分配，如表 2-8 所示。

表 2-8 硬件中断相关指令与功能说明

指令名称	功能说明
ATTACH	将硬件中断事件和硬件中断 OB 进行关联
DETACH	将硬件中断事件和硬件中断 OB 进行分离

（6）时间错误中断

时间错误中断在检测到时间错误时执行。如果超出最大循环时间，时间错误中断 OB 将中断正常的循环程序执行。最大循环时间在 PLC 的属性中定义。OB 80 是唯一支持时间错误事件的 OB。

（7）诊断错误中断

诊断错误中断在检测到和报告诊断错误时执行。如果具有诊断功能的模块发现错误（如果模块已启用诊断错误中断），诊断 OB 将中断正常的循环程序执行。

任务实施 >>>

2.3.3 PLC 输入 / 输出分配和控制电路接线

表 2-9 为本任务 PLC 的输入 / 输出分配。图 2-45 所示为本任务 PLC 控制电路电气原理图。

表 2-9 输入 / 输出分配

	PLC 软元件	元件符号 / 名称
输入	I0.0	SB1/ 可调节模拟量按钮
	I0.1	SB2/ 固定模拟量按钮
	I0.2	SB3/ 切换模拟量按钮
	I0.3	SB4/ 复位按钮
	IW64	AI/ 输入模拟量信号
输出	Q0.0	HL1/ 可调节模拟量指示
	Q0.1	HL2/ 固定模拟量指示
	QW64	AQ/ 输出模拟量信号

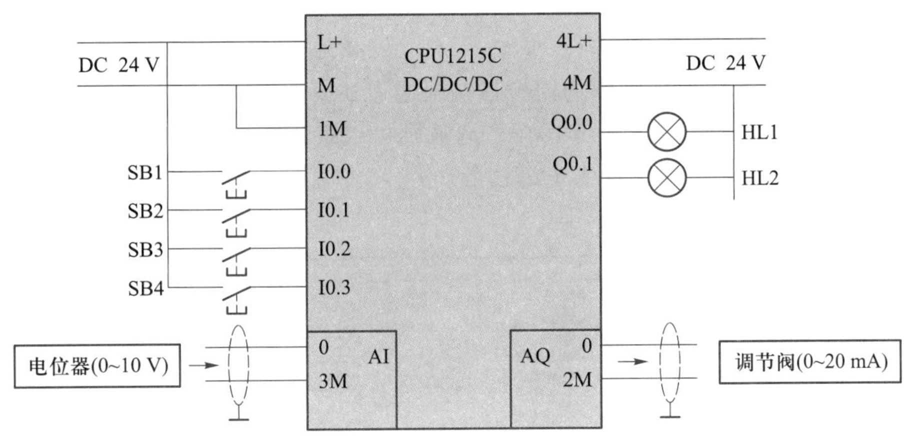

图 2-45　电气原理图

2.3.4　模拟量属性设定

在生产过程中，存在大量的物理量，如压力、温度、速度、旋转速度、pH 值、黏度等。为了实现自动控制，这些模拟信号都需要由 PLC 处理。由于 PLC 的 CPU 只能处理数字量信号，因此模拟输入模块中的模数转换器（ADC）就是用来实现转换功能的。模数转换是顺序执行的，也就是说每个模拟通道上的输入信号是轮流被转换的。模数转换的结果存储于结果存储器中，并一直保持到被一个新的转换值所覆盖，在 S7-1200 PLC 中可直接使用“MOVE”指令来访问模数转换的结果。

如果要进行模拟量输出，也可以使用“MOVE”指令向模拟输出模块中写模拟量的数值（由用户程序计算所得），该数值由模块中的数模转换器（DAC）变换为标准的模拟信号。采用标准模拟输入信号的模拟执行器可以直接连接到模拟输出模块上。

S7-1200 PLC 的 CPU 自带模拟量输出，如 CPU 1215C 自带 2 个模拟量输入（即 2×AI）和 2 个模拟量输出（即 2×AQ）。当用户需要更多的模拟量输入 / 输出点数的时候，就需要像图 2-46 所示进行硬件配置，该系统包括 CPU 1215C DC/DC/DC、SM 1231 AI4×HF、SM 1231 AI8×RTD、SM 1232 AQ4 和 SM 1234 AI4/AQ2，因此共有 18 个 AI（其中 8 个接 RTD 传感器）和 6 个 AQ。

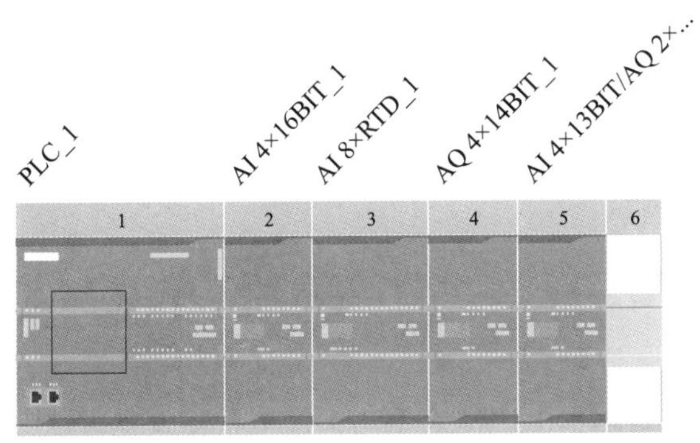

图 2-46　硬件配置

从博途硬件目录中找到 S7-1200 PLC 的模拟量输入 / 输出模块，包括如图 2-47 所示的模块种类。

图 2-48 所示是本任务中用到的模拟量输入通道 0 属性设置，默认通道地址为 IW64，测量类型为电压，电压范围为 0 到 10 V，滤波则可以在无（1 个周期）、弱（4 个周期）、中（16 个循环）和强（32 个循环）中进行选择。

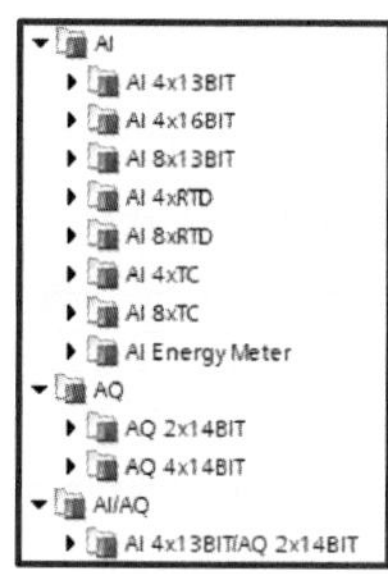

图 2-47　模拟量输入 / 输出种类

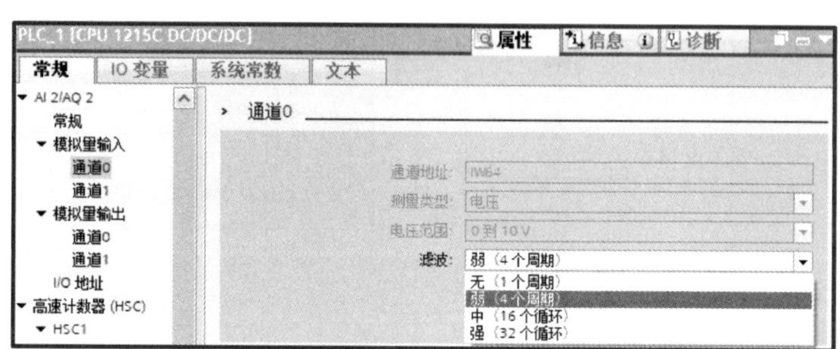

图 2-48　模拟量输入通道 0 属性设置

注意

为变化比较缓慢的模拟量输入选用滤波器可以抑制波动；为变化较快的模拟量输入选用较小的滤波次数会加快响应速度；对高速变化的模拟量值不要使用滤波器。

图 2-49 所示为模拟量输出通道 0 属性设置，默认设置通道地址为 QW64，模拟量输出的类型为电流，电流范围为 0 到 20 mA；可设置的参数为“从 RUN 模式切换到 STOP 模式时，通道的替代值”，默认为 0 mA。

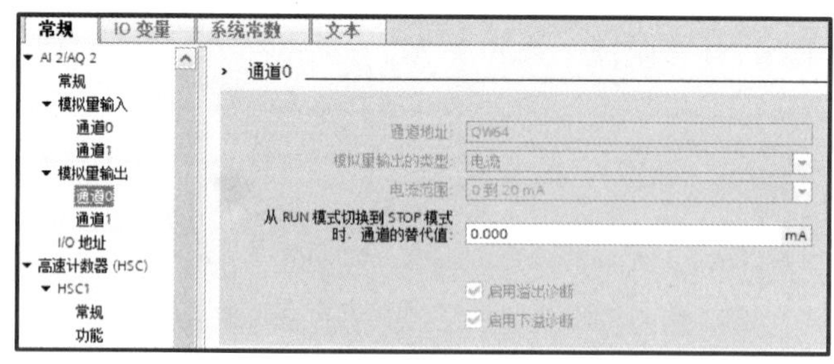

图 2-49　模拟量输出通道 0 属性设置

表 2-10 所示是模拟量输出的电流表示法，模拟量输入也可以参考此表。

表 2-10　模拟量输出的电流表示法

十进制	十六进制	电流输出范围	
		±20 mA	注释
32767	7FFF	—	上溢
32512	7F00	—	
32511	7EFF	23.52 mA	过冲范围
27649	6C01	—	
27648	6C00	20 mA	额定范围
20736	5100	15 mA	
1	1	723.4 nA	
0	0	0 mA	
−1	FFFF	—	下冲范围
−32512	8100	—	
−32513	80FF	—	下溢
−32768	8000	—	

2.3.5　PLC 梯形图编程

1. 添加新块 OB40 和 OB41

图 2-50 所示为添加新块，即添加硬件中断（Hardware interrupt）OB，包括 OB40、OB41，分别为硬件中断 1 和硬件中断 2。

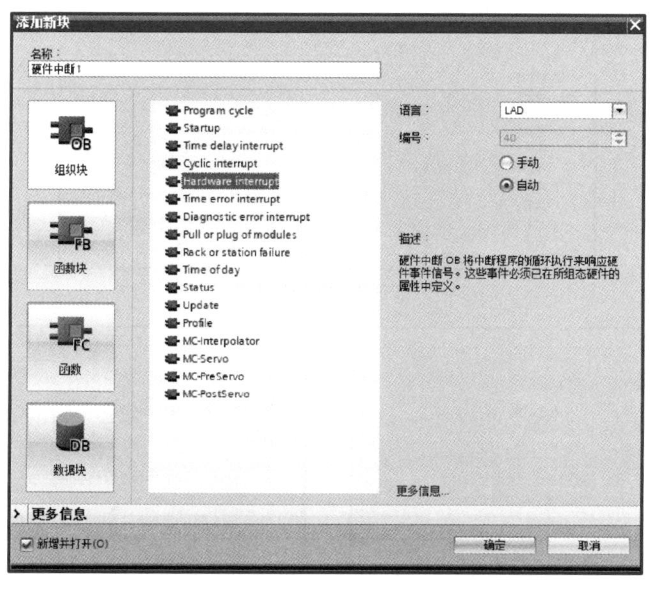

图 2-50　添加新块“硬件中断 1”

图 2-51 和图 2-52 所示为 OB40、OB41 的梯形图程序，即按任务说明将模拟量输入 1 或固定值（这里设定为 32767×20%=6553）送至模拟量输出 1，同时进行信号指示。

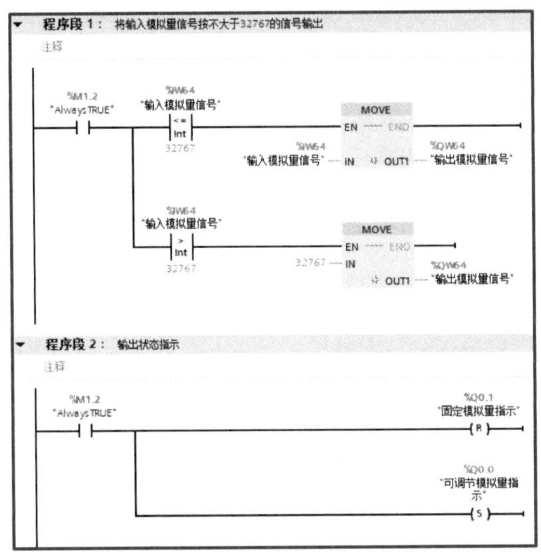

图 2-51 OB40 梯形图程序

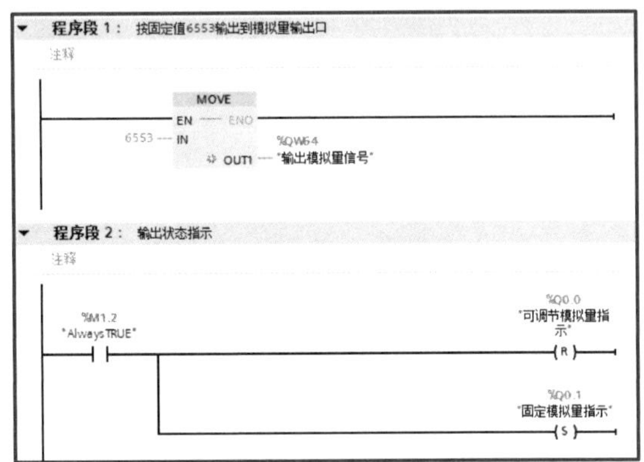

图 2-52 OB41 梯形图程序

2. 关联硬件中断事件

如图 2-53 所示，在 CPU 属性窗口中关联硬件中断事件，即分别将通道 0（即 I0.0）和 OB40 关联，通道 1（即 I0.1）和 OB41 关联。

图 2-54 所示为关联示意图，当出现 I0.0 上升沿时，触发中断，执行硬件中断 1（即 OB40）中的程序；当出现 I0.1 上升沿时，触发中断，执行硬件中断 2(即 OB41）中的程序。

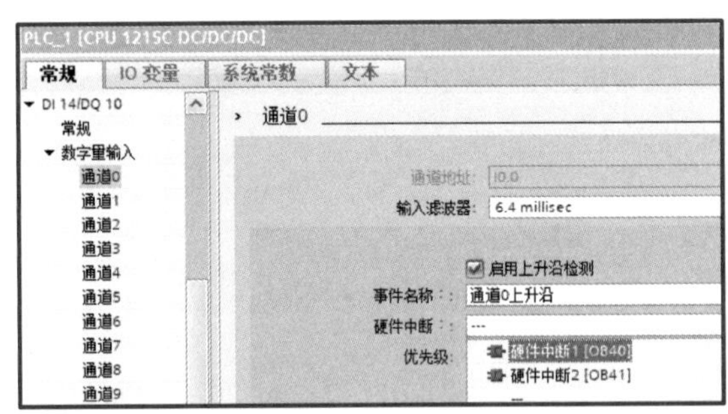

(a) 通道0的属性设置

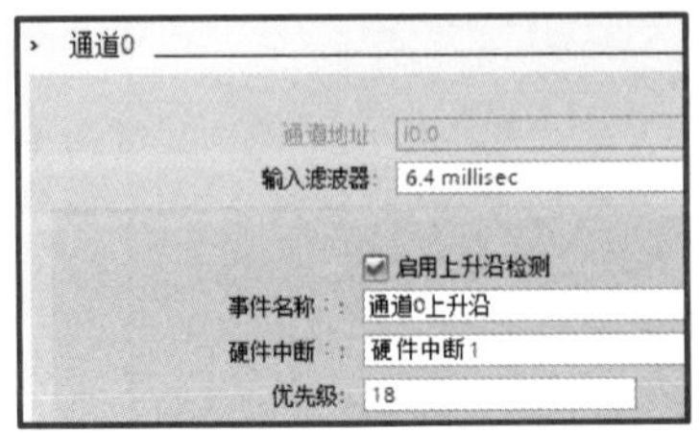

(b) 通道0关联硬件中断2

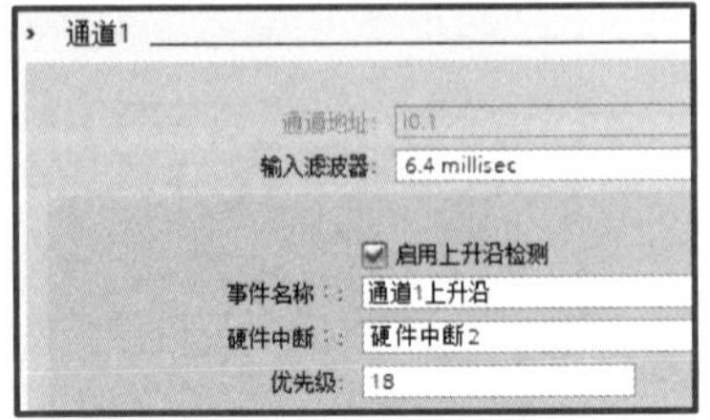

(c) 通道1关联硬件中断2

图 2-53 数字量输入的属性设置

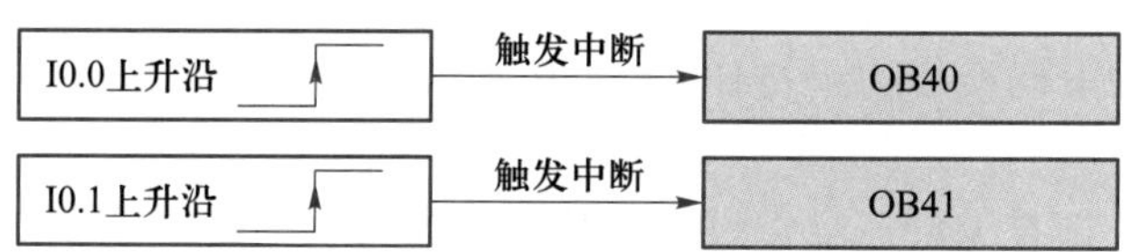

图 2-54　关联示意图

3. OB1 梯形图编程

本任务的变量说明如图 2-55 所示。

名称	变量表	数据类型	地址
可调节模拟量按钮	默认变量表	Bool	%I0.0
固定模拟量按钮	默认变量表	Bool	%I0.1
切换模拟量按钮	默认变量表	Bool	%I0.2
复位按钮	默认变量表	Bool	%I0.3
输入模拟量信号	默认变量表	Word	%IW64
可调节模拟量指示	默认变量表	Bool	%Q0.0
固定模拟量指示	默认变量表	Bool	%Q0.1
输出模拟量信号	默认变量表	Word	%QW64
中间变量1	默认变量表	Bool	%M10.0
中间变量2	默认变量表	Bool	%M10.1
中间变量3	默认变量表	Bool	%M10.2
状态字1	默认变量表	Int	%MW12
状态字2	默认变量表	Int	%MW14
状态字3	默认变量表	Int	%MW16
状态字4	默认变量表	Int	%MW18

图 2-55　变量说明

如图 2-56 和图 2-57 所示，调用 ATTACH 指令将硬件中断事件与 OB_NR、EVENT 参数进行绑定，需要注意的是选择参数而不是输入参数。

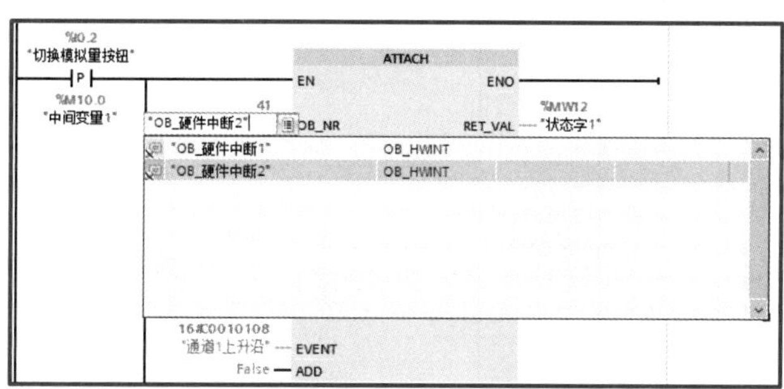

图 2-56　ATTACH 指令的硬件中断选择

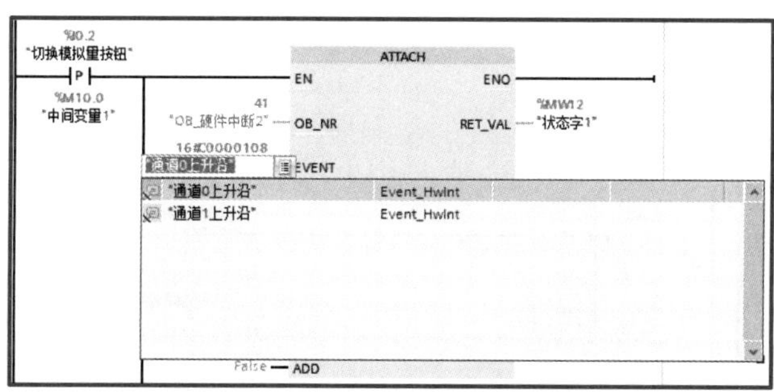

图 2-57　ATTACH 指令的事件选择

完成后的梯形图程序如图 2-58 所示，程序说明如下。

程序段 1：当按下切换模拟量按钮时，OB 硬件中断重新绑定，与 PLC 硬件配置中的初始设定不再相同。

程序段 2：无论是有无重新绑定过，当按下复位按钮时，都要解除原先绑定的硬件中断设置。

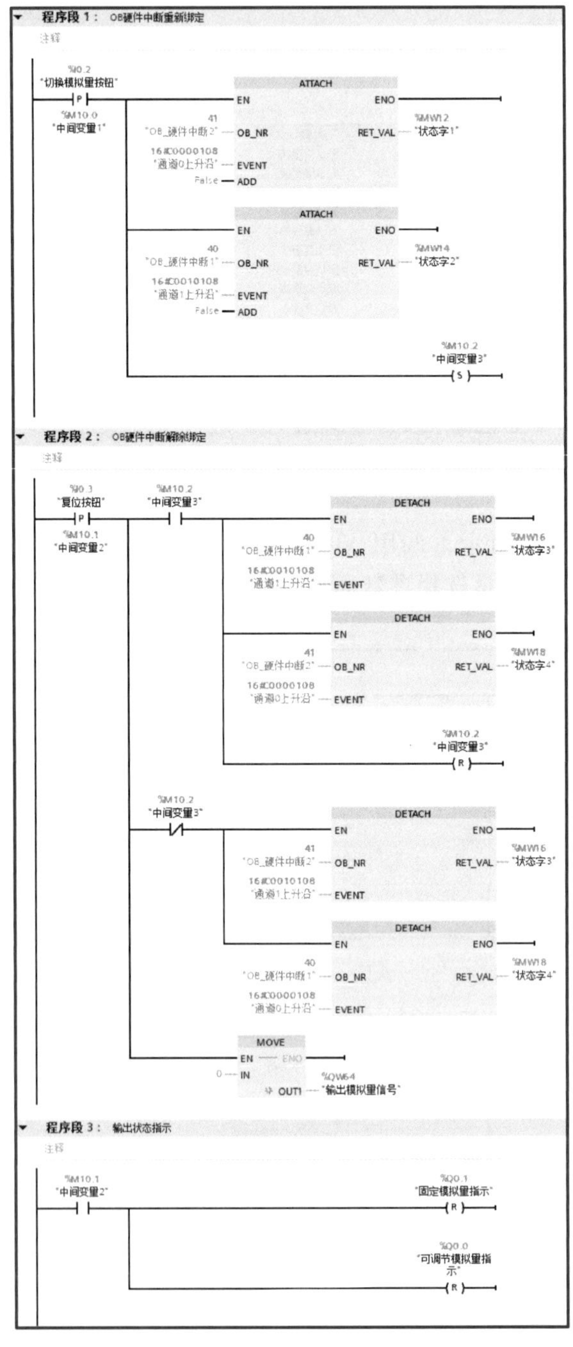

图 2-58　OB1 梯形图程序

程序段 3：输出状态指示。

图 2-59 所示为程序块清单，包括 Main［OB1］、硬件中断 1［OB40］和硬件中断 2［OB41］。

图 2-60 所示为重新绑定中断示意图。图 2-61 所示为解除绑定中断示意图，共有 2 种情况，即默认绑定中断情况下的解除绑定 1 和重新绑定中断后的解除绑定 2。

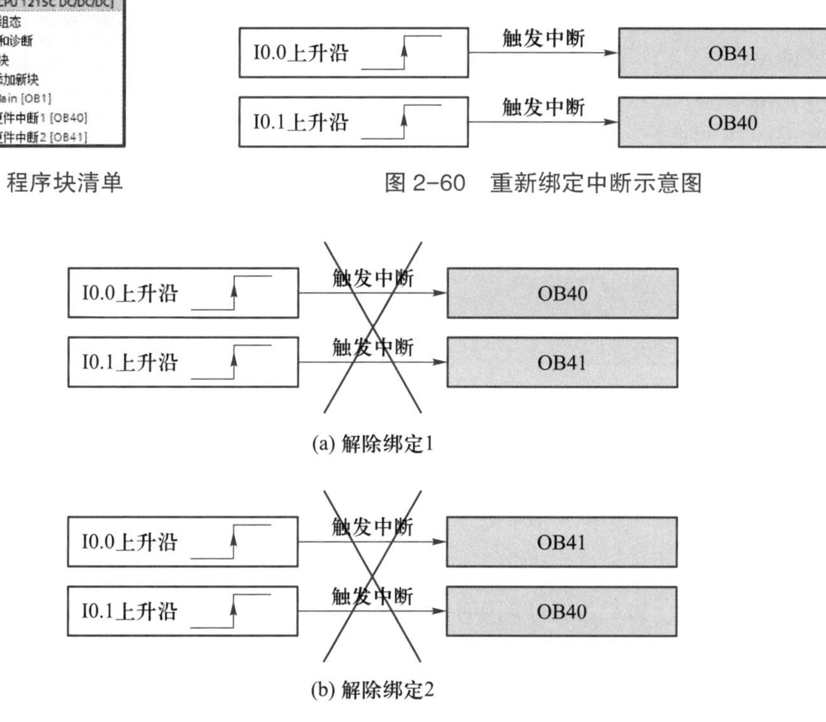

图 2-59 程序块清单

图 2-60 重新绑定中断示意图

(a) 解除绑定1

(b) 解除绑定2

图 2-61 解除绑定中断示意图

2.3.6 程序调试

根据如表 2-11 所示进行程序调试。

表 2-11 程序调试的清单

动作时序	中断 1 对应情况	中断 2 对应情况	模拟量输出情况
上电后	I0.0 对应 OB40	I0.1 对应 OB41	按下 I0.0 后，模拟量输出即电位器的设定值；按下 I0.1 后，模拟量的输出值，固定为 6553（即 20% 的开度）
SB3 按钮按下后	I0.0 对应 OB41	I0.1 对应 OB40	按下 I0.1 后，模拟量输出即电位器的设定值；按下 I0.0 后，模拟量的输出值，固定为 6553（即 20% 的开度）
SB4 按钮按下后	无对应	无对应	按下 I0.0、I0.1 后，模拟量的输出值均为上一次值

技能考核

考核任务：

1. 能正确完成 PLC 控制电路的电气接线，并进行模拟量输入信号的检测。

2. 能进行 PLC 硬件属性中模拟量通道的设定、数字量通道的中断绑定设定。

3. 能使用中断编程，实现初始绑定中断、重新绑定中断和解除绑定中断功能，并能进行信号调试。

评分标准：

按要求完成考核任务，其评分标准如表 2-12 所示。

表 2-12　评 分 标 准

姓名：		任务编号：2.3	综合评价：		
序号	考核项目	考核内容及要求	配分	评分标准	得分
1	电工安全操作规范	着装规范，安全用电，走线规范合理，工具及仪器仪表使用规范，任务完成后整理场地并保持场地清洁有序	20	现场考评	
2	实训态度	不迟到、不早退、不旷课，实训过程认真负责，组内人员主动沟通、协作，小组间互助	10		
3	系统方案制订	PLC 控制对象说明与分析合理	10		
		PLC 控制电路电气原理图正确			
4	编程能力	能使用模拟量实现自动控制	15		
		能使用硬件中断完成程序编写			
5	操作能力	根据电气原理图正确接线，线路美观且可靠	25		
		根据模拟量输入和输出信号正确连接			
		根据系统功能进行正确操作演示			
6	实践效果	系统工作可靠，满足工作要求	10		
		中断 OB 块设置规范			
		按规定的时间完成任务			
7	汇报总结	工作总结，PPT 汇报	5		
		填写自我检查表及反馈表			
8	创新实践	在本任务中有另辟蹊径、独树一帜的实践内容	5		
合计			100		

注：综合评价可以采用教师评价、学生评价、组间评价和企业评价按一定比例计算后综合得出五级制成绩，即 90~100 分为优，80~89 分为良，70~79 分为中，60~69 分为及格，0~59 分为不及格。

项目 2 拓展阅读

思考与练习

1. 如图 2-62 所示，采用二位五通电磁阀来控制机械手的夹爪，未安装磁性传感器开关，请用 FC 编程实现按下启动按钮后，夹爪从原位到工作位保持 6 s，再到原位的动作，实现物品的夹紧、释放功能。要求如下：列出输入 / 输出分配表；完成电磁阀线圈等 PLC 控制电路外围电气接线；完成夹爪气缸控制的气路安装；通过编程实现夹爪的 PLC 控制。

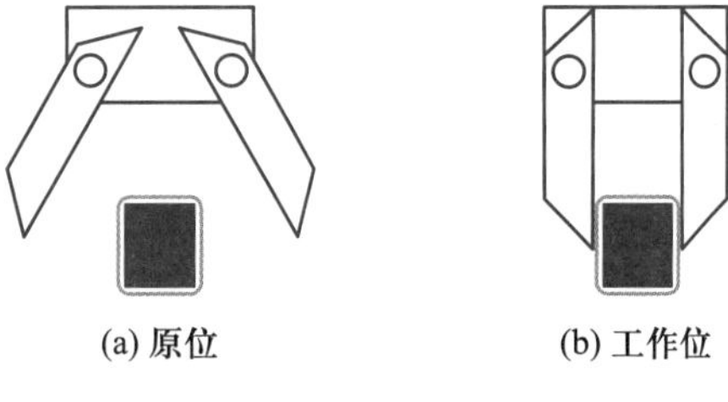

图 2-62　题 1 图

2. 现有三台电动机，其控制方法完全相同：按下启动按钮，报警灯闪烁 4 s 后，电动机开始运行，报警灯熄灭，运行灯点亮；按下停止按钮，报警灯闪烁 5 s 后，电动机停机，报警灯也随即熄灭。请使用 FC 编写电动机控制程序，并在 OB1 中进行调用来控制三台电动机的运行。

3. 工件运送系统如图 2-63 所示，工件运送沿虚线箭头方向从输送带 1 转到输送带 2，最后到料箱。其中输送带由电动机带动，工件的推出则由二位五通电磁阀控制的气缸进行动作，到位检测为 SQ1 和 SQ2。系统设置了单周期和循环周期选择开关，以及启动

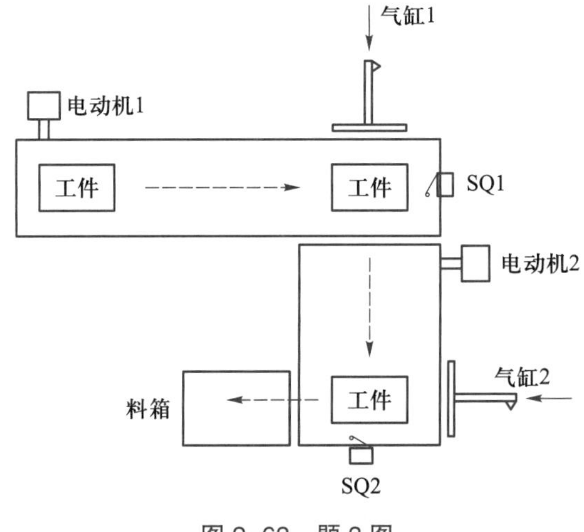

图 2-63　题 3 图

按钮和停止按钮；在单周期状态时，按下启动按钮，实现一次工件运送过程；在循环周期状态时，按下启动按钮时，实现连续工件运送过程；无论哪种情况，按下停止按钮时，都能将当前的运送过程完成后再停机。请列出输入 / 输出分配表，设计 PLC 控制电路电气原理图和气路图，并采用 FC 或 FB 进行编程。

4. 如图 2-64 所示，通过 S7-1200 CPU1215 DC/DC/DC 内置的模拟量输入和模拟量输出端口实现变频器 8 段速度的切换，其频率分别为 10.0 Hz、15.5 Hz、21.5 Hz、25.0 Hz、32.3 Hz、38.5 Hz、42.0 Hz、50.0 Hz，同时设置启停按钮来控制变频器运转或停止。这里设定变频器输入 0~20 mA 信号时输出 0~50.0 Hz，模拟量输入端子信号为 4（+）和 5（-）；变频器的启动信号端子为 STF 和 SD（公共端），不要求设置参数。请列出输入 / 输出分配表，设计 PLC 控制电路电气原理图，并采用 FC 或 FB 进行编程。

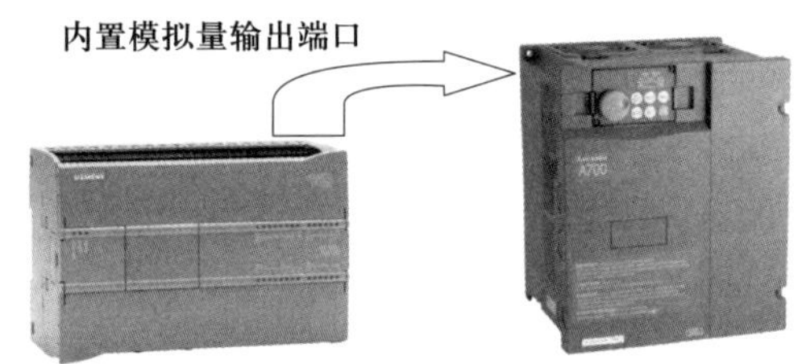

图 2-64　S7-1200 PLC 控制变频器多段速控制示意图

项目 3

触摸屏应用与 PLC 联合仿真

导读

西门子 KTP 系列触摸屏的组态可以在博途软件中与 PLC 共享变量，通过 PROFINET 通信轻松实现机器设备的自动化控制。在工程测试之前，通过 PLCSIM 软件与 PLC 进行联合仿真也是非常不错的方法，在不下载程序的情况下，将系统结果一一呈现出来，大大缩短了调试时间，提升了编程效率。本项目通过触摸屏控制彩灯按序亮灭、气动机械手搬运 PLC 仿真和物料输送系统的联合仿真 3 个任务充分实现触摸屏和仿真技术的最佳应用。

知识目标

1. 熟悉触摸屏的作用和工业应用特点。
2. 了解 KTP 700 Basic 触摸屏的接线。
3. 掌握触摸屏动画的常见制作方法。
4. 掌握自动化仿真验证的原理。

能力目标

1. 会操作触摸屏与可编程控制器、计算机的连接。
2. 会使用组态软件对触摸屏进行按钮、指示灯、I/O 域组态。
3. 能使用博途软件进行 KTP 700 Basic 触摸屏的动画组态。
4. 能够根据控制要求，结合设备手册，正确下载触摸屏组态及测试程序。

素养目标

1. 有较强的求知欲，乐于、善于使用所学触摸屏技术解决生产实际问题。
2. 具有克服困难的信心和决心，从联合仿真测试中体验成功的喜悦。
3. 具有实事求是的科学态度和勇于赶超的精神。

任务 3.1 触摸屏控制彩灯按序亮灭

任务描述

图 3-1 所示是 KTP700 Basic 触摸屏与 PLC 通过 PROFINET 相连，并利用触摸屏的按钮组态完成对 4 个彩灯的亮灭控制。任务要求如下：

（1）正确完成触摸屏的电源接线，并用网线与 PLC 进行 PROFINET 连接。

（2）在触摸屏设置“启动”“停止”和“切换”三个按钮，用来控制 4 个彩灯按序亮灭，可以选择顺序或逆序依次亮灭。

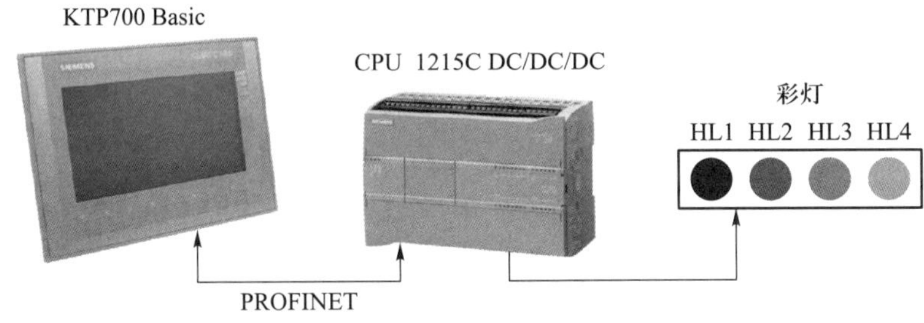

图 3-1 任务 3.1 控制示意图

知识准备

3.1.1 触摸屏概述

传统的工业控制系统一般使用按钮和指示灯来操作和监视系统，但很难实现参数的现场设置和修改，也不方便对整个系统的集中监控。触摸屏的主要功能就是取代传统的控制面板和显示仪表，如图 3-2 所示，通过控制单元（如 PLC）通信，实现人与控制系统的信息交换，更方便地实现对整个系统的操作和监视。

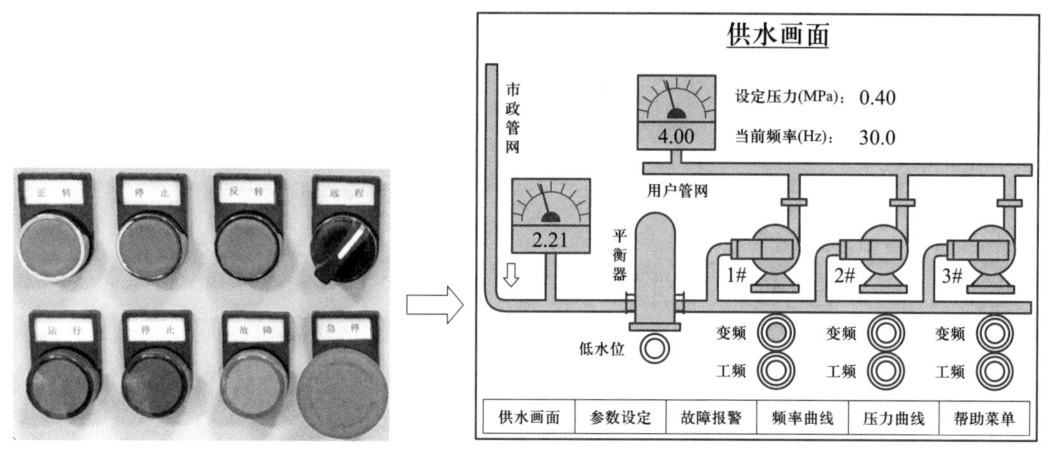

图 3-2　传统的按钮指示灯到触摸屏画面

按照触摸屏的工作原理和传输信息的介质，可以把触摸屏分为电阻式、红外线式、电容式和表面声波式等多种类型。下面介绍最常见的两种工业用触摸屏，即电阻式触摸屏和电容式触摸屏。

1. 电阻式触摸屏

如图 3-3 所示，电阻式触摸屏的屏体部分最下面是一层玻璃或有机玻璃作为基层（即玻璃层），表面涂有一层透明导电层，上面再覆盖一层外表面硬化处理、光滑防刮的薄膜层，薄膜层的内表面也涂有一导电层，在两层导电层之间有许多细小的透明隔离点把它们隔开以绝缘。当用笔触碰或用手指触摸屏幕的薄膜层时，两导电层之间出现一个接触点，使得该处电压发生改变，控制器检测到该电压信号后，进行模数转换，并将得到的电压值与参考值进行对比，即可得出该笔触或手指触摸点的坐标。

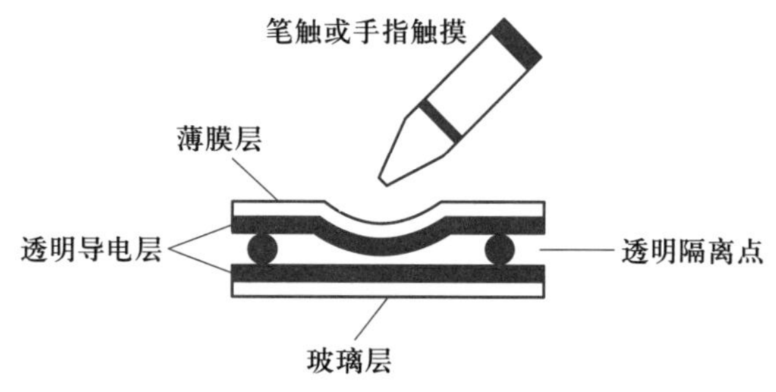

图 3-3　电阻式触摸屏的工作原理

2. 电容式触摸屏

如图 3-4 所示，电容式触摸屏在触摸屏四边均匀镀上狭长的电极，在导电体内形成一个低电压交流电场，当用手指触摸屏幕时，基于人体电场，手指与导电体之间会形成一个耦合电容，驱动缓冲器的脉冲电流会流向触点，而电流强弱与手指到接收电极的距离成正比，位于触摸屏幕后的控制器便会根据收集电荷后计算电流的比例及强弱，最后准确计算出触摸点的位置。

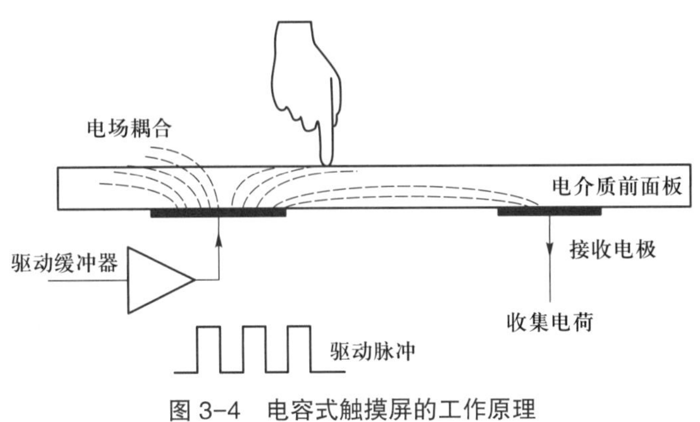

图 3-4　电容式触摸屏的工作原理

3.1.2　西门子 KTP 精简触摸屏

西门子触摸屏产品主要分为 SIMATIC 精简系列面板（以下简称精简触摸屏）、SIMATIC 精智面板和 SIMATIC 移动式面板，均可以通过博途软件进行组态，西门子触摸屏型号汇总如表 3-1 所示。

表 3-1　西门子触摸屏型号汇总

触摸屏类型	规格
SIMATIC 精简系列面板	3″、4″、6″、7″、9″、10″、12″、15″ 显示屏
SIMATIC 精智面板	4″、7″、9″、10″、12″、15″、19″、22″ 显示屏
SIMATIC 移动式面板	4″、7″、9″ 显示屏；170 s、270 s 系列

注：″ 即 in（英寸），1in = 0.025 4 m。

其中，精简系列面板是面向基本应用的触摸屏，适合与 S7-1200 PLC 配合使用，常用型号如表 3-2 所示。

表 3-2　精简系列面板常用型号

型号	屏幕尺寸	可组态按键	分辨率	网络接口
KTP400 Basic	4.3″	4	480 × 272	PROFINET
KTP700 Basic	7″	8	800 × 480	PROFINET
KTP700 Basic DP	7″	8	800 × 480	PROFIBUS DP
KTP700 Basic	9″	8	800 × 480	PROFINET
KTP1200 Basic	12″	10	1280 × 800	PROFINET
KTP1200 Basic DP	12″	10	1280 × 800	PROFIBUS DP

图 3-5 所示为触摸屏与 PC、PLC（本例为 S7-1200 PLC）之间通过交换机进行 PROFINET 连接的示意图。一个博途项目可同时包含 PLC 和触摸屏程序，且 PLC 和触摸屏的变量可以共享，它们之间的通信不需要编程。

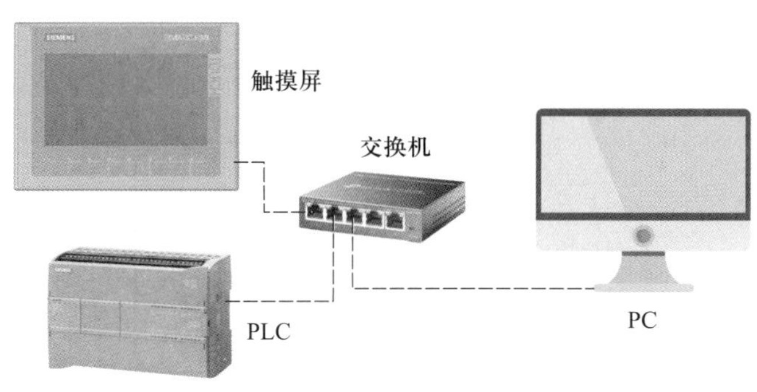

图 3-5　触摸屏连接示意图

3.1.3　触摸屏组态与使用

触摸屏的编程通常称为组态，是指操作人员根据工业应用对象及控制任务的要求，配置用户应用软件的过程，包括对象的定义、制作和编辑以及对象状态特征属性参数的设定等。不同品牌的触摸屏或操作面板所开发的组态软件不尽相同，但都会具有一些通用功能，如画面、标签、配方、上传、下载和仿真等。

触摸屏组态的目的在于操作与监控设备或过程，因此，用户应尽可能精确地在界面上映射设备或过程。触摸屏与机器或过程之间通过 PLC 等外围连接设备利用变量进行通信，如图 3-6 所示，触摸屏上的按钮对应于 PLC 内部 Mx.y 的数字量“位”，按下按钮时 Mx.y 置位（为“1”），释放按钮时 Mx.y 复位（为“0”），只有建立了这种对应关系，操作人员才可以与 PLC 的内部用户程序建立交互关系。由此，触摸屏上的变量值写入 PLC 上的存储区域或地址，而触摸屏又可以从该区域读取数据。

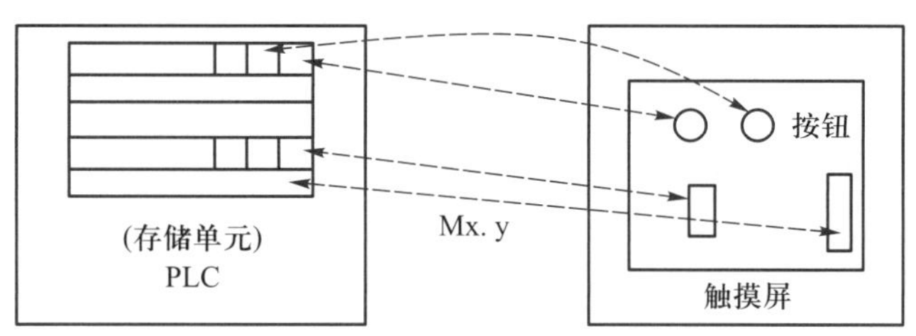

图 3-6　触摸屏与 PLC 之间的对应关系

触摸屏通常能提供多种硬件设备（如 PLC 等）的驱动程序，能与绝大多数 PLC 进行通信，实现 PLC 的在线实时控制和显示。有些触摸屏可以提供多个通信口，可以同时使用，利用这些通信口可以和任何开放协议的设备进行通信，比如采用 Modbus 总线协议。

基于触摸屏丰富灵活的组网功能，可以接入现场总线和 Internet 网络，使用户设备的成本降到最低，实现对整个车间中不同设备的集中监控。

如图 3-7 所示，触摸屏在使用过程中会安装于控制柜或者操作盘的面板上，与控制柜内的 PLC 等连接，实现开关操作、指示灯显示、数据设定和信息显示等功能。

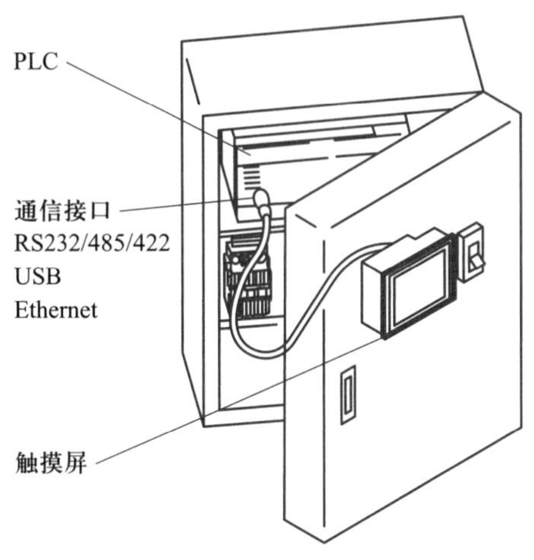

图 3-7　触摸屏的安装与使用

任务实施 >>>

3.1.4　电气接线与 PLC 编程

1. 电气接线

表 3-3 所示为本任务 PLC I/O 分配表。

表 3-3　PLC I/O 分配表

	PLC 软元件	元件符号 / 名称
输出	Q0.0	HL1/ 彩灯 1
	Q0.1	HL2/ 彩灯 2
	Q0.2	HL3/ 彩灯 3
	Q0.3	HL4/ 彩灯 4

图 3-8 所示为本任务的电气接线示意图，其中，触摸屏与 CPU 1215C DC/DC/DC 之间用 PROFINET 相连。

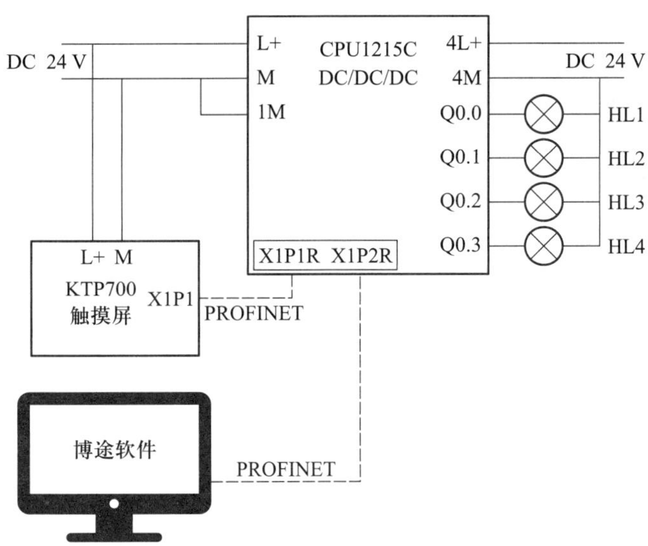

图 3-8 电气接线示意图

2. PLC 梯形图编程

新建或打开博途项目，配置好 PLC 硬件（CPU 1215C DC/DC/DC），并将变量表和程序输入该项目中。图 3-9 所示为本任务的 PLC 变量定义，除 Q0.0~Q0.3 是 PLC 输出外，还要将触摸屏上的按钮分别定义为 M10.0（HMI 启动按钮）、M10.1（HMI 停止按钮）和 M10.2（HMI 切换按钮）。

名称	变量表	数据类型	地址
彩灯1	默认变量表	Bool	%Q0.0
彩灯2	默认变量表	Bool	%Q0.1
彩灯3	默认变量表	Bool	%Q0.2
彩灯4	默认变量表	Bool	%Q0.3
HMI启动按钮	默认变量表	Bool	%M10.0
HMI停止按钮	默认变量表	Bool	%M10.1
HMI切换按钮	默认变量表	Bool	%M10.2
运行变量	默认变量表	Bool	%M10.3
中间变量1	默认变量表	Bool	%M10.4
定时器1输出	默认变量表	Bool	%M10.5
定时器2输出	默认变量表	Bool	%M10.6
控制字	默认变量表	Int	%MW12
顺序时间	默认变量表	Time	%MD14
逆序时间	默认变量表	Time	%MD18

图 3-9 PLC 变量定义

图 3-10 所示为本任务的梯形图程序。程序解释如下：

程序段 1：启动按钮动作，设置运行变量，清零控制字（默认为顺序控制）。

程序段 2：停止按钮动作，置位运行变量。

程序段 3：切换按钮动作，控制字加 1。

程序段 4：顺序控制彩灯时的定时器 1。

程序段 5：逆序控制彩灯时的定时器 2。

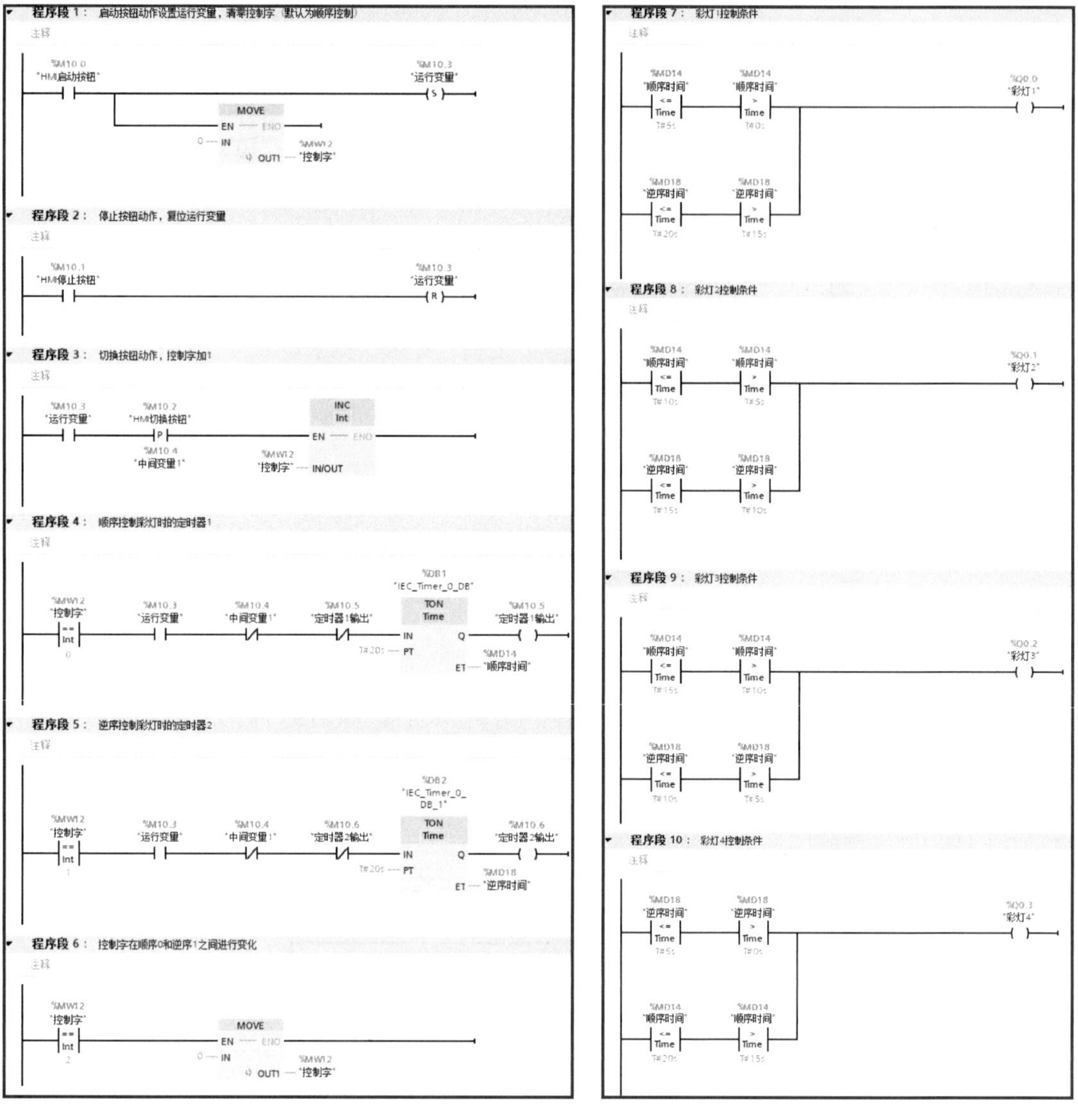

图 3-10　PLC 梯形图程序

程序段 6：控制字在顺序和逆序之间进行变化，即控制字 0、1、0、1……

程序段 7~10：彩灯 1~4 的控制条件，即分顺序和逆序两种分别进行判断是否接通彩灯。

3.1.5　触摸屏组态

1. 添加触摸屏

完成 PLC 编程之后，如图 3-11 所示，在项目树中进行添加新设备，选择本任务中用到的 KTP700 Basic，确认相应的订货号和版本号。本任务的订货号为 6AV2 123-2GB03-

0XA0，版本为 16.0.0.0。如果触摸屏软件版本较低，请选用低版本进行替换，否则将无法正确下载触摸屏画面组态。

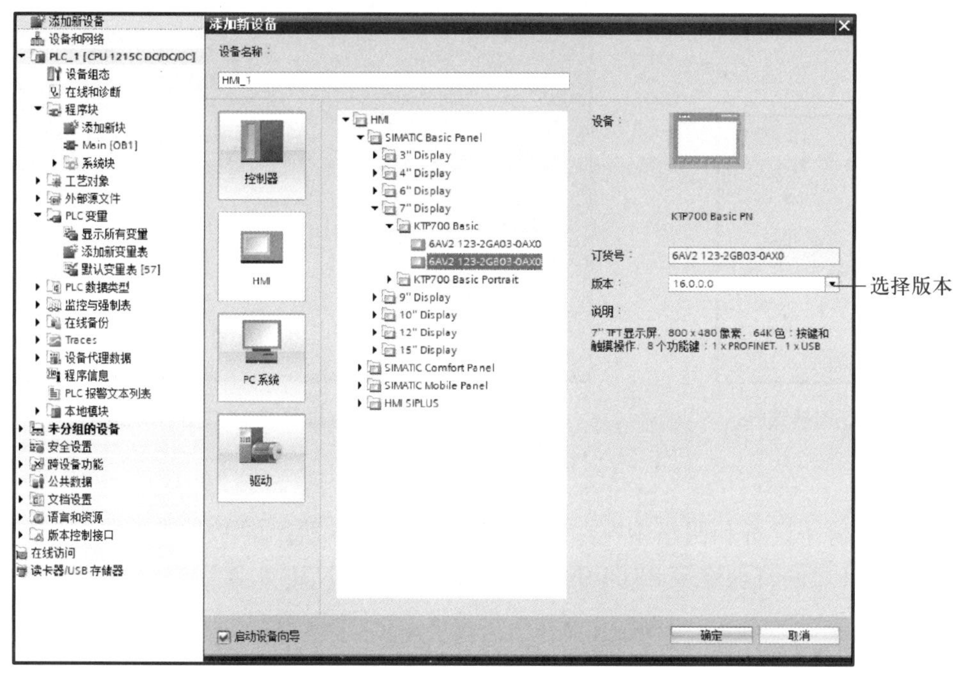

图 3-11　添加新设备

单击“确定”按钮后，系统会出现如图 3-12 所示的 HMI 设备向导，包括 PLC 连接、画面布局、报警、画面、系统画面和按钮六个步骤。这六个步骤可以通过单击“下一步”按钮逐次完成，也可以直接单击“完成”按钮。本例只介绍 PLC 连接，在单击“浏览”按钮后会出现整个项目树中的所有 PLC（图 3-13），本任务中选择“PLC_1”，单击☑按钮后即可出现图 3-14 所示的 PLC 与触摸屏的通信属性。

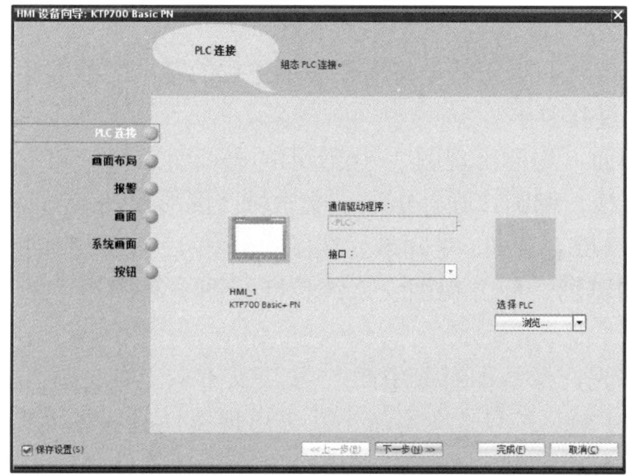

图 3-12　PLC 连接选择

图 3-13　PLC 连接选择

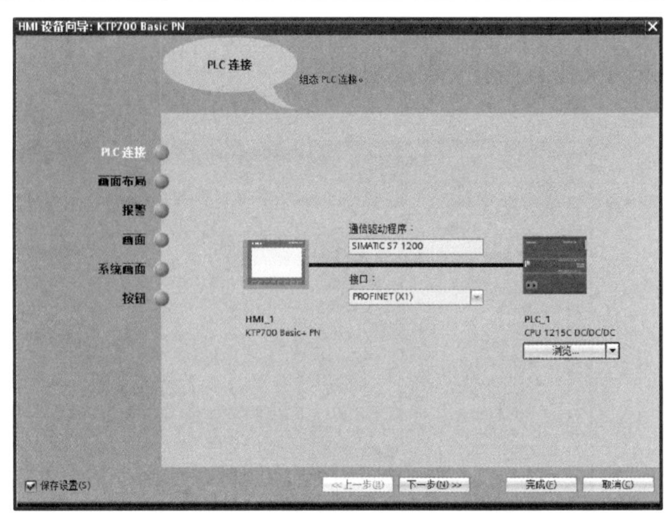

图 3-14　触摸屏与 PLC 连接示意图

在“项目树→设备和网络中”中可以看到如图 3-15 所示的 PN/IE 通信连接示意图，即 PLC 与 HMI 之间自动连接 PROFINET 网络，并建立 PN/IE_1 连接。

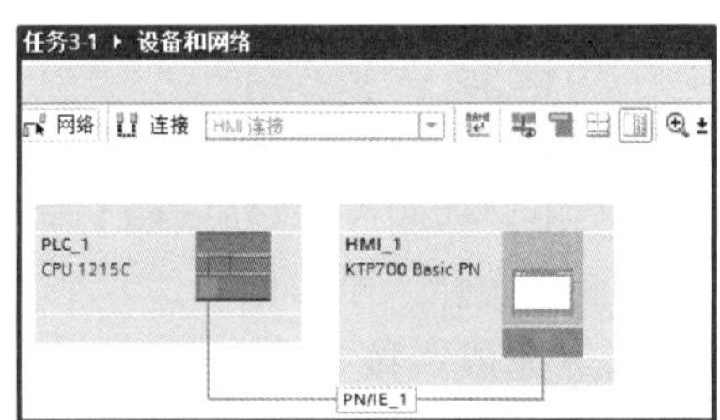

图 3-15　PN/IE 通信连接示意图

2. 触摸屏画面组态

本任务中触摸屏的画面组态就是将需要表示过程的基本对象等插入到画面，并对该对象进行组态使之符合过程要求。

单击任何一个画面，均会出现图 3-16 所示的画面组态窗口和工具箱。其中，工具箱包括基本对象（如直线、椭圆、圆、矩形、文本域、图形视图）、元素（如 I/O 域、按钮、符号 I/O 域、图形 I/O 域、日期 / 时间域、棒图、开关）、控件（如报警视图、趋势视图、用户视图、HTML 浏览器、配方视图、系统诊断视图）和图形（如 WinCC 图形文件夹、我的图形文件夹）。

在根画面中，首先选择基本对象中的“ A ”文本域工具，写入标题“触摸屏控制彩灯按序亮灭”（图 3-17），右击该文本域，系统出现属性设置界面，可以选择修改样式，如字体为“宋体，25px，style = Bold”，与办公文字处理软件类似。除此之外，还可以设置外观、布局等属性。

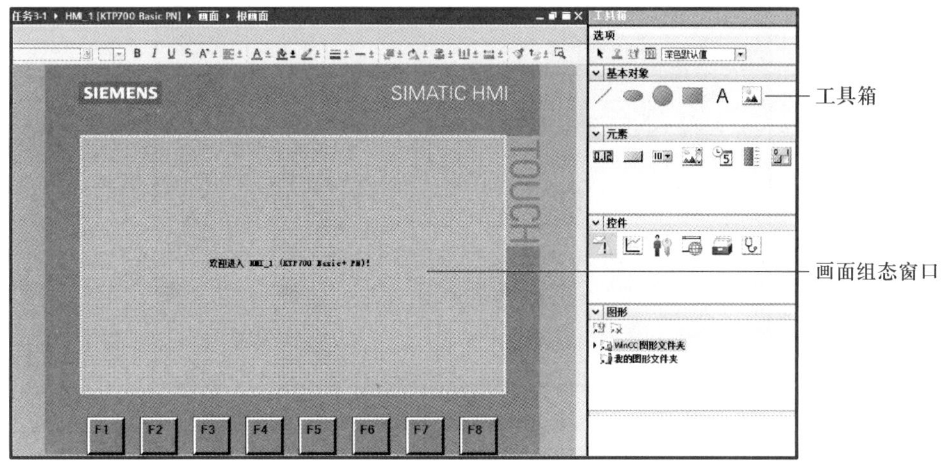

图 3–16　画面组态窗口和工具箱

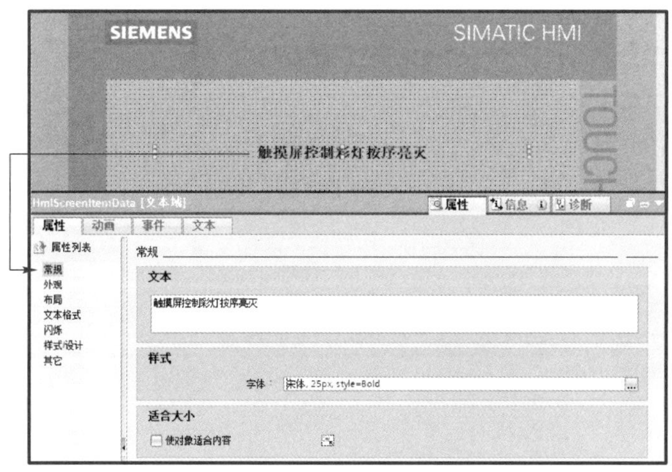

图 3–17　文本域属性

接下来根据任务要求，选择按钮作为触摸屏对指示灯的启动与停止控制，从工具箱的元素中把按钮 拖拽至画面。将按钮放置到触摸屏画面中的某个位置后，可以设置该按钮的相关属性，比如文本标签，输入“启动”字符，表示该按钮可以执行彩灯按序点亮。图 3–18 所示为触摸屏按钮按下的事件，包括单击、按下、释放、激活、取消激活和更改，显然，第 2 个和第 3 个事件（即按下和释放）与本任务的动作比较相关。比如，在此定义该按钮的属性为：当按下按钮时，将 PLC 的相关变量置位（即该变量处于 ON 状态）；当释放按钮时，将 PLC 的相关变量复位（即该变量处于 OFF 状态）。选择“编辑位→置位位”，用按钮 选择“PLC_1”中的 PLC 变量，然后从中找到按钮按下事件变量“HMI 启动按钮”（图 3–19）。如图 3–20 所示， 符号表示按下事件已经成立。同理，对按钮释放选择“编辑位→复位位”事件，其触发变量不变，仍为“HMI 启动按钮”。

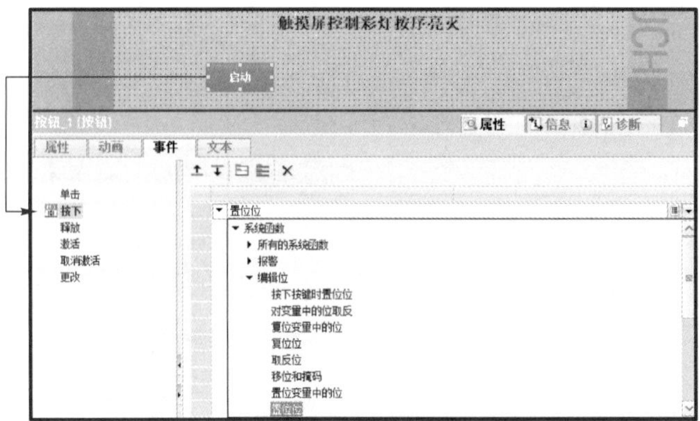

图 3-18 按钮事件

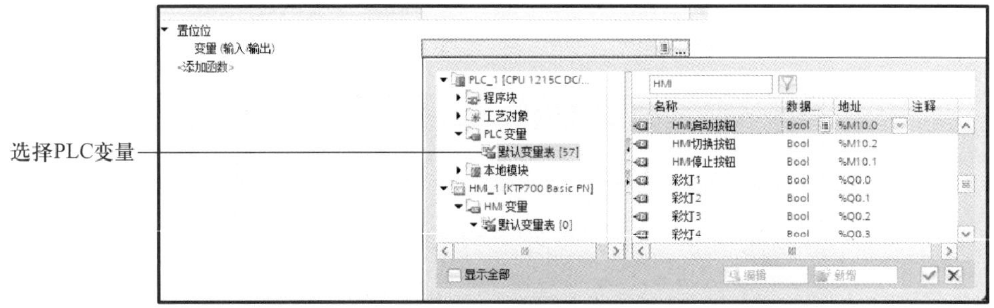

图 3-19 按钮按下事件变量

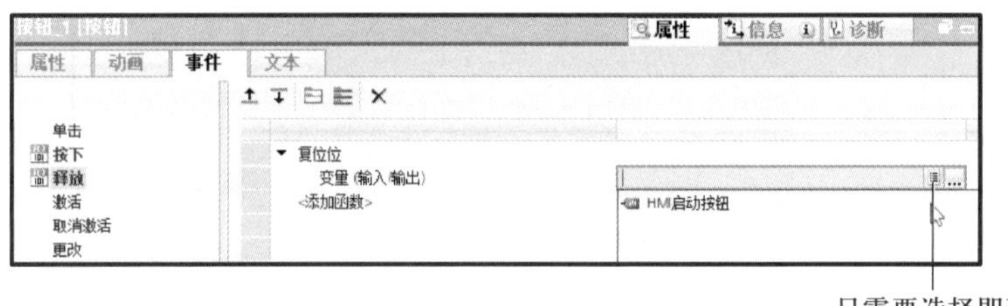

图 3-20 释放事件完成

按照同样的方法，增加“HMI 停止按钮”“HMI 切换按钮”，并进行类似的按下和释放的事件组态；也可以采取复制和粘贴的方式进行。

跟按钮不同，指示灯是动态元素，过程变化会改变它们的状态。如图 3-21 所示，从基本对象中将圆拖拽至画面中。图中所示为指示灯添加动画，包括外观、可见性，这里选择外观。

一般而言，触摸屏上的指示灯采用颜色变化，比如信号接通为红色，信号不接通为灰色等。图 3-22 所示为新建指示灯“外观”动画，与 PLC 的“彩灯 1”变量（即 Q0.0）关联。在范围“0”处选择背景色、边框颜色和闪烁等属性，这里选择颜色为灰色；同样，再单击“添加”，即出现范围“1”，此时选择颜色为红色，其他 3 个彩灯按此进行。

图 3-21　指示灯添加新动画

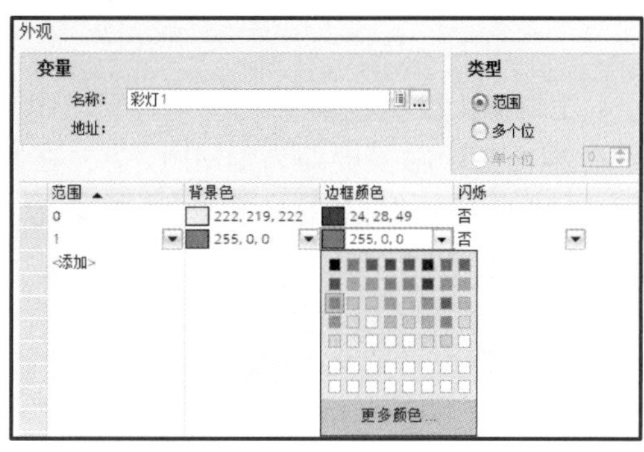

图 3-22　外观动画

图 3-23 所示是完成后的画面组态。

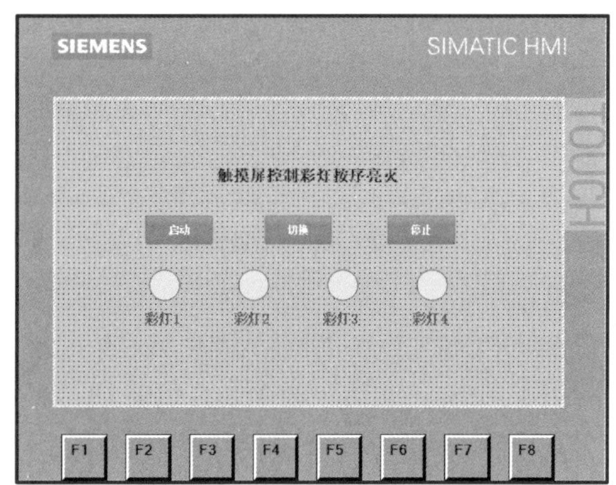

图 3-23　完成后的画面组态

完成画面组态后的 HMI 变量如图 3-24 所示，所有按钮和灯的变量均从 PLC 中导入，这也是博途软件的重要功能之一，即变量共享。

名称	变量表	数据类型	连接	PLC 名称	PLC 变量	地址	访问模式	采集周期
HMI启动按钮	默认变量表	Bool	HMI_连接_1	PLC_1	HMI启动按钮		<符号访问>	1 s
HMI切换按钮	默认变量表	Bool	HMI_连接_1	PLC_1	HMI切换按钮		<符号访问>	1 s
HMI停止按钮	默认变量表	Bool	HMI_连接_1	PLC_1	HMI停止按钮		<符号访问>	1 s
彩灯1	默认变量表	Bool	HMI_连接_1	PLC_1	彩灯1		<符号访问>	1 s
彩灯2	默认变量表	Bool	HMI_连接_1	PLC_1	彩灯2		<符号访问>	1 s
彩灯3	默认变量表	Bool	HMI_连接_1	PLC_1	彩灯3		<符号访问>	1 s
彩灯4	默认变量表	Bool	HMI_连接_1	PLC_1	彩灯4		<符号访问>	1 s

图 3-24　HMI 变量

3.1.6　触摸屏程序下载和调试

1. HMI 设备组态

本任务中触摸屏即为 HMI 设备，在博途软件中用 HMI 统称触摸屏。HMI 设备组态如图 3-25 所示，根据 HMI 和 PC、PLC 等在同一个 IP 频段的原则，可以设置 HMI 的 IP 地址为“192.168.0.2”。

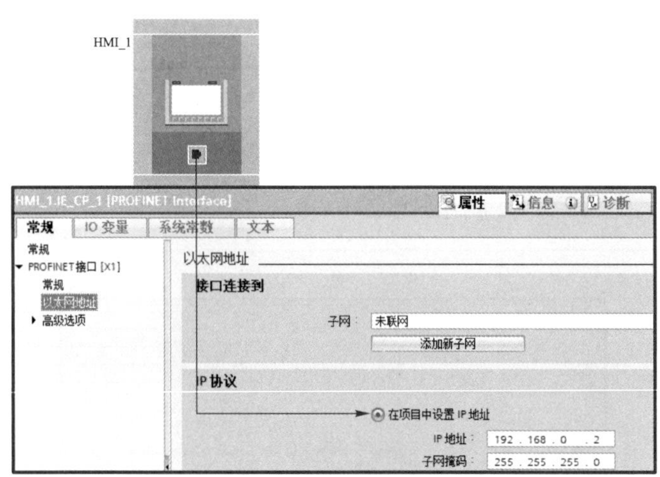

图 3-25　HMI 设备组态

2. HMI 通电并进行 PROFINET 设备的网络设置

HMI 通电之前要进行电气连接，如图 3-26 所示，包括 DC 24 V 的电源线、接地线和 PROFINET 通信线。

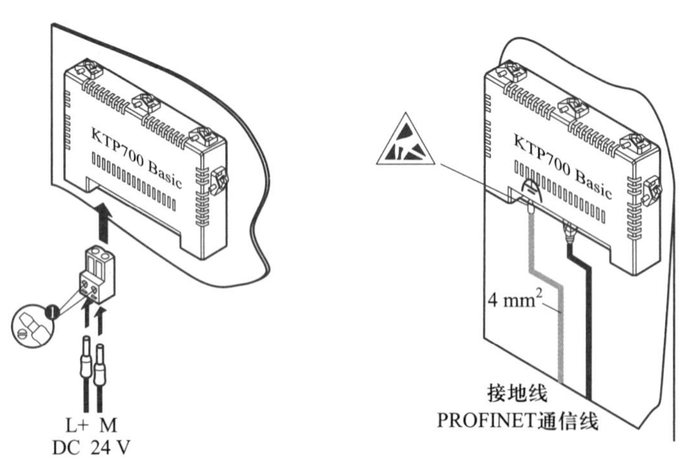

(a) 电源线　　(b) 接地线与PROFINET通信线安装

图 3-26　HMI 电气连接

将实体 HMI 通电之后，屏幕显示 Start Center，如图 3–27（a）所示，通过“Settings”按钮打开对 HMI 进行参数化的设置界面，如图 3–27（b）所示。Start Center 分为导航区和工作区。如果设备配置为横向模式，则导航区在屏幕左侧，工作区在屏幕右侧。如果设备配置为纵向模式，则导航区在屏幕上方，工作区在屏幕下方。

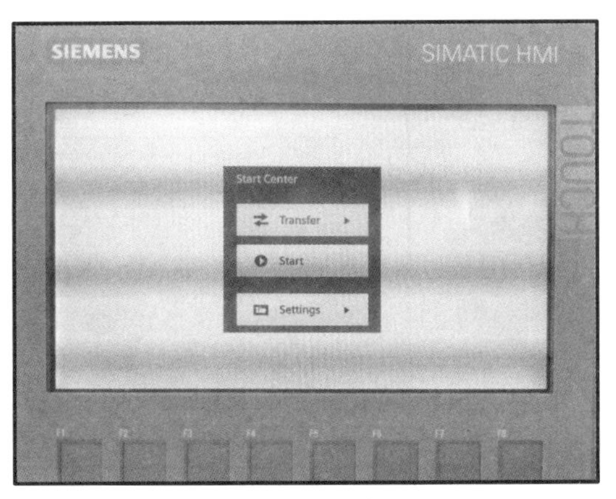

(a) HMI上电画面

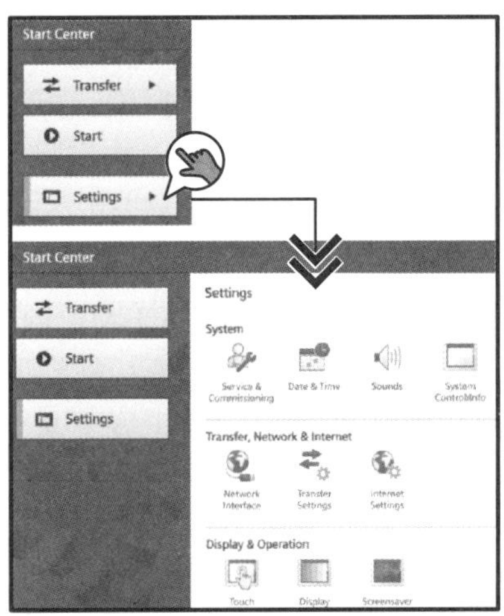

(b) Settings设置界面

图 3–27 HMI 上电画面和 Settings 设置界面

如果导航区或工作区内无法显示所有按键或符号，将出现滚动条。可以通过滑动手势滚动导航区或工作区，参见图 3–28 所示的图例。请在标记的区域内进行滚动操作，不用在滚动条上操作。

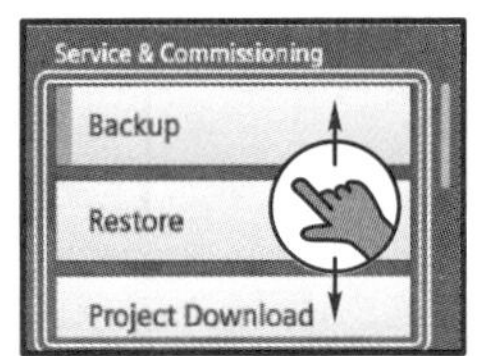

图 3–28 滑动手势滚动导航区或工作区

PROFINET 设备的网络设置如图 3–29 所示，相关序号解释如下：

① 触摸 Network Interface 图标。

② 在通过“DHCP”自动分配地址和特别指定地址之间进行选择。

③ 如果自动分配地址，通过屏幕键盘在输入框“IP address”（本任务中为 192.168.0.2，必须与博途组态的地址保持一致）和“Subnet mask”（本任务中为 255.255.255.0）中输入有效的值，有可能还需要填写“Default gateway”（本任务不需要填写）。

④ 在“Ethernet parameters”下的选择框“Mode and speed”中选择 PROFINET 网络的传输率和连接方式。有效数值为 10 Mbit/s 或 100 Mbit/s 和“HDX”（半双工）或“FDX”（全双工）。如果选择条目“Auto Negotiation”，将自动识别和设定 PROFINET 网络中的连接方式和传输率。

⑤ 如果激活开关“LLDP”，则本 HMI 与其他 HMI 交换信息。

⑥ 在“Profinet”下的“Device name”框中输入 HMI 设备的网络名称，这里可以默认设置。

3. 下载并调试

将实体 HMI 切换到 Transfer 画面，单击进入后进入等待传送画面，既可以采用 PROFINET 传送，也可以采用 USB 传送。本任务采用 PROFINET 传送，其中 PC 的 IP 地址为 192.168.0.100，与 HMI 的 IP 地址 192.168.0.2 处于同一个频段内，可以通过 ping 命令来进行测试是否连通。注意：在实际下载中，实体 HMI 会自动根据博途软件的下载命令自动切换到 Transfer 画面。

进入博途软件，右击 HMI_1，在弹出的菜单中选择“下载到设备→软件（全部下载）”，此时系统会弹出图 3-30 所示的“扩展下载到设备”窗口，同 PLC 下载一样，开始搜索目标设备，直至找到实际的 HMI 设备，即 IP 地址为 192.168.0.2 的 hmi_1，然后单击“下载”按钮。图 3-31 所示为触摸屏实际运行画面。

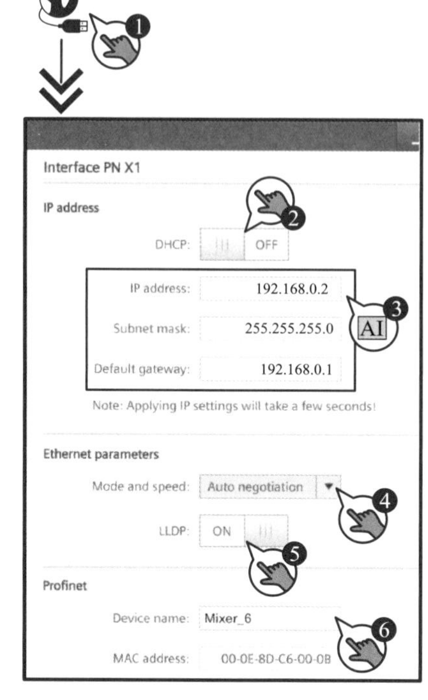

图 3-29　PROFINET 设备的网络设置

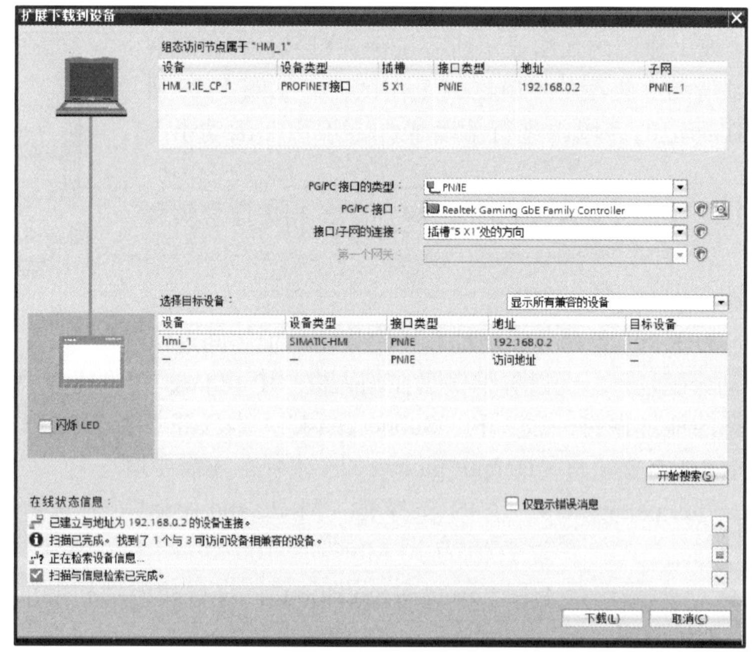

图 3-30　选择目标设备

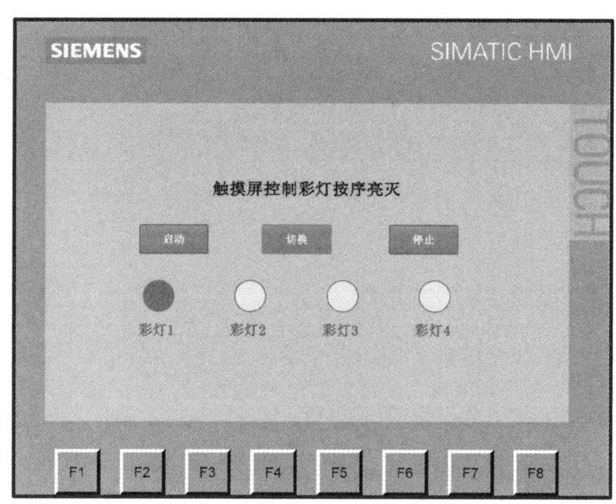

图 3-31　实际运行画面

技能考核

考核任务：

1. 正确完成触摸屏的电源接线，并用网线与 PLC 进行 PROFINET 连接，能实现触摸屏组态下载。

2. 能在触摸屏上组态画面，并通过对触摸屏按钮和指示灯定义完成彩灯控制任务。

评分标准：

按要求完成考核任务，其评分标准如表 3-4 所示。

表 3-4　评 分 标 准

<table>
<tr><td colspan="2">姓名：</td><td>任务编号：3.1</td><td colspan="3">综合评价：</td></tr>
<tr><td>序号</td><td>考核项目</td><td>考核内容及要求</td><td>配分</td><td>评分标准</td><td>得分</td></tr>
<tr><td>1</td><td>电工安全操作规范</td><td>着装规范，安全用电，走线规范合理，工具及仪器仪表使用规范，任务完成后整理场地并保持场地清洁有序</td><td>20</td><td rowspan="8">现场考评</td><td></td></tr>
<tr><td>2</td><td>实训态度</td><td>不迟到、不早退、不旷课，实训过程认真负责，组内人员主动沟通、协作，小组间互助</td><td>10</td><td></td></tr>
<tr><td rowspan="2">3</td><td rowspan="2">系统方案制订</td><td>PLC 与触摸屏的通信分析合理</td><td rowspan="2">10</td><td rowspan="2"></td></tr>
<tr><td>PLC、触摸屏的控制电路图正确</td></tr>
<tr><td rowspan="4">4</td><td rowspan="4">编程能力</td><td>通过博途软件正确添加 HMI 设备，并能下载到实体</td><td rowspan="4">25</td><td rowspan="4"></td></tr>
<tr><td>正确添加触摸屏画面和按钮</td></tr>
<tr><td>触摸屏与 PLC 之间通信连接正常</td></tr>
<tr><td>通过触摸屏按钮按要求实现彩灯亮灭</td></tr>
</table>

续表

序号	考核项目	考核内容及要求	配分	评分标准	得分
5	操作能力	根据电气接线示意图对 PLC 和触摸屏正确接线，线路美观且可靠	15	现场考评	
		触摸屏的参数设置正确			
		根据系统功能进行正确操作演示			
6	实践效果	系统工作可靠，满足工作要求	10		
		PLC 变量命名规范，触摸屏变量命名规范			
		按规定的时间完成任务			
7	汇报总结	工作总结，PPT 汇报	5		
		填写自我检查表及反馈表			
8	创新实践	在本任务中有另辟蹊径、独树一帜的实践内容	5		
合计			100		

注：综合评价可以采用教师评价、学生评价、组间评价和企业评价按一定比例计算后综合得出五级制成绩，即 90~100 分为优，80~89 分为良，70~79 分为中，60~69 分为及格，0~59 分为不及格。

任务 3.2　气动机械手搬运 PLC 仿真

任务描述

图 3-32 所示是某气动机械手搬运系统，物品放置于双杆气缸的正下方，通过吸盘吸取、双杆气缸上下运动和回转气缸 180° 旋转运动，将物品从搬运起始地搬运至以回转气缸轴为中心对称的搬运目的地。

任务要求如下：

（1）能实现搬运 10 次后，指示灯被点亮；按下复位按钮后，才可以进行下一个搬运流程。

（2）能正确完成 PLC 控制电路的电气接线，并完成气路图的安装。

（3）能使用步序控制编程方式实现复杂程序的编写并进行 PLC 仿真，再进行现场测试。

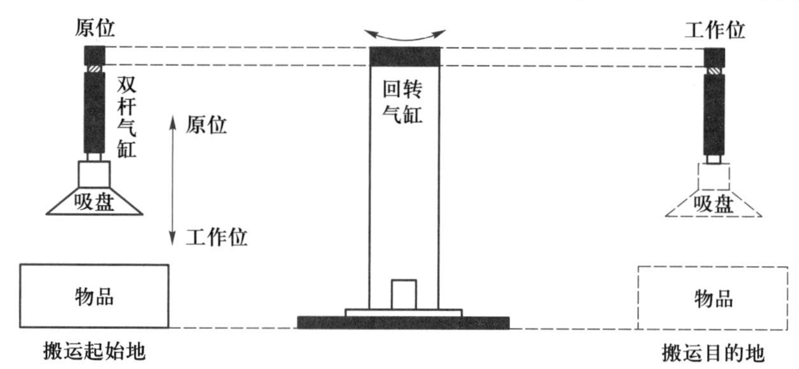

图 3-32　任务 3.2 控制示意图

知识准备 >>>

3.2.1　PLC 仿真概述

西门子的自动化仿真是在工程文件尚未正式投入前进行使用的，它可以分为 PLC 离线仿真、触摸屏离线仿真和 PLC 触摸屏联合仿真三种情况。其中，PLC 离线仿真还需要安装与 PLC 版本所对应的 PLCSIM 软件，其安装后的图标为。

一般情况下，离线仿真不会从 PLC 等外部真实设备中获取数据，只从本地地址读取数据，因此所有的数据都是静态的，但离线仿真方便了用户的直观预览效果而不必每次都下载程序到 PLC 或触摸屏，可以极大地提高编程效率。在调试时使用离线仿真，可以节省大量由于重复下载所花费的工程时间。

3.2.2　步序控制设计法

步序控制设计法是一种新颖的、按工艺流程图进行编程的图形化编程思路，在部分 PLC 中也是一种编程语言，在 PLC 应用领域中应用广泛。

步序控制编程的优点是：

（1）在程序中可以直观地看到设备的动作顺序，程序的规律性较强，容易读懂。

（2）在设备发生故障时能很容易地找出故障所在位置。

（3）不需要复杂的互锁电路，更容易设计和维护系统。

步序控制的标准结构是：状态或步 + 该步工序中的动作或命令 + 有向线段 + 转换和转换条件，如图 3-33 所示。

步序控制设计规则：从初始状态或步开始执行，当每步的转换条件成立，就由当前状态或步转为执行下一步，最后结束所有状态或步的运行。

图 3-34 所示是物块在输送带上移动的示意图。控制要求是物块在图示位置出发，输送带正转带动物件移动到右限位（物件碰到右限传感器或挡块），输送带改变运行方向，输送带反转带动物件到达左限位，停留在左限位置 3 s，3 s 后输送带正转，物件又再次向右移动，到达输送带中间停止传感器处停下。

使用步序控制法编程时会将这个控制要求分为几个工作状态（或步），从一个工作状态（或步）到另一个工作状态（或步）通过满足转换条件来实现转移，即按照图 3-35 所示的步序控制设计方法来实现控制要求。

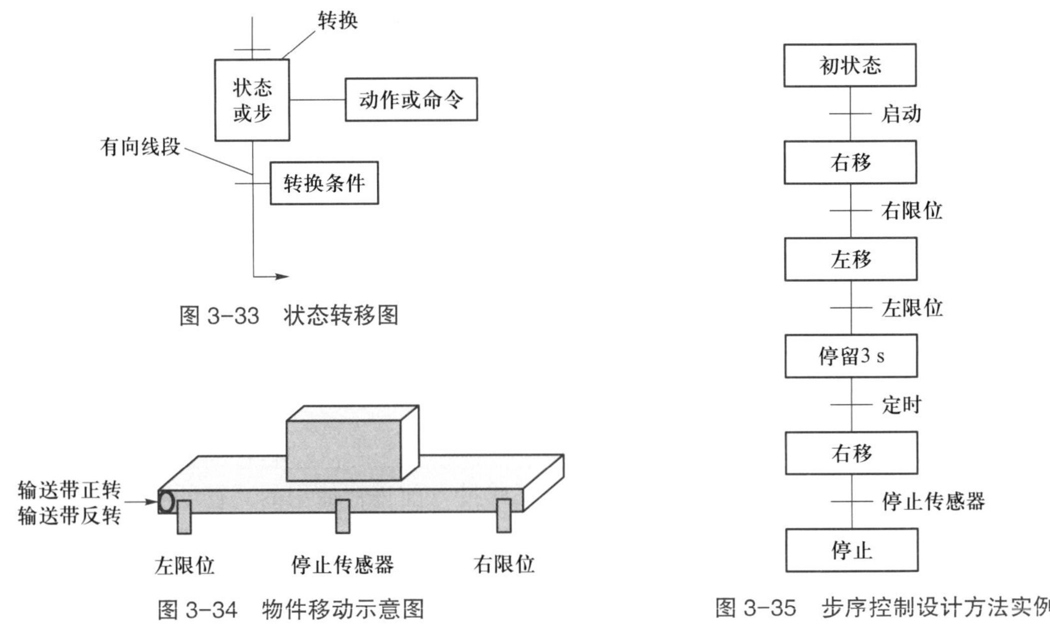

图 3-33　状态转移图

图 3-34　物件移动示意图

图 3-35　步序控制设计方法实例

任务实施 >>>

3.2.3　PLC I/O 分配和控制电路接线

从气动机械手的搬运工艺过程出发，确定 PLC 外接启动按钮、复位按钮两个输入，同时外接计数指示灯、双杆气缸原位控制、双杆气缸工作位控制、回转气缸原位控制、回转气缸工作位控制和吸盘控制六个输出。表 3-5 所示为气动机械手搬运 I/O 分配，PLC 选用西门子 CPU 1215C DC/DC/DC。

表 3-5　气动机械手搬运 I/O 分配表

	PLC 元件	元件符号 / 名称
输入	I0.1	SB1/ 启动按钮（NO）
	I0.2	SB2/ 复位按钮（NO）
输出	Q0.0	HL1/ 计数指示灯
	Q0.4	Y1/ 双杆气缸原位控制
	Q0.5	Y2/ 双杆气缸工作位控制
	Q0.6	Y3/ 回转气缸原位控制
	Q0.7	Y4/ 回转气缸工作位控制
	Q1.0	Y5/ 吸盘控制

图 3-36 所示为本任务 PLC 控制电路的电气原理图，电磁阀线圈均采用 DC 24 V 电源。

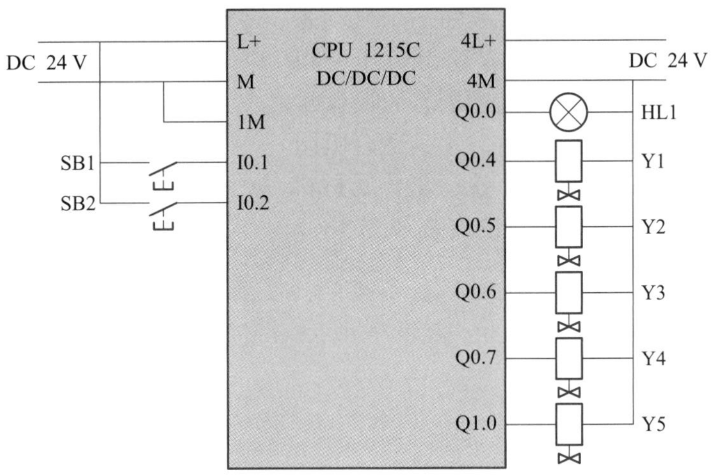

图 3-36　电气原理图

3.2.4　气路与气动元件安装

气路连接如图 3-37 所示。选择一定规格尺寸的气管，从气泵产生气源开始，经过空气过滤器（可调压），再经过开关后进入电磁阀底座，最后进入气缸。

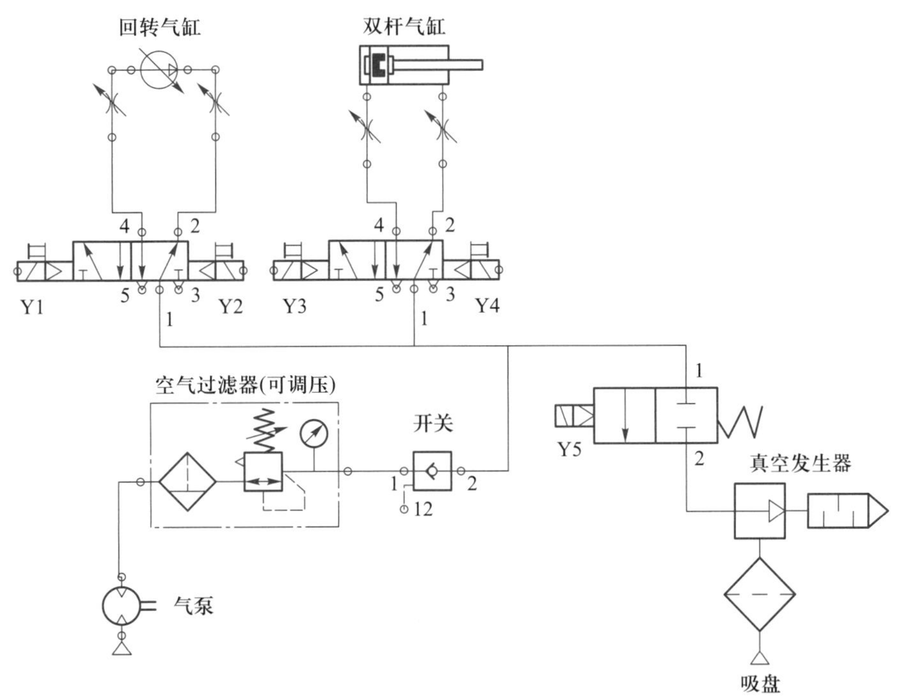

图 3-37　气路连接

真空发生器是利用正压气源产生负压的一种新型、高效、清洁、经济、小型的真空元器件，使得在有压缩空气的地方，或在一个气动系统中同时需要正压、负压的地方获得负压变得容易、便捷。真空发生器的传统用途是吸盘配合，进行各种物料的吸附、搬运，尤其适合吸附易碎、柔软的物品，以及薄的非铁、非金属材料或球形物体。本任务中真空吸盘的安装如图 3-38 所示。

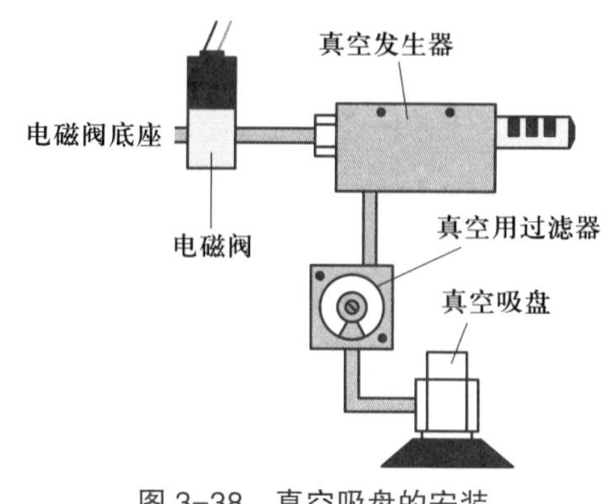

图 3-38　真空吸盘的安装

3.2.5　PLC 梯形图编程

1. 编程思路

本任务步序控制流程图如图 3-39 所示。

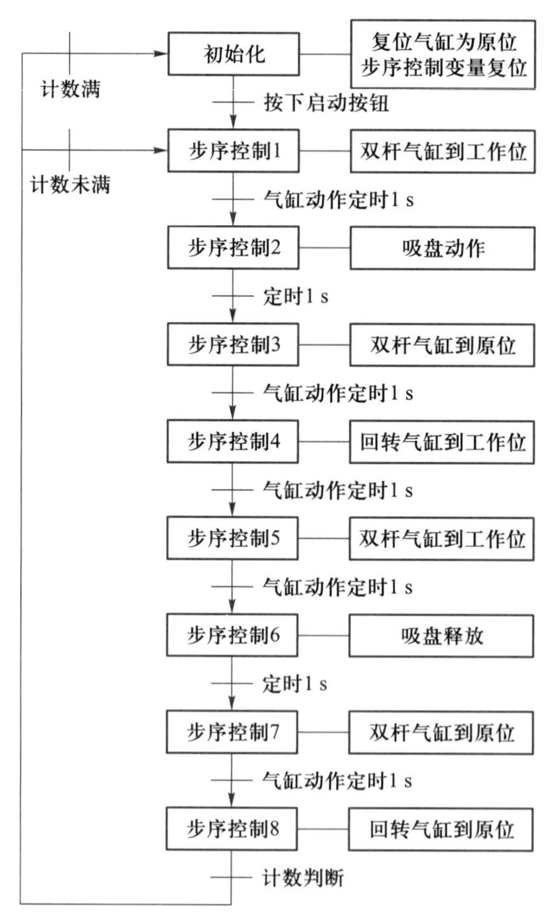

图 3-39　步序控制流程图

2. 具体编程

图 3-40 所示为本任务变量定义说明。

名称	变量表	数据类型	地址
启动按钮	默认变量表	Bool	%I0.1
复位按钮	默认变量表	Bool	%I0.2
计数指示灯	默认变量表	Bool	%Q0.0
双杆气缸原位控制	默认变量表	Bool	%Q0.4
双杆气缸工作位控制	默认变量表	Bool	%Q0.5
回转气缸原位控制	默认变量表	Bool	%Q0.6
回转气缸工作位控制	默认变量表	Bool	%Q0.7
吸盘控制	默认变量表	Bool	%Q1.0

(a) 输入/输出变量定义

名称	变量表	数据类型	地址
初始化状态	默认变量表	Bool	%M10.0
步序控制1	默认变量表	Bool	%M10.1
步序控制2	默认变量表	Bool	%M10.2
步序控制3	默认变量表	Bool	%M10.3
步序控制4	默认变量表	Bool	%M10.4
步序控制5	默认变量表	Bool	%M10.5
步序控制6	默认变量表	Bool	%M10.6
步序控制7	默认变量表	Bool	%M10.7
步序控制8	默认变量表	Bool	%M11.0
步序控制结束	默认变量表	Bool	%M11.1
步序结束标志	默认变量表	Bool	%M11.2

(b) 中间变量定义说明

图 3-40　变量定义说明

图 3-41 所示为梯形图程序，该程序按图 3-39 所示的步序控制流程图进行编写。

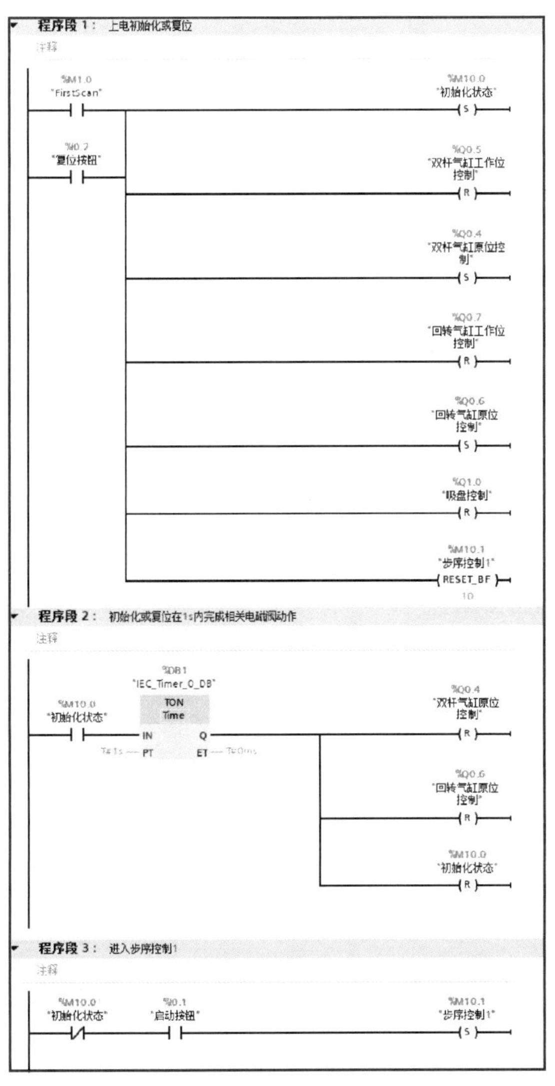

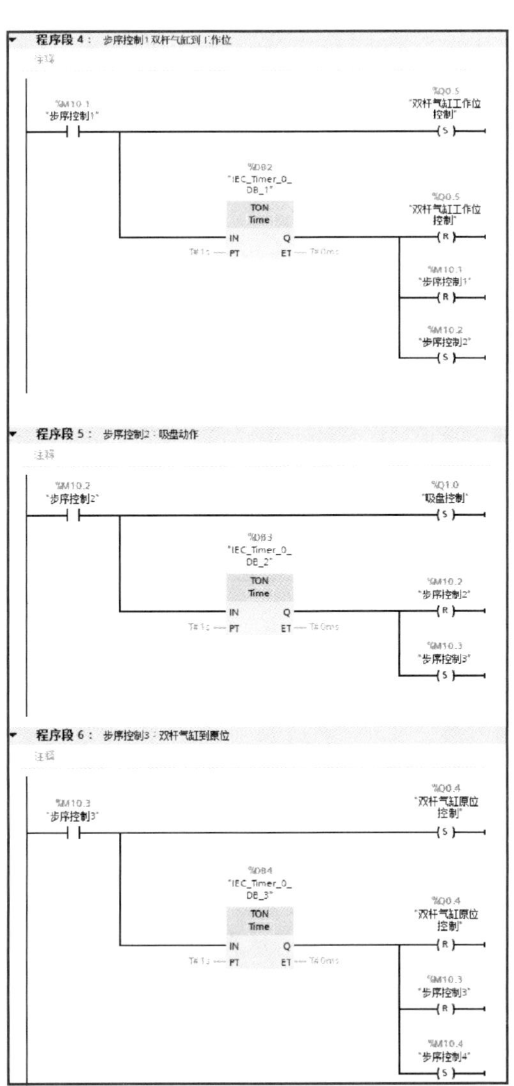

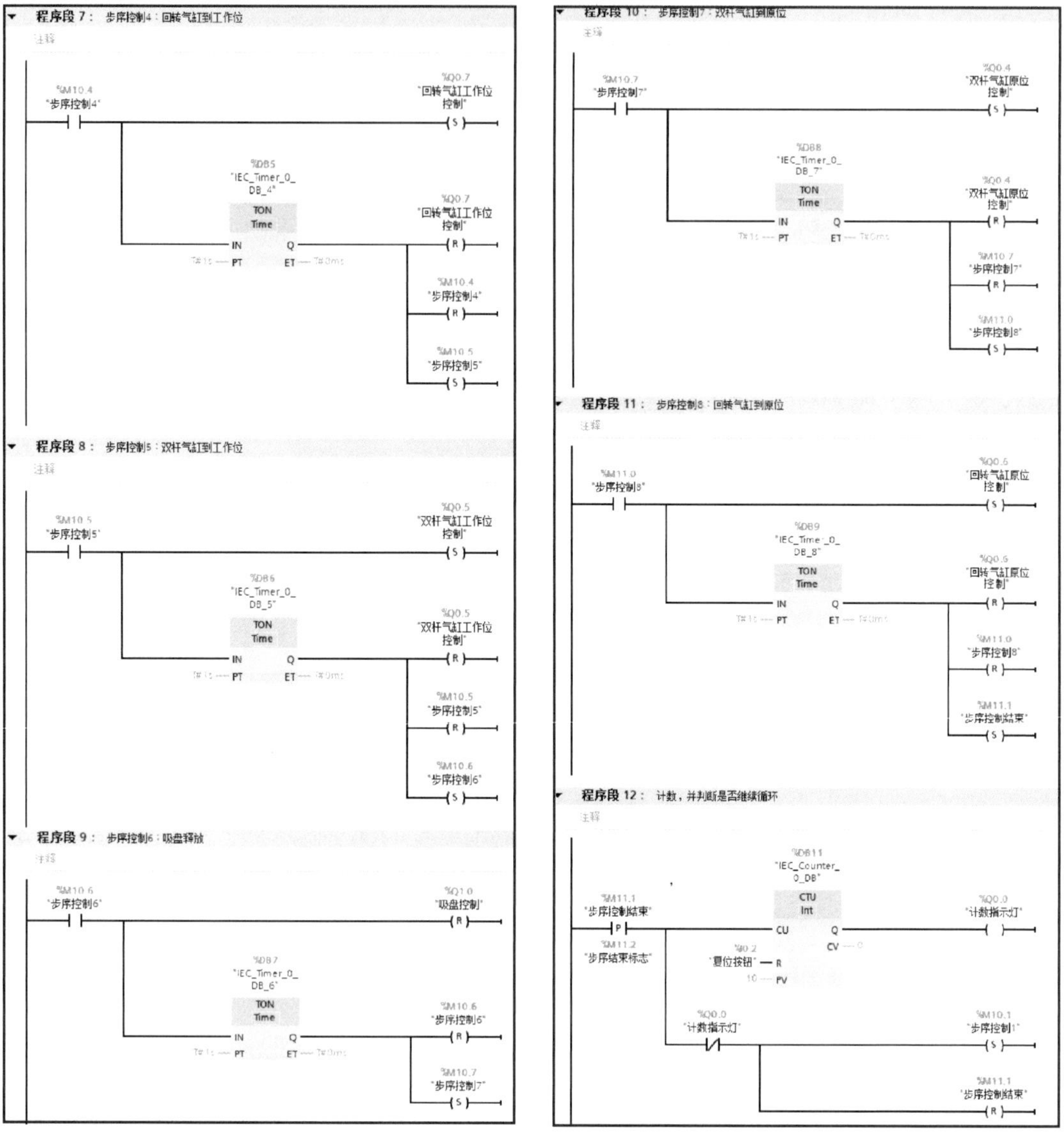

图 3-41 梯形图程序

3.2.6 PLC 离线仿真

选择 PLC 后，直接在菜单栏单击仿真启动按钮 。然后，与实际 PLC 下载一样，在图 3-42 所示的“扩展下载到设备”对话框中，选择接口 / 子网的连接，确认目标设备（CPUcommon），完成后为如图 3-43 所示的仿真器精简视图，包括项目 PLC 名称、运行灯、按钮和 IP 地址。

通过图 3-43 所示视图中的切换按钮可以切换仿真器的精简视图和项目视图，这里选择项目视图后单击“项目→新建”命令，创建新项目（图 3-44），仿真项目的扩展名为“.sim16”（版本为 V16）。

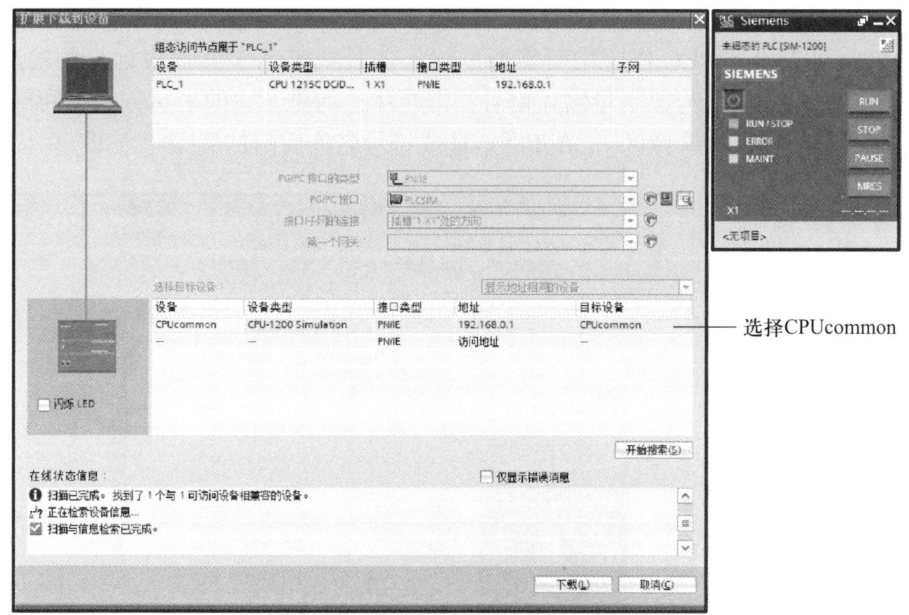

图 3-42　仿真情况下扩展的下载到设备

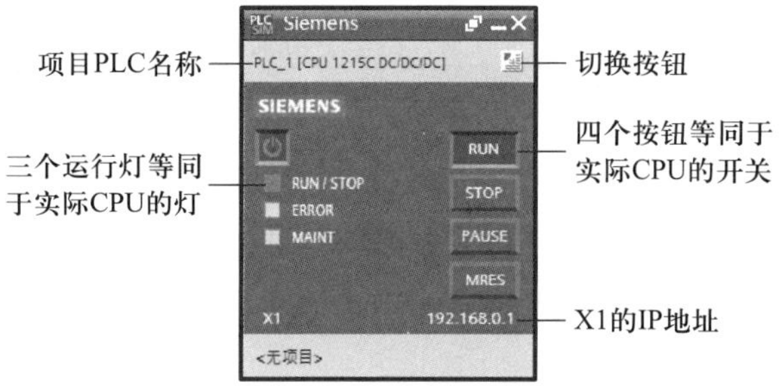

图 3-43　仿真器精简视图

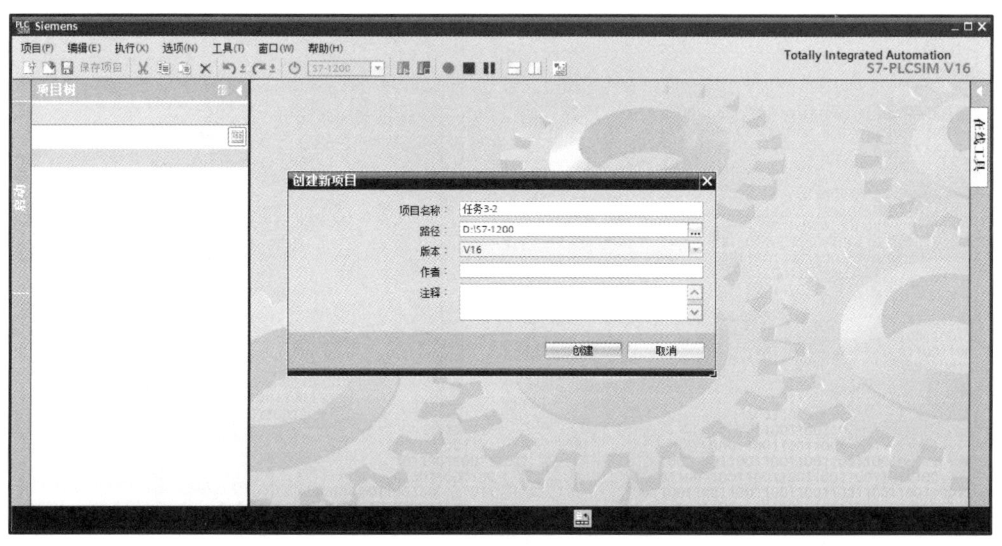

图 3-44　PLC 仿真项目视图

如图 3-45 所示，在 PLCSIM 项目中，可以读出“设备组态”。在设备组态中，单击相应模块，就可以操作 PLC 程序中所需要的输入信号或显示实际程序运行的输出信号，如本任务中“启停按钮”为数字量输入信号。需要注意的是，它的表达方式为硬件直接访问模块（而不是使用过程映像区），在 I/O 地址或符号名称后附加后缀“：P”。

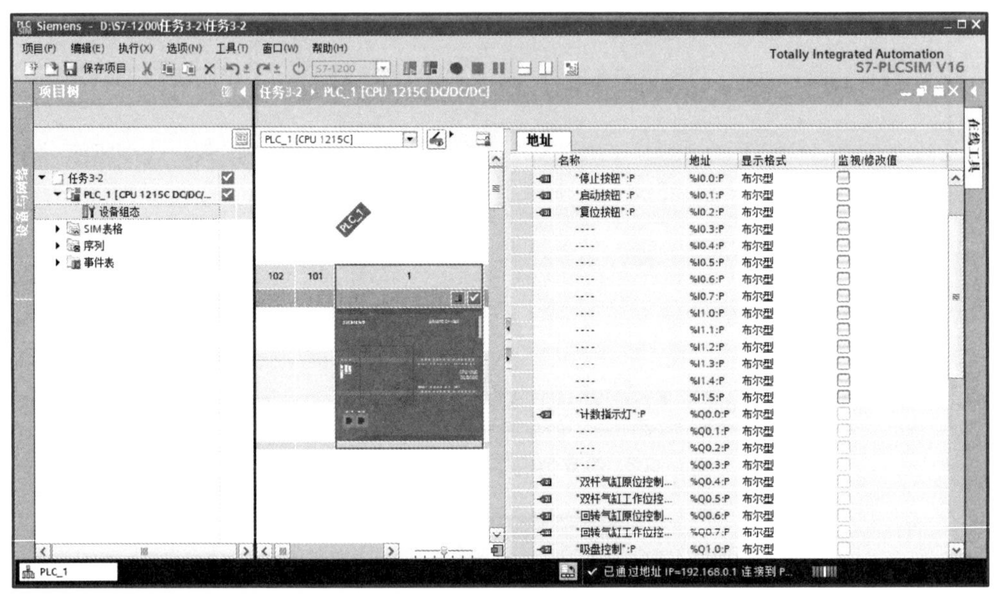

图 3-45　设备组态

为了演示方便，将博途软件窗口和 PLCSIM 软件窗口合理排布，如图 3-46 所示，单击程序编辑窗口的就可以看到数据实时变化情况，当按下“启停按钮”后，就可以非常清晰地看到 MW12 的数据截图。

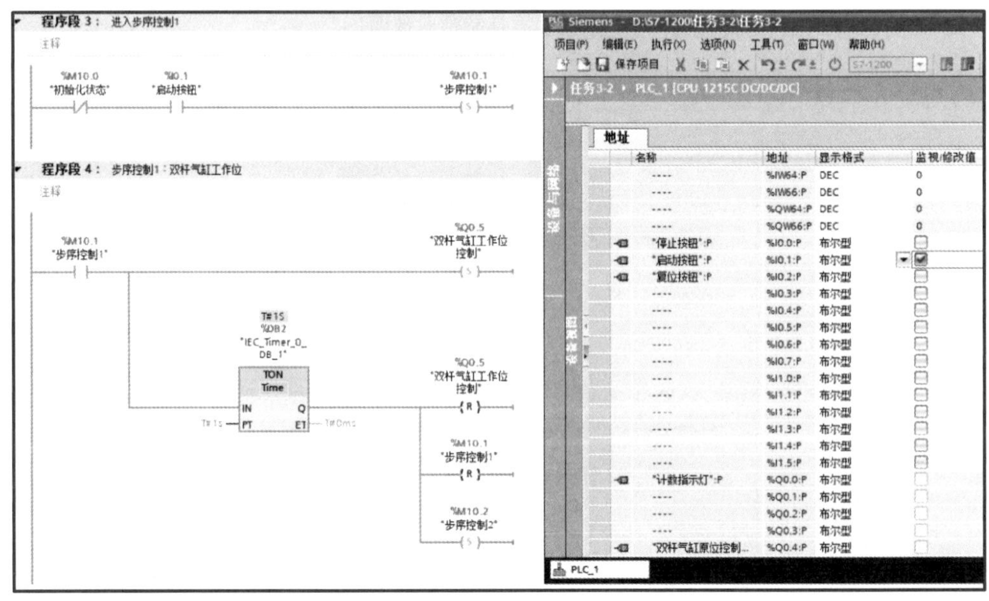

图 3-46　仿真操作启动按钮

与 PLC 站点中的监视表功能类似，PLCSIM 软件中的 SIM 表格可用于修改仿真输入并能设置仿真输出。一个仿真项目可包含一个或多个 SIM 表格。双击打开 SIM 表格，在表格中输入需要监控的变量，在“名称”列可以查询变量的名称，除优化的数据块之外，也可以在“地址”栏直接输入变量的绝对地址，如图 3-47 所示。

图 3-47　SIM 表格

在“监视 / 修改值”栏中显示变量当前的过程值，也可以直接输入修改值，再按 Enter 键确认修改。如果监控的是字节类型变量，可以展开以位信号格式进行显示，单击对应位信号的方格进行置位、复位操作。在“一致修改”栏中可以为多个变量输入需要修改的值，并单击后面的方格使能。然后，单击 SIM 表格工具栏中的“修改所有选定值”按钮，批量修改这些变量，这样可以更好地对过程进行仿真。

技能考核 >>>

考核任务：

1. 能正确完成 PLC 控制电路的电气接线，并完成气路图的安装。

2. 能使用步序控制编程方式完成气动机械手搬运任务，并使用 PLCSIM 软件进行仿真。

3. 通过仿真验证后进行实际操作。

评分标准：

按要求完成考核任务，其评分标准如表 3-6 所示。

表 3-6　评 分 标 准

姓名：		任务编号：3.2	综合评价：		
序号	考核项目	考核内容及要求	配分	评分标准	得分
1	电工安全操作规范	着装规范，安全用电，走线规范合理，工具及仪器仪表使用规范，任务完成后整理场地并保持场地清洁有序	20	现场考评	
2	实训态度	不迟到、不早退、不旷课，实训过程认真负责，组内人员主动沟通、协作，小组间互助	10		
3	系统方案制订	PLC 与触摸屏控制对象说明与分析合理	10		
		使用仿真软件进行仿真测试的思路正确			
4	编程能力	能使用 PLCSIM 软件对 PLC 程序进行输入 / 输出测试	25		
		能使用 PLCSIM 软件创建 SIM 表格进行批量数据监控			
		能进行 PLC 和触摸屏的联合仿真实现任务要求			
5	操作能力	根据 PLC 程序进行 PLC 仿真	15		
		根据 PLC 程序和触摸屏组态进行联合仿真			
		根据系统仿真测试实施工程验证			
6	实践效果	系统工作可靠，满足工作要求	10		
		PLC、触摸屏变量命名规范			
		按规定的时间完成任务			
7	汇报总结	工作总结，PPT 汇报	5		
		填写自我检查表及反馈表			
8	创新实践	在本任务中有另辟蹊径、独树一帜的实践内容	5		
合计			100		

注：综合评价可以采用教师评价、学生评价、组间评价和企业评价按一定比例计算后综合得出五级制成绩，即 90~100 分为优，80~89 分为良，70~79 分为中，60~69 分为及格，0~59 分为不及格。

任务 3.3　物料输送系统的联合仿真

任务描述 >>>

图 3-48 所示是某物料输送系统，物料被推出气缸推出到 1 号位后，经 A 产线电动机运行到 2 号位，然后经过双杆气缸、吸盘和回转气缸的动作被转送到 3 号位，再经 B 产

线电动机输送到目的地。

任务要求如下：

（1）实现物料在 3 号位进行计数，当计满 N（可以在触摸屏上进行设置）个时，自动停机。

（2）实现物料输送过程中的步序控制。

（3）实现触摸屏物料输送过程中的流畅动画、气缸动作的流畅动画，采用 FC 完成动画仿真数据的计算。

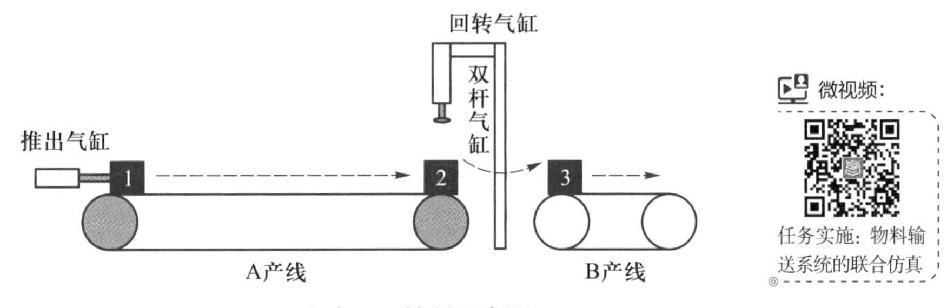

图 3-48　任务 3.3 控制示意图

知识准备 ≫≫

3.3.1　触摸屏周期设定

触摸屏中的周期用于控制运行系统中定期发生的操作。在运行系统中，定期执行的操作由周期控制。一般应用的周期包括采集周期和记录周期。

1. 采集周期

采集周期决定触摸屏设备何时从 PLC 读取外部变量的过程值。对采集周期进行设置，使其适合过程值的改变速率，例如，烤炉的温度变化明显比电气驱动的速度慢。不要将所有采集周期都设置得很小，因为这将会不必要地增加信号传输过程的通信传输负荷。

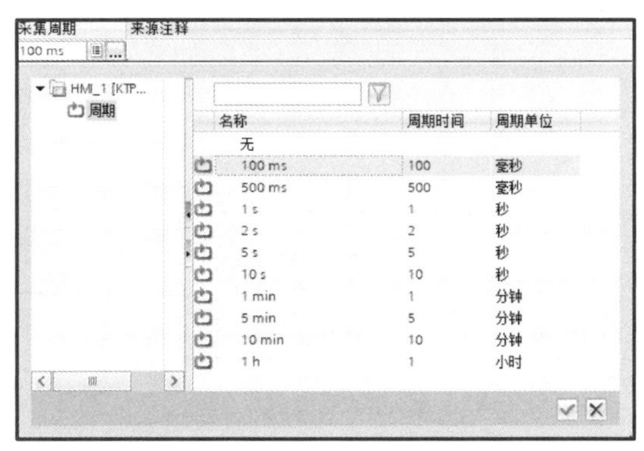

图 3-49　触摸屏变量采集周期选择

在博途软件中，触摸屏变量的采集周期是可以进行选择的，如图 3-49 所示，可以选择 100 ms、500 ms、1 s、2 s、5 s、10 s、1 min、5 min、10 min 和 1 h 等，用户可以根据实际情况进行调整。对于动画等需要选择最小采集周期 100 ms。

2. 记录周期

记录周期决定何时将过程值保存在记录数据库中。记录周期始终是采集周期的整数倍，周期的最小可能值取决于项目所使用的触摸屏设备。对于大多数触摸屏来说，该值为 100 ms，所有其他周期的数值始终为该最小可能值的整数倍。

3.3.2　触摸屏动画

触摸屏上的动画可以分为以下几种方式。

1. 可见和不可见

在同一个区域重叠放置两个或以上的图片，利用人眼的视觉暂留特性，在一定的周期内进行图片替换（即任一时刻只有一张图片可见，其余图片不可见），就会产生类似“电影帧”的效应。图 3-50 所示为多幅的时钟动画示意图。如果周期设置较长，那就是一般的图片或文字切换。

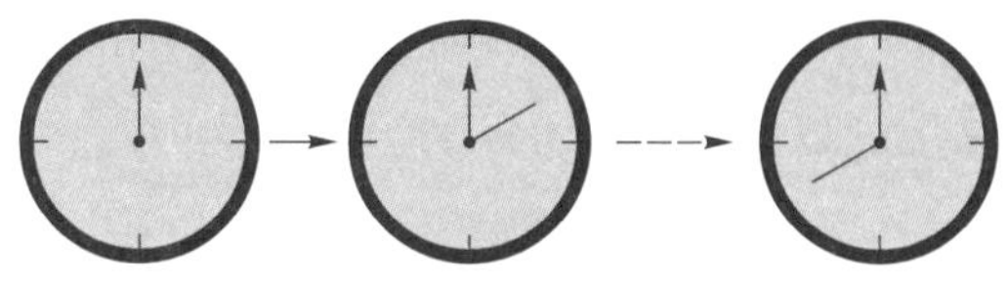

图 3-50　时钟动画示意图

2. 移动

移动是反映物品运动轨迹最直接的方式，如图 3-51 所示，在博途软件中可以采用直接移动、对角线移动、水平移动和垂直移动。图 3-52 所示是输送带运送物品的动画示意图，包括从起始位置水平移动到中间位置，然后运送到最终位置。

3. 棒图

棒图含有刻度指示，可以直接反应某个物理量的大小变化，也是动画的一种。比如水位高低动画，如图 3-53 所示。

移动

直接移动	根据变量移动对象
对角线移动	沿对角线移动对象
水平移动	水平移动对象
垂直移动	垂直移动对象

图 3-51　移动动画设置

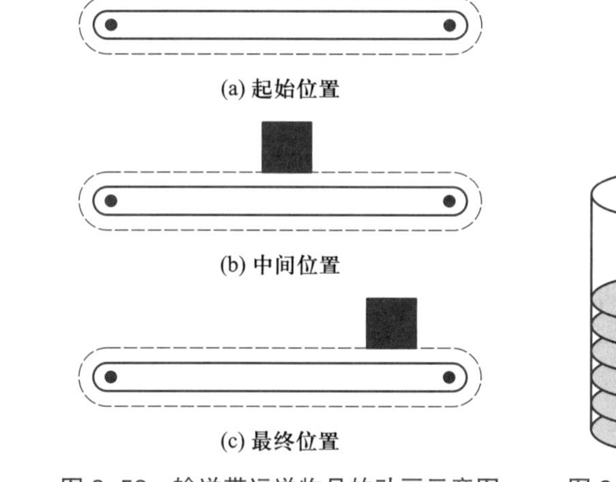

图 3-52　输送带运送物品的动画示意图

5
4
3
2
1

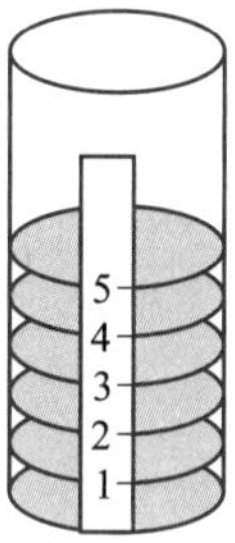

图 3-53　棒图

任务实施 >>>

3.3.3　物料输送系统电气系统设计

从物料输送系统的工艺过程出发，确定采用 PLC 和触摸屏，至于 A 产线和 B 产线的电动机可以自由选择直接传动或由变频器驱动。PLC 外接计数完成指示灯、电磁阀

Y1～Y7、电动机控制 KA1 和 KA2，同时通过 PROFINET 与 KTP700 触摸屏相连。表 3-7 所示是物料输送系统的 I/O 分配。

表 3-7　物料输送系统的 I/O 分配表

	PLC 软元件	元件符号 / 名称
输出	Q0.0	HL1/ 计数完成指示灯
	Q0.1	Y1/ 推出气缸原位控制
	Q0.2	Y2/ 推出气缸工作位控制
	Q0.3	Y3/ 吸盘控制
	Q0.4	Y4/ 双杆气缸原位控制
	Q0.5	Y5/ 双杆气缸工作位控制
	Q0.6	Y6/ 回转气缸原位控制
	Q0.7	Y7/ 回转气缸工作位控制
	Q1.0	KA1/A 产线电动机控制
	Q1.1	KA2/B 产线电动机控制

图 3-54 所示为物料输送系统的电气原理图，包括 I/O 连接、PLC 与触摸屏的 PROFINET 连接。气路图设计参考任务 3.2。

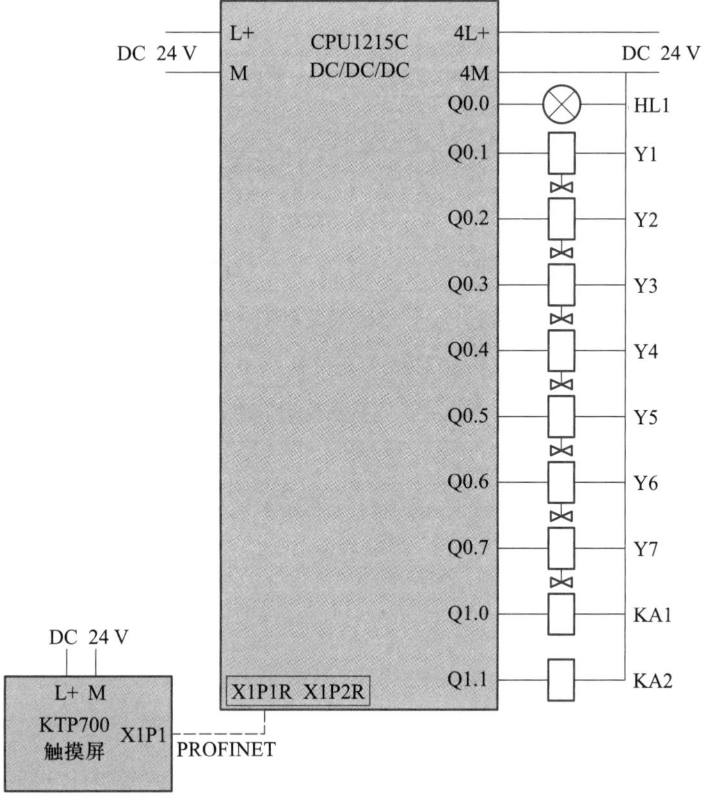

图 3-54　电气原理图

3.3.4　物料输送系统 PLC 编程

1. 步序控制设计

如图 3-55 所示为物料输送系统步序控制示意图。

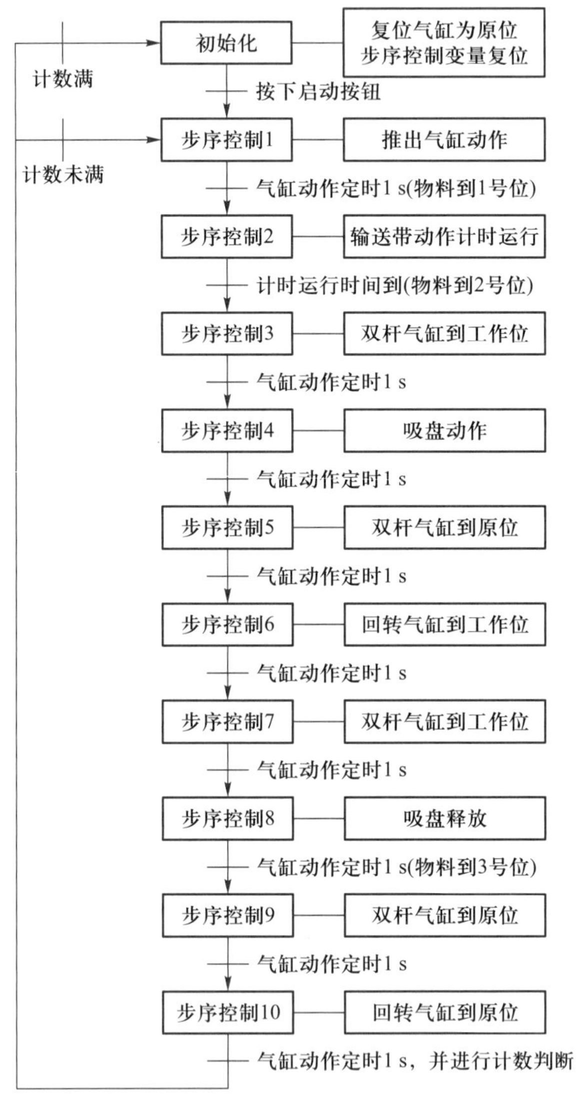

图 3-55　物料输送系统步序控制示意图

2. 计时器数据块和变量定义

图 3-56 所示是本任务编程用到的公用数据块 DB1，包括 T0~T12 和 C0，定义数据类型为 IEC_TIMER 和 IEC_COUNTER。

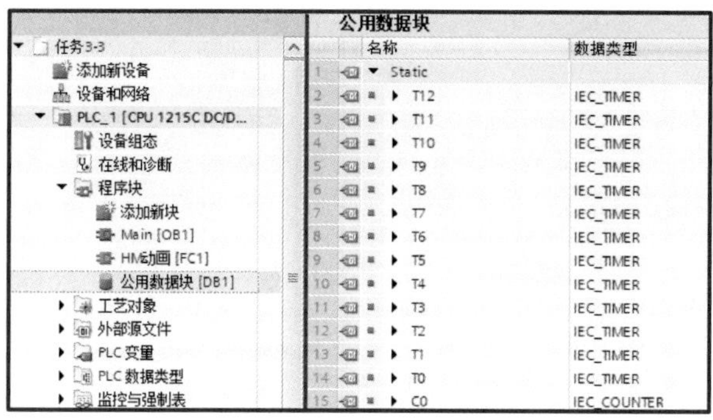

图 3-56　公用数据块 DB1

图 3-57 所示为输出变量和中间变量定义，其中 MW12 为步序控制字。与之前步序控制不一样的是，此处不再使用位变量，而采用了字变量，这样可以避免使用大量的 R、S 语句，减少大量程序，而且看起来非常整洁，步序控制字的增加只需 INC 指令就可以实现。

名称	变量表	数据类型	地址 ▲
计数完成指示灯	默认变量表	Bool	%Q0.0
推出气缸原位控制	默认变量表	Bool	%Q0.1
推出气缸工作位控制	默认变量表	Bool	%Q0.2
吸盘控制	默认变量表	Bool	%Q0.3
双杆气缸原位控制	默认变量表	Bool	%Q0.4
双杆气缸工作位控制	默认变量表	Bool	%Q0.5
回转气缸原位控制	默认变量表	Bool	%Q0.6
回转气缸工作位控制	默认变量表	Bool	%Q0.7
A产线电动机	默认变量表	Bool	%Q1.0
B产线电动机	默认变量表	Bool	%Q1.1

(a) 输出变量

名称	变量表	数据类型	地址
初始化计时变量	默认变量表	Bool	%M10.0
HMI启动按钮	默认变量表	Bool	%M10.1
HMI停止按钮	默认变量表	Bool	%M10.2
HMI复位按钮	默认变量表	Bool	%M10.3
B产线运行	默认变量表	Bool	%M10.4
A产线运行	默认变量表	Bool	%M10.5
B产线运输物料	默认变量表	Bool	%M10.6
上升沿变量1	默认变量表	Bool	%M10.7
步序控制字	默认变量表	Int	%MW12
计数设定	默认变量表	Int	%MW14
气缸推出时间	默认变量表	Time	%MD100
A产线运行时间	默认变量表	Time	%MD104
动画数据1	默认变量表	DWord	%MD108
双杆气缸时间1	默认变量表	Time	%MD112
双杆气缸时间2	默认变量表	Time	%MD116
动画数据2	默认变量表	Time	%MD120
双杆气缸时间3	默认变量表	Time	%MD124
双杆气缸时间4	默认变量表	Time	%MD128
动画数据3	默认变量表	Time	%MD132
B产线运行时间	默认变量表	Time	%MD136
动画数据4	默认变量表	DInt	%MD140
完成次数	默认变量表	DWord	%MD144

(b) 中间变量

图 3-57　输出变量和中间变量

3. PLC 编程

PLC 的梯形图程序如图 3-58 所示。程序解释如下：

程序段 1：上电初始化，将计数设定为 10。

程序段 2：上电初始化或停止按钮动作时，复位相关电磁阀和步序控制字。

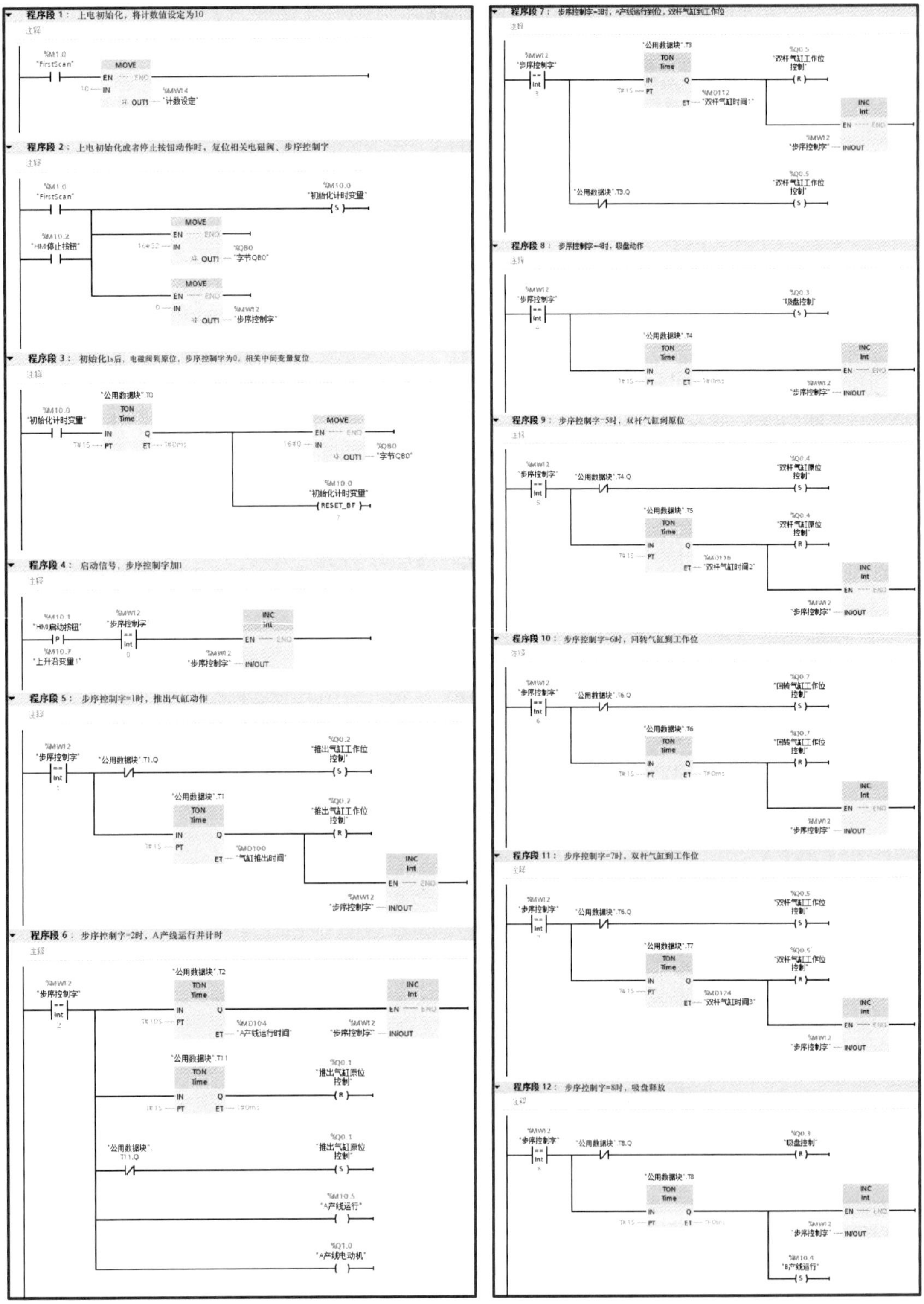

程序段 1： 上电初始化，将计数值设定为10

注释

%M1.0 "FirstScan"　MOVE　EN　ENO　10 — IN　OUT1 — %MW14 "计数设定"

程序段 2： 上电初始化或者停止按钮动作时，复位相关电磁阀、步序控制字

注释

%M1.0 "FirstScan"　%M10.2 "HMI停止按钮"　%M10.0 "初始化计时变量" (S)　MOVE　16#32 — IN　OUT1 — %QB0 "字节QB0"　MOVE　0 — IN　OUT1 — %MW12 "步序控制字"

程序段 3： 初始化1s后，电磁阀到原位，步序控制字为0，相关中间变量复位

注释

%M10.0 "初始化计时变量"　"公用数据块".T0　TON Time　T#1S — PT　ET — T#0ms　MOVE　16#0 — IN　OUT1 — %QB0 "字节QB0"　%M10.0 "初始化计时变量" RESET_BF 7

程序段 4： 启动信号，步序控制字加1

注释

%M10.1 "HMI启动按钮" P %M10.7 "上升沿变量1"　%MW12 "步序控制字" == Int 0　INC Int　%MW12 "步序控制字" — IN/OUT

程序段 5： 步序控制字=1时，推出气缸动作

注释

%MW12 "步序控制字" == Int 1　"公用数据块".T1.Q　%Q0.2 "推出气缸工作位控制" (S)　"公用数据块".T1　TON Time　T#1S — PT　ET — %MD100 "气缸推出时间"　%Q0.2 "推出气缸工作位控制" (R)　INC Int　%MW12 "步序控制字" — IN/OUT

程序段 6： 步序控制字=2时，A产线运行并计时

注释

%MW12 "步序控制字" == Int 2　"公用数据块".T2　TON Time　T#10S — PT　ET — %MD104 "A产线运行时间"　INC Int　%MW12 "步序控制字" — IN/OUT　"公用数据块".T11　TON Time　T#1S — PT　ET — T#0ms　%Q0.1 "推出气缸原位控制" (R)　"公用数据块".T11.Q　%Q0.1 "推出气缸原位控制" (S)　%M10.5 "A产线运行" ( )　%Q1.0 "A产线电动机" ( )

程序段 7： 步序控制字=3时，A产线运行到位，双杆气缸到工作位

注释

%MW12 "步序控制字" == Int 3　"公用数据块".T3　TON Time　T#1S — PT　ET — %MD112 "双杆气缸时间1"　%Q0.5 "双杆气缸工作位控制" (R)　INC Int　%MW12 "步序控制字" — IN/OUT　"公用数据块".T3.Q　%Q0.5 "双杆气缸工作位控制" (S)

程序段 8： 步序控制字=4时，吸盘动作

注释

%MW12 "步序控制字" == Int 4　%Q0.3 "吸盘控制" (S)　"公用数据块".T4　TON Time　T#1S — PT　ET — T#0ms　INC Int　%MW12 "步序控制字" — IN/OUT

程序段 9： 步序控制字=5时，双杆气缸到原位

注释

%MW12 "步序控制字" == Int 5　"公用数据块".T4.Q　%Q0.4 "双杆气缸原位控制" (S)　"公用数据块".T5　TON Time　T#1S — PT　ET — %MD116 "双杆气缸时间2"　%Q0.4 "双杆气缸原位控制" (R)　INC Int　%MW12 "步序控制字" — IN/OUT

程序段 10： 步序控制字=6时，回转气缸到工作位

注释

%MW12 "步序控制字" == Int 6　"公用数据块".T6.Q　%Q0.7 "回转气缸工作位控制" (S)　"公用数据块".T6　TON Time　T#1S — PT　ET — T#0ms　%Q0.7 "回转气缸工作位控制" (R)　INC Int　%MW12 "步序控制字" — IN/OUT

程序段 11： 步序控制字=7时，双杆气缸到工作位

注释

%MW12 "步序控制字" == Int 7　"公用数据块".T6.Q　%Q0.5 "双杆气缸工作位控制" (S)　"公用数据块".T7　TON Time　T#1S — PT　ET — %MD124 "双杆气缸时间3"　%Q0.5 "双杆气缸工作位控制" (R)　INC Int　%MW12 "步序控制字" — IN/OUT

程序段 12： 步序控制字=8时，吸盘释放

注释

%MW12 "步序控制字" == Int 8　"公用数据块".T8.Q　%Q0.3 "吸盘控制" (R)　"公用数据块".T8　TON Time　T#1S — PT　ET — T#0ms　INC Int　%MW12 "步序控制字" — IN/OUT　%M10.4 "B产线运行" (S)

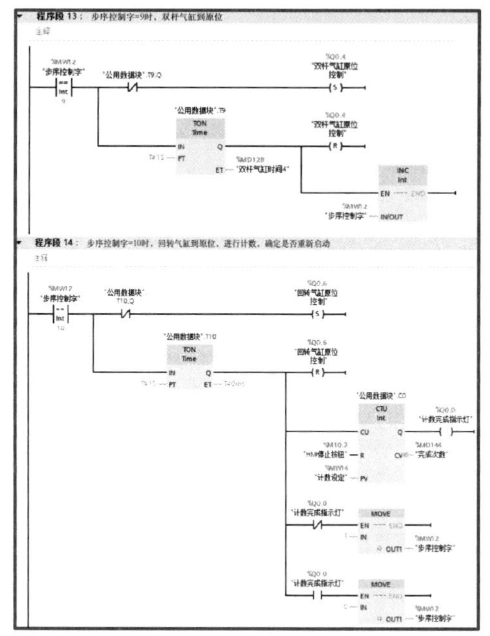

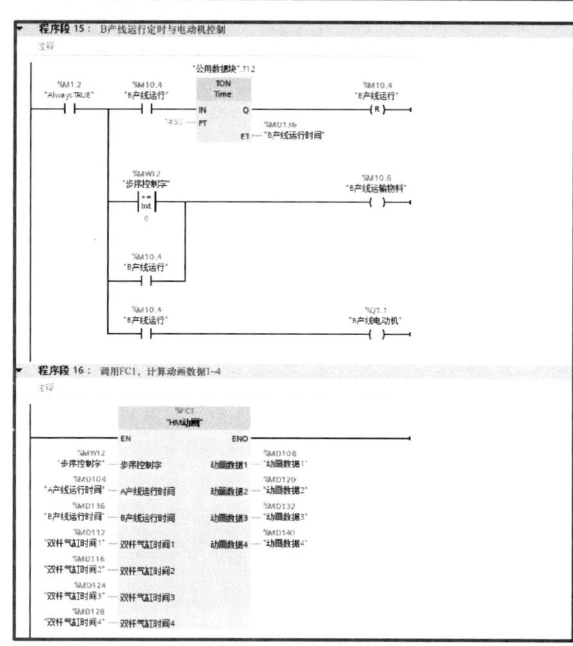

图 3-58　OB1 梯形图程序

程序段 3：初始化 1 s 后，电磁阀到原位，步序控制字为 0，相关中间变量复位。

程序段 4：启动信号，步序控制字加 1，即 MW12 = 1（用 INC 指令）。

程序段 5：步序控制字 = 1 时，推出气缸动作，计时 1 s 后，步序控制字加 1，即 MW12 = 2。

程序段 6：步序控制字 = 2 时，A 产线运行并计时（设定 10 s，用户可以根据实际情况设定），推出气缸回到原位，计时 10 s 后，步序控制字加 1，即 MW12 = 3。

程序段 7~14：步序控制字 = 3~9 时，根据步序控制示意图进行编程，每次计时 1 s 后，步序控制字加 1，直至 MW12 = 10。步序控制字 = 10 时，回转气缸到原位，物料计数进行判断。如果仍未到达计数设定值，则返回 MW12 = 1。如果达到，则将 MW12 清零。

程序段 15：B 产线运行定时与电动机控制。

程序段 16：调用 FC1 实现 HMI 动画数据计算。其中 FC1 的输入 / 输出参数定义和梯形图程序如图 3-59 和图 3-60 所示。其中 A 产线和 B 产线电动机的物料移动以定时器时间除以 100 为动画数据，即动画数据 1 和 4；双杠气缸的动画数据 2 和 3 则根据步序控制字的不同而改变（上行、保持和下降共 3 段）。

名称	数据类型
▼ Input	
步序控制字	Int
A产线运行时间	DInt
B产线运行时间	DInt
双杆气缸时间1	DInt
双杆气缸时间2	DInt
双杆气缸时间3	DInt
双杆气缸时间4	DInt
▼ Output	
动画数据1	DInt
动画数据2	DInt
动画数据3	DInt
动画数据4	DInt

图 3-59　FC1 的输入 / 输出参数定义

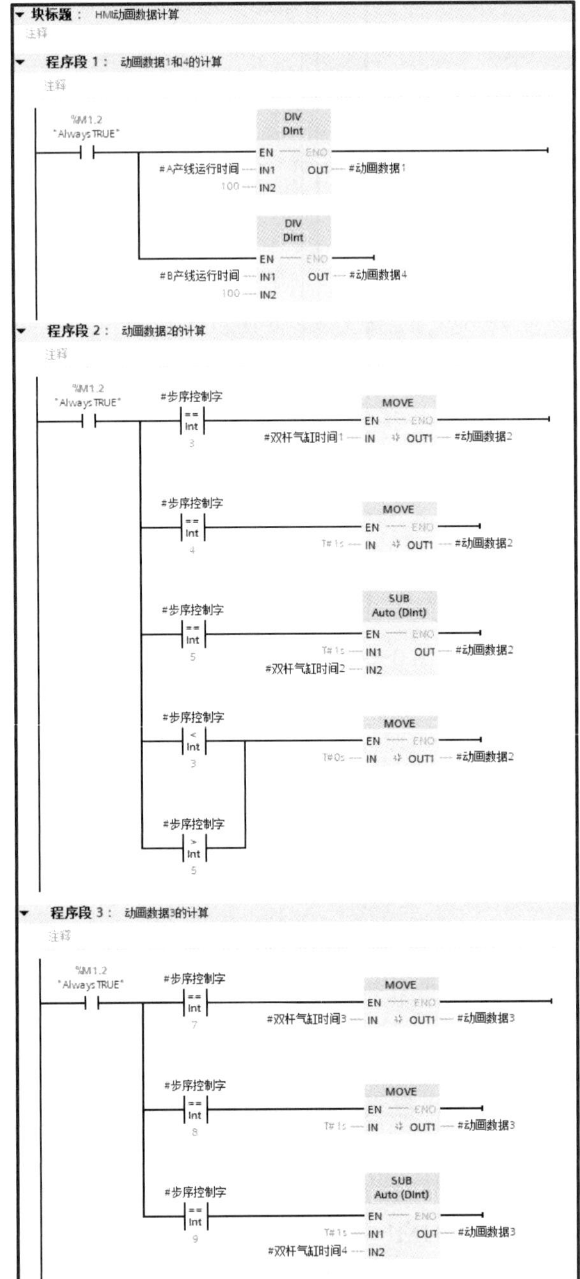

图 3-60　FC1 梯形图程序

3.3.5　物料输送系统触摸屏画面组态

图 3-61 所示为物料输送系统触摸屏组态。需要注意的是，HMI 变量采集周期为 100 ms，才能确保动画流畅。

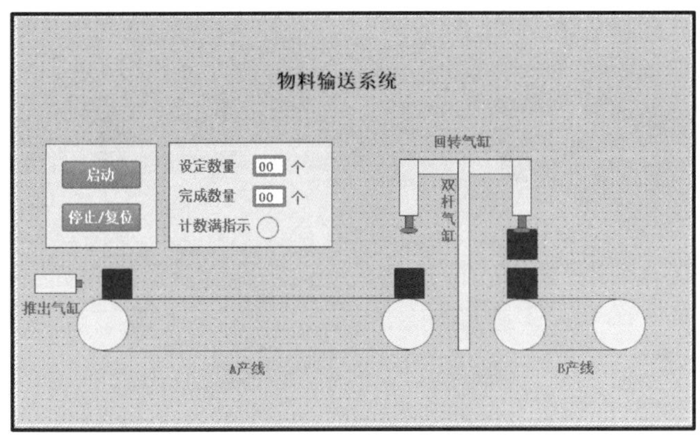

图 3-61　触摸屏画面组态

为了完整显示物料运输过程，该物料需要出现 4 次，分别是任务要求中的 1 号位、2 号位、3 号位和 3 号位正上方。其中，1 号位物料的可见性如图 3-62 所示，设置步序控制字 = 2 时可见；1 号位物料的水平移动动画来自变量“动画数据 1”，范围为 0~100，位移是从 X = 102 到 X = 448。

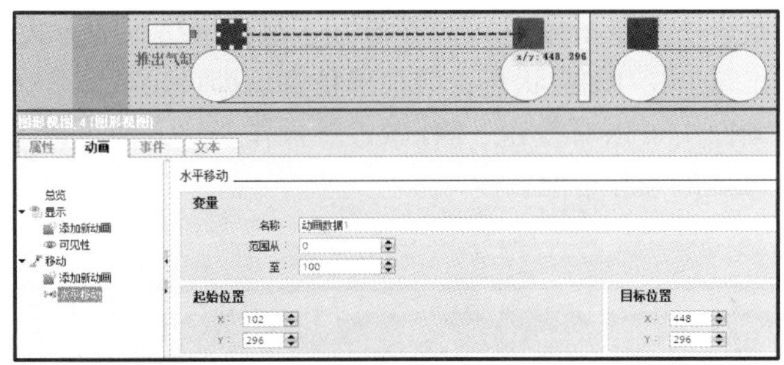

图 3-62　1 号位物料的水平移动动画

图 3-63 所示为左侧双杆气缸的可见性动画，取自于步序控制字 6~9 为不可见；图 3-64 左侧双杆气缸的垂直移动动画来自变量“动画数据 3”，范围为 0~1000，位移是从 Y = 189 到 X = 234。

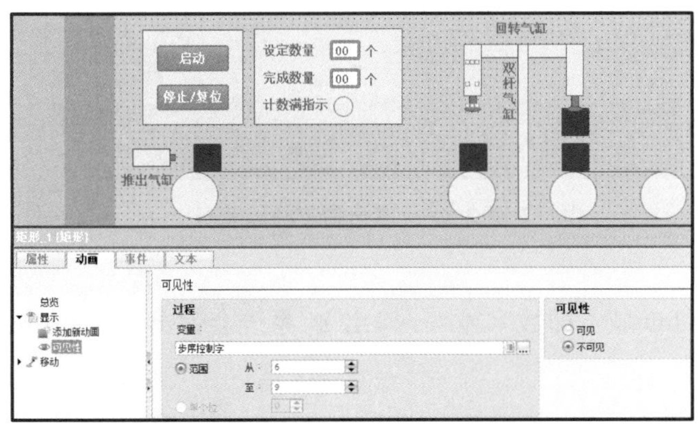

图 3-63　左侧双杆气缸的可见性动画

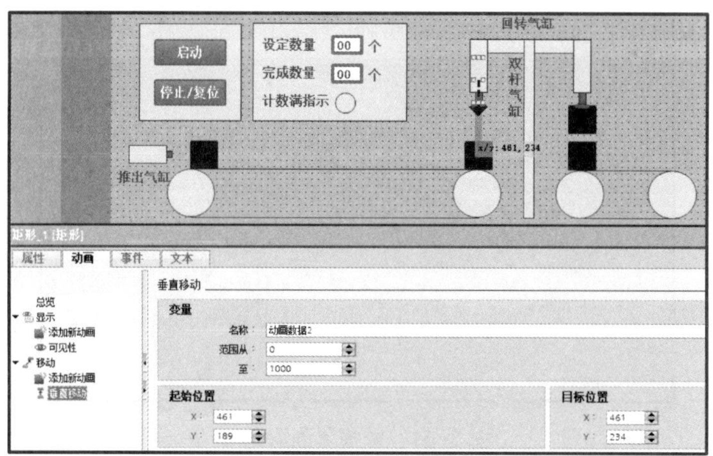

图 3-64 左侧双杆气缸的垂直移动动画

3.3.6 物料输送系统的联合仿真

PLC 与触摸屏联合仿真是指按照 PLC 仿真加上触摸屏仿真的方式联合进行。PLC 仿真后装载程序即可出现 PLC RUN 状态；触摸屏仿真后即可出现图 3-65 所示的联合仿真初始画面。在仿真画面中可以对按钮、I/O 域进行操作，一方面可以看到触摸屏的变化，另一方面可以监控 PLC 的实际情况。

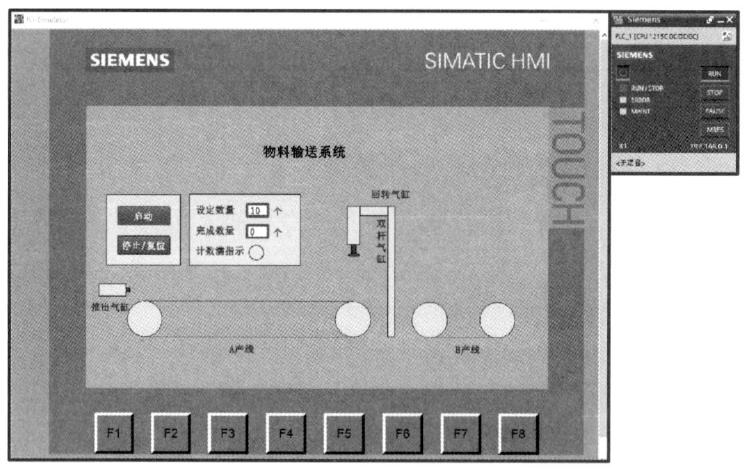

图 3-65 联合仿真初始画面

单击启动延时 I/O 域（即数字输入 / 输出），系统会弹出图 3-66 所示的 I/O 域输入画面，如输入“8”。

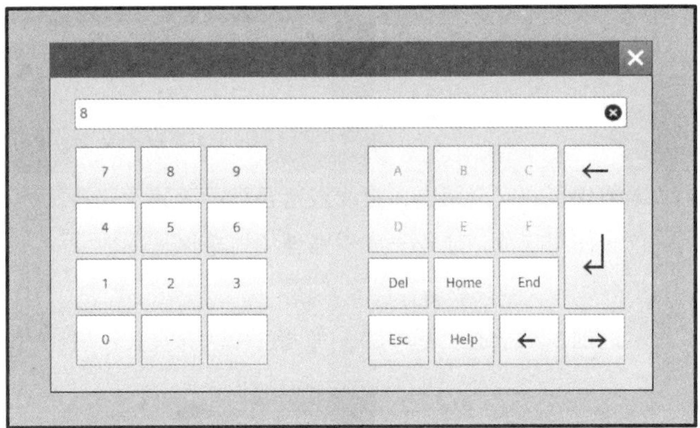

图 3-66　仿真画面中的 I/O 域输入

图 3-67 所示为触摸屏画面调试从初始状态，经过推出气缸动作、A 产线运行、A 产线输送到位、双杆气缸到工作位、双杆气缸上升、回转气缸动作、A/B 产线同时运行、A 产线继续运行、计数满完成停机等过程的实际运行画面。

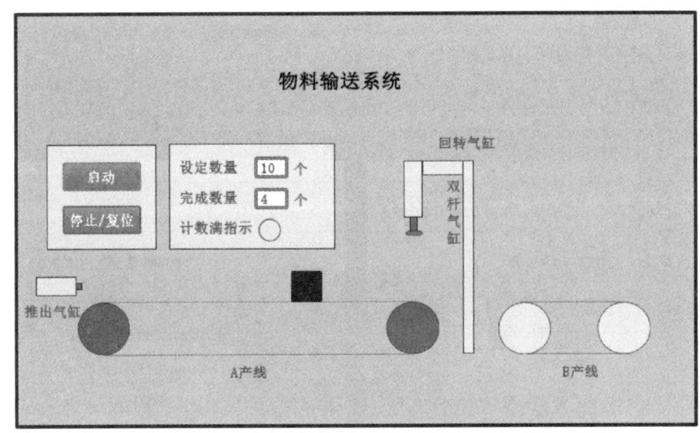

图 3-67　触摸屏实际运行画面

技能考核 >>>

考核任务：

1. 实现物料计数，当计满设定个数时，自动停机。
2. 实现步序控制字的程序编写并实现物料输送全过程。
3. 实现触摸屏物料输送过程中的动画、气缸动作的动画，并用联合仿真进行测试。

评分标准：

按要求完成考核任务，其评分标准如表 3-8 所示。

表 3-8　评分标准

姓名：		任务编号：3.3	综合评价：		
序号	考核项目	考核内容及要求	配分	评分标准	得分
1	电工安全操作规范	着装规范，安全用电，走线规范合理，工具及仪器仪表使用规范，任务完成后整理场地并保持场地清洁有序	20	现场考评	
2	实训态度	不迟到、不早退、不旷课，实训过程认真负责，组内人员主动沟通、协作，小组间互助	10		
3	系统方案制订	PLC 控制系统设计合理和可靠	10		
		PLC、触摸屏的控制电路电气原理图正确			
4	编程能力	通过 PLC 编程实现物料输送系统的步序控制	20		
		通过触摸屏画面组态实现物料输送系统的动画显示			
		触摸屏与 PLC 之间通信连接正常			
5	操作能力	根据电气原理图对 PLC 和触摸屏正确接线，线路美观且可靠	20		
		PLC 和触摸屏联合仿真正确			
		PLC 和触摸屏工程测试正确			
6	实践效果	系统工作可靠，满足工作要求	10		
		PLC、触摸屏变量命名规范			
		按规定的时间完成任务			
7	汇报总结	工作总结，PPT 汇报	5		
		填写自我检查表及反馈表			
8	创新实践	在本任务中有另辟蹊径、独树一帜的实践内容	5		
合计			100		

注：综合评价可以采用教师评价、学生评价、组间评价和企业评价按一定比例计算后综合得出五级制成绩，即 90~100 分为优，80~89 分为良，70~79 分为中，60~69 分为及格，0~59 分为不及格。

项目 3 拓展阅读

思考与练习

1. 使用西门子 S7-1200 PLC 与 KTP700 触摸屏相连，控制双速电动机自动定时切换运行，请列出 I/O 分配表，画出 PLC 控制电路电气原理图，并在 KTP700 触摸屏上进行组态。

2. 三台电动机 M1、M2、M3 顺序控制：按下 SB1，M1 启动，延时 5 s 后，按下 SB2 M2 启动，延时 8 s 后，按 SB3 后，M3 启动；按下 SB4 全部停止。请在 KTP700 触摸屏上用按钮等工具来替代 SB1~SB4 实现上述控制。请列出 I/O 分配表，画出 PLC 控制电路电气原理图，并在 KTP700 触摸屏上进行组态。

3. 通过 PLCSIM 软件对 PLC 控制的交通灯进行程序模拟，请列出 I/O 分配表，并在 SIM 表格中进行操作。

4. 选择 KTP700 触摸屏和 S7-1200 PLC 实现贴标机的仿真，图 3-68 所示，其中限位开关 LS1、LS2 和 LS3 分别为位置 1~3，上限位和下限位为贴标气缸的上下限位。其工作流程如下：按下触摸屏中的启动按钮，当检测位置 1 有物品时，输送带启动，送至位置 2，输送带停止运行，实施贴标动作；贴标气缸从上限位运动到下限位后，即贴标完毕，等待 1 s 后，贴标气缸回到上限位后，再次启动输送带；当完成后的贴标物品经过位置 3 时进行计数。当计数计满 12 个时，输送带停止运行，等待下一周期的启动动作。请列 I/O 分配表，画出 PLC 控制电路电气原理图，并在 KTP700 触摸屏上进行组态和仿真。

5. 选择 KTP700 触摸屏和 S7-1200 PLC 实现定量灌装设备的仿真，如图 3-69 所示。其工作流程为：按下触摸屏中的启动按钮，输送带带动包装容器运行，当到位检测动作时，输送带停止运行进行灌装。灌装需要电磁阀先动作，液体进入包装容器，等液位开关动作后，电磁阀关闭，表示灌装结束。延时 5 s 后，输送带再次启动，带动完成后的包装容器进入下一个流程。请列出 I/O 分配表，画出 PLC 控制电路电气原理图，并在 KTP700 触摸屏上进行组态和仿真。

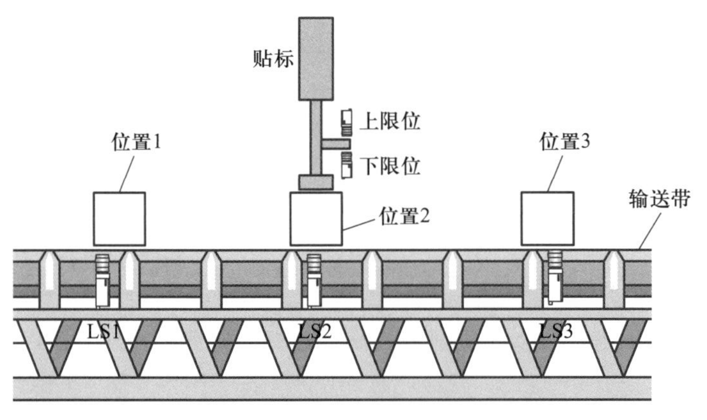

图 3-68　题 4 图

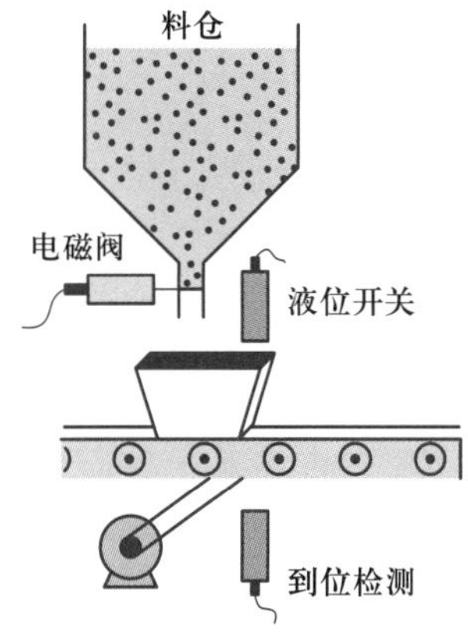

图 3-69　题 5 图

项目 4

工业以太网 PROFINET 通信应用

导读

工业以太网是基于 IEEE 802.3（Ethernet）的强大的区域和单元网络，提供了一个无缝集成到新的多媒体世界的途径。它具有传输速度快、数据量大、便于无线连接和抗干扰能力强等特点，已经广泛应用于工业自动化控制现场，并成为主流的总线网络。S7-1200 PLC 本体集成一个或者两个以太网口，可以采用 PROFINET IO、S7 协议等进行相互通信。本项目主要介绍通过 PROFINET IO 实现 PLC 间数据传送、通过 S7 协议实现 PLC 间数据传送、PLC 和变频器通过 PROFINET 控制输送带电动机三个任务的硬件配置、PLC 编程和实例演示。

知识目标

1. 熟悉工业通信网络的作用。
2. 了解 PROFINET IO 的拓扑结构与网络接线。
3. 掌握 S7 协议的常见指令与引脚定义。
4. 掌握 G120 变频器的通信机理和标准协议内容。

能力目标

1. 会使用网线连接具有不同 RJ45 端口的自动化产品。
2. 会使用 GSD 文件进行博途硬件配置。
3. 能使用博途软件进行 PROFINET IO 和 S7 协议的通信设置。
4. 能够根据控制要求，结合 G120 变频器手册，正确连接 G120 变频器和 S7-1200 PLC 并进行数据传送。

素养目标

1. 乐于、善于使用所学工业以太网技术解决生产实际问题。
2. 具有克服困难的信心和决心，能从联合仿真测试中体验成功喜悦。
3. 具有实事求是的科学态度，乐于采用国内通信相关技术和产品。

任务 4.1　通过 PROFINET IO 实现 PLC 间数据传送

任务描述

某生产流程需要三台输送带，由两台 S7-1200 PLC 和 KTP700 触摸屏通过 PROFINET（简称 PN）连接后，进行控制，如图 4-1 所示。具体要求如下：

（1）PLC1 共接入 3 个操作盒，6 个按钮，其中 SB11、SB21、SB31 为输送带 1~3 的启动按钮，SB12、SB22、SB32 为其对应的停止按钮，均为动合触点接线。PLC2 接 3 台输送带的电动机控制和该输送带上的称重传感器信号。

（2）KTP700 触摸屏设置有开关可以进行手动和自动控制。在手动情况下，其输送带电动机受按钮启停控制。在自动情况下，按下触摸屏自动启动按钮后，输送带 1 立即启动；输送带 2 延时 a 秒启动；输送带 3 在输送带 2 启动后，延时 b 秒启动。按下停止按钮后，输送带 1 和 2 立即停机，输送带 3 延时 c 秒后停机。触摸屏上可以设置 a、b、c 的秒数（区间为 3~9 s）。触摸屏上同时显示由模拟量 0~10 V 信号转换过来的重量值（0~100 kg）。

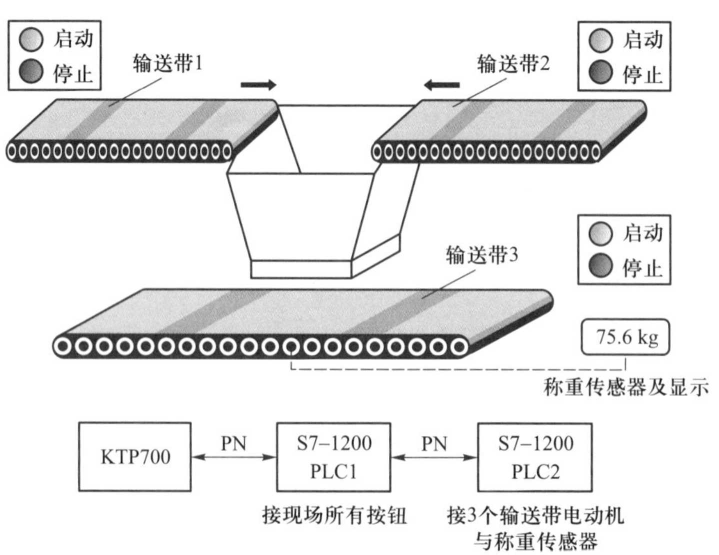

图 4-1　任务 4.1 控制示意图

（3）完成两台 S7-1200 PLC 和 KTP700 触摸屏的电气接线后进行硬件配置和软件编程，通过 PROFINET IO 实现 PLC 间数据传送。

知识准备 >>>

4.1.1 SIMATIC NET 网络

西门子工业通信网络统称 SIMATIC NET，它提供了各种开放的、应用于不同通信要求及安装环境的通信系统。图 4-2 所示为 4 种不同的 SIMATIC NET 网络结构。从上到下分别为 Industrial Ethernet（工业以太网）、PROFIBUS、InstabusEIB 和 AS-Interface，对应的通信数据量由大变小，而实时性则由弱变强。

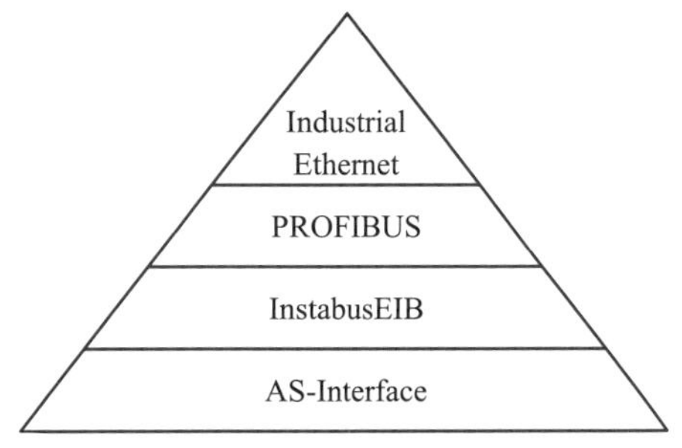

图 4-2　4 种不同的 SIMATIC NET 网络结构

1. 工业以太网（Industrial Ethernet）

工业以太网是在以太网技术和 TCP/IP 技术的基础上开发出来的一种工业网络，技术上与商业以太网（IEEE 802.3 标准）兼容，通过对商业以太网技术进行通信实时性和工业应用环境等改进，并添加一些控制应用功能后，形成了如今的工业以太网技术。

依据 IEEE 802.3 标准建立的单元级和管理级的控制网络，传输数据量大，数据终端传输速率为 100~1 000 Mbit/s。

2. PROFIBUS

PROFIBUS 作为国际现场总线标准 IEC 61158TYPE3 的组成部分，具有标准化的设计和开放的结构，以令牌方式进行“主←→主”或“主←→从”通信。PROFIBUS 传输中等数据量，在通信协议中只有 PROFIBUS-DP（“主←→从”通信）具有实时性。

3. InstabusEIB

InstabusEIB 应用于楼宇自动化，比如采集亮度进行百叶窗控制、温度测量及门控等操作。它通过 DP/EIB 网关，可以将数据传送到 PLC 或 HMI 中。

4. AS-Interface

AS-Interface（Actuator-Sensor Interface）网络通过 AS-I 总线电缆连接最底层的执行器及传感器，将信号传输至控制器。AS-Interface 通信数据量小，适合位信号的传输。每个从站通常最多带有 8 个位信号，主站轮询 31 个从站的时间固定为 5 ms，适合实时的通信控制。

4.1.2 PROFINET 网络

PROFINET 网络是西门子于 2001 年发布的工业以太网协议，它是将原有的 PROFIBUS 与互联网技术结合而成的网络方案，主要包括：基于组件对象模型（COM）的分布式自动化系统；规定了 PROFINET 现场总线和标准以太网之间的开放、透明通信；提供了一个独立于制造商，包括设备层和系统层的系统模型。

PROFINET 采用标准 TCP/IP 协议加上应用层的 RPC/DCOM 来完成节点间的通信和网络寻址，它可以同时挂接传统 PROFIBUS 系统和新型的智能现场设备。当第三方设备接入 PROFINET 网络中时，需要由 GSD 文件来进行识别，该文件命名规则由以下部分按顺序构成，①~⑥项之间用“-”连接：

① GSDML；

② GSDML Schema 的版本 ID：Vx.Y；

③ 制造商名称；

④ 设备族名称；

⑤ GSD 发布日期，格式为 yyyymmdd；

⑥ GSD 发布时间（可选），格式为 hhmmss，其中 hh 为 00~24；

⑦ 扩展名为“.xml”。

例如：“GSDML-V2.31-Vendor-Device.20220315.xml”。

若发布新版本 GSD 文件，名称可以不变，但发布日期必须改变。

每个 S7-1200 PLC 都集成了 PROFINET 接口，通过 PROFINET 可以实现通信网络的一网到底，即从上到下都可以使用同一种网络，便于网络的安装、调试和维护。S7-1200 PLC 本体集成一个或者两个以太网口，其中 CPU1211、CPU1212 和 CPU1214 集成一个以太网口，CPU 1215 和 CPU1217 集成两个以太网口，两个以太网口具有交换机功能，共用一个 IP 地址。当 S7-1200 PLC 需要连接多个以太网设备时，可以通过交换机扩展接口。表 4-1 是 S7-1200 PLC 以太网接口支持的通信服务。

表 4-1　S7-1200 PLC 以太网接口支持的通信服务

协议	固件版本
TCP	V1.0
ISO-on-TCP（RFC 1006）	V1.0
UDP	V2.0
PROFINET RT- 基本服务和 IO 控制器	V2.0
PROFINET IO 设备	V4.0
S7 协议通信（S7 服务器端）	V1.0
S7 协议通信（PUT/GET 指令，客户端）	V2.0
Web 服务器	V2.0
Modbus TCP	V2.1
HTTP（超文本传输协议）	V2.0
HTTPS- 安全超文本传输协议	V2.0
SNMP- 简单网络管理协议	V2.0
LLDP- 链路层发现协议	V2.0

续表

协议	固件版本
DCP- 发现 & 组态协议	V2.0
NTP- 网络时间协议	V2.0
ARP- 地址解析协议	V2.0

图 4-3 所示是以太网通信常用协议的数据访问模型。

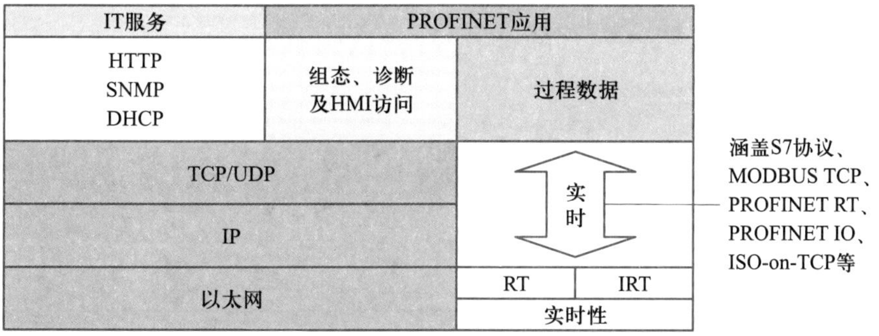

IT服务	PROFINET应用	
HTTP SNMP DHCP	组态、诊断及HMI访问	过程数据
TCP/UDP		实时
IP		
以太网		RT　IRT 实时性

涵盖S7协议、MODBUS TCP、PROFINET RT、PROFINET IO、ISO-on-TCP等

图 4-3　数据访问模型

4.1.3　PROFINET IO 通信

PROFINET IO 通信为全双工、点到点方式。一个 IO 控制器最多可以和 512 个 IO 设备进行点到点通信，按设定的更新时间双方对等发送数据。一个 IO 设备的被控对象只能被一个 IO 控制器控制。如图 4-4 所示，1 个 IO 控制器通过 PN（即 PROFINET）直接连接 3 个 IO 设备。

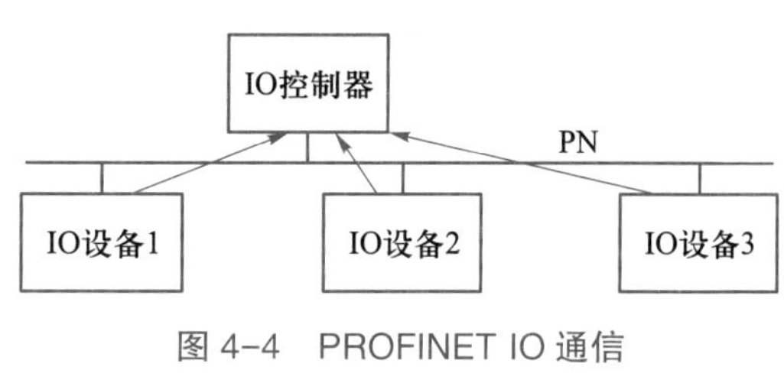

图 4-4　PROFINET IO 通信

IO 控制器和 IO 设备都具有设备名称。在图 4-5 所示的 PLC CPU 属性中激活“自动生成 PROFINET 设备名称”选项时，将自动从设备（如 CPU、CP 或 IM 等）组态的名称中获取设备名称。

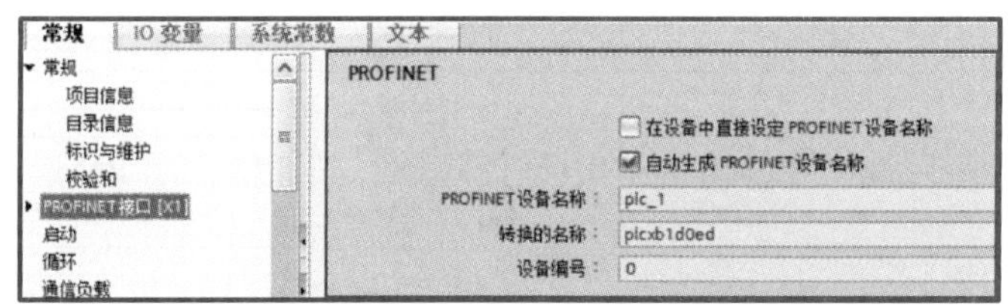

图 4-5　激活“自动生成 PROFINET 设备名称”选项

PROFINET 设备名称可以是 PLC 设备名称（例如 CPU）、接口名称（仅带有多个 PROFINET 接口时），也可以是 IO 系统的名称。通过在模块的常规属性中修改相应的 CPU、CP 或 IM 名称，间接修改 PROFINET 设备的名称。例如，PROFINET 设备名称也显示在可访问设备的列表中。如果要单独设置 PROFINET 设备名称而不使用模块名称，则需禁用“自动生成 PROFINET 设备名称”选项。

在 PROFINET 设备名称中会产生一个“转换名称”，该名称是实际装载到设备上的设备名称。只有当 PROFINET 设备名称不符合 IEC 61158 规则时，才会对它进行转换。同样地，该名称也不能直接修改。

任务实施 >>>

任务实施：通过 PROFINET IO 实现 PLC 间数据传送

4.1.4　I/O 分配和硬件接线

本任务共选用两台 CPU1215C 作为主要设备，PLC1 和 PLC2 的 I/O 分配表如表 4-2 和表 4-3 所示。

表 4-2　PLC1 的 I/O 分配表

	PLC 软元件	元件符号 / 名称
输入	I0.0	SB11/ 输送带 1 启动按钮
	I0.1	SB12/ 输送带 1 停止按钮
	I0.2	SB21/ 输送带 2 启动按钮
	I0.3	SB22/ 输送带 2 停止按钮
	I0.4	SB31/ 输送带 3 启动按钮
	I0.5	SB32/ 输送带 3 停止按钮

表 4-3　PLC2 的 I/O 分配表

	PLC 软元件	元件符号 / 名称
输入	IW68	称重传感器（0~10 V）
输出	Q0.0	KA1/ 控制输送带 1 电动机
	Q0.1	KA2/ 控制输送带 2 电动机
	Q0.2	KA3/ 控制输送带 3 电动机

图 4-6 所示为两台 PLC 控制电路的电气原理图，其通信采用 PN 连接。

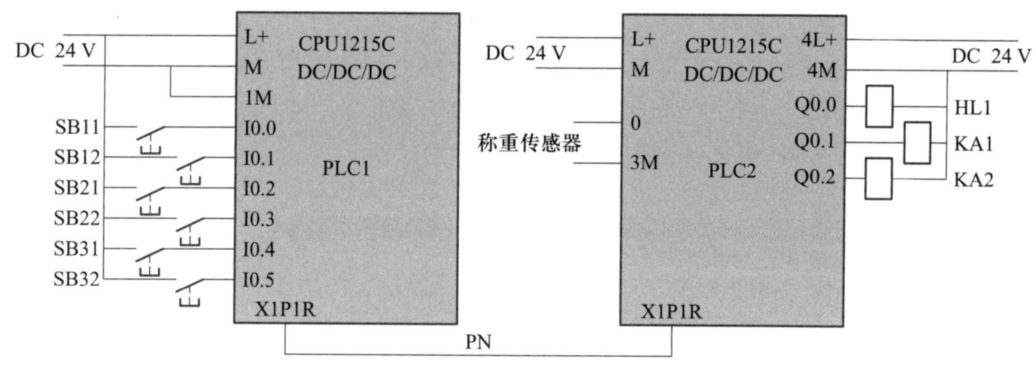

图 4-6　两台 PLC 控制电路的电气原理图

4.1.5　IO 控制器和 IO 设备的配置

1. 添加 PLC1 作为 IO 控制器

如图 4-7 所示，创建一个新项目，插入一个 CPU1215C 作为 IO 控制器（即 PLC1），设定 IO 控制器的 IP 地址为 192.168.0.1。

如图 4-8 所示，打开操作模式设置，会发现默认为“IO 控制器”。

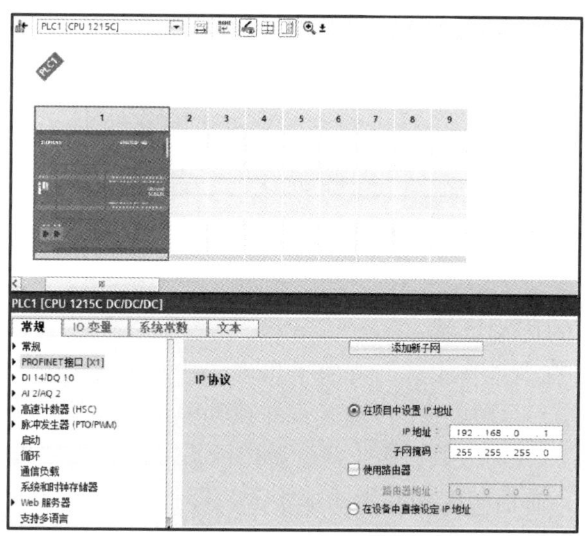

图 4-7　设定以太网地址

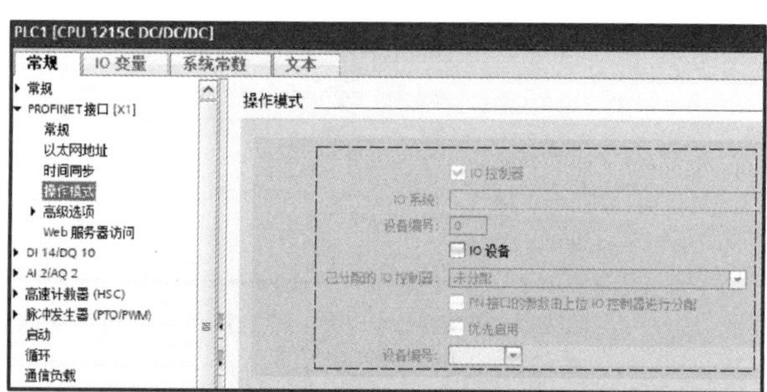

图 4-8　IO 控制器的操作模式为默认值

2. 添加 PLC2 作为 IO 设备

选择添加新设备 PLC2，设定其 IP 地址为 192.168.0.10。在图 4-9 所示的操作模式中，启用“IO 设备”选项，并将“已分配的 IO 控制器”设定为“PLC1.PROFINET 接口 _1”，完成后的设备与网络视图如图 4-10 所示。

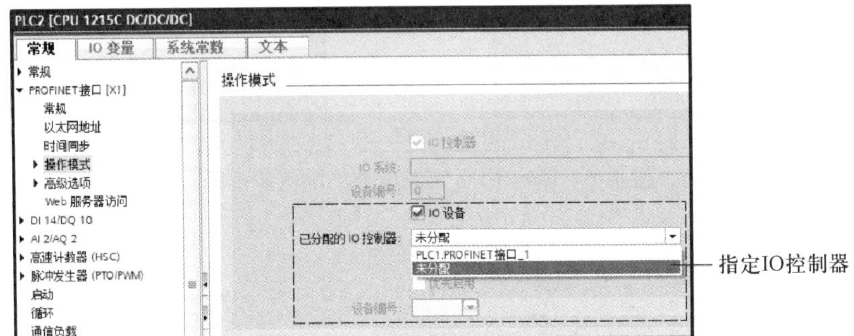

图 4-9　操作模式为 IO 设备

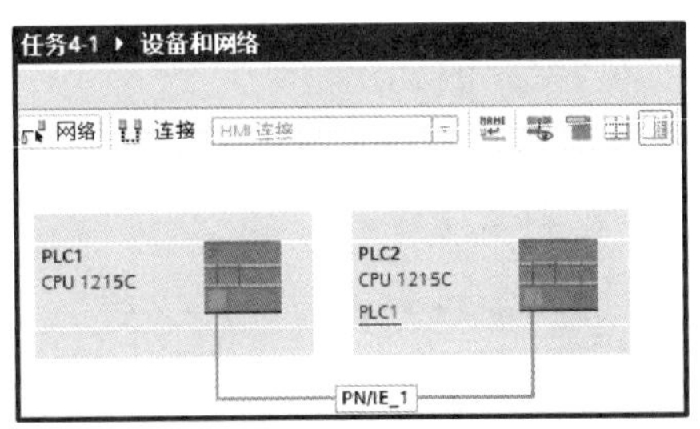

图 4-10　设备与网络

3. 设置 PLC2 中的传输区域

如图 4-11 所示，在“操作模式”标签下出现“智能设备通信”栏，单击该栏配置通信传输区。双击“新增”，增加一个传输区，并在其中定义通信双方的通信地址区：使用 Q 区作为数据发送区，I 区作为数据接收区，单击箭头可以更改数据传输的方向。图 4-11 中创建了两个传输区，通信长度加起来是 3 字节，即将 IO 控制器中的 QB2 传送到 IO 设备（即智能设备）中的 IB2，同时将 IO 设备中的 QW2 送至 IO 控制器中的 IW2。

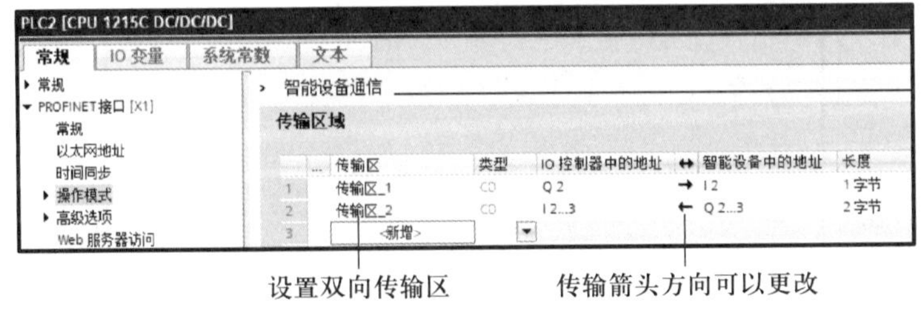

图 4-11　传输区域设置

4.1.6　两台 PLC 的程序编写

1. IO 控制器 PLC 程序编写

IO 控制器要编写跟 a、b、c 秒数相关的电动机启停程序，如建立一个 FB1（自动运行）。表 4-4 所示为 FB1 的输入 / 输出定义，其中 State 为运行过程状态值，具体为：0 为初始状态；1 为开始启动；2 为 3 台电动机正常运行；3 为开始停机。计时是采用与 M0.5 脉冲相配合的累加器（INC 指令）来完成。图 4-12 所示为 FB1 梯形图程序。

表 4-4　FB1 的输入 / 输出参数定义

输入输出参数类型	名称	数据类型	功能
Input	Run	Bool	启动按钮
	Stop	Bool	停止按钮
	a	Int	输送带 2 延时 a 秒启动
	b	Int	输送带 3 延时 b 秒启动
	c	Int	输送带 3 延时 c 秒停机
Output	Motor1	Bool	控制电动机 1 接触器
	Motor2	Bool	控制电动机 2 接触器
	Motor3	Bool	控制电动机 3 接触器
InOut	State	Int	运行过程状态值
	EdgeRun	Bool	启动计时上升沿（跟 M0.5 配合）
	EdgeStop	Bool	停止计时上升沿（跟 M0.5 配合）
Static	Edge1	Bool	启动按钮上升沿
	Edge2	Bool	停止按钮上升沿
	Time1	Int	时间计算 1
	Time2	Int	时间计算 2
Temp	Sum1	Int	计算临时变量

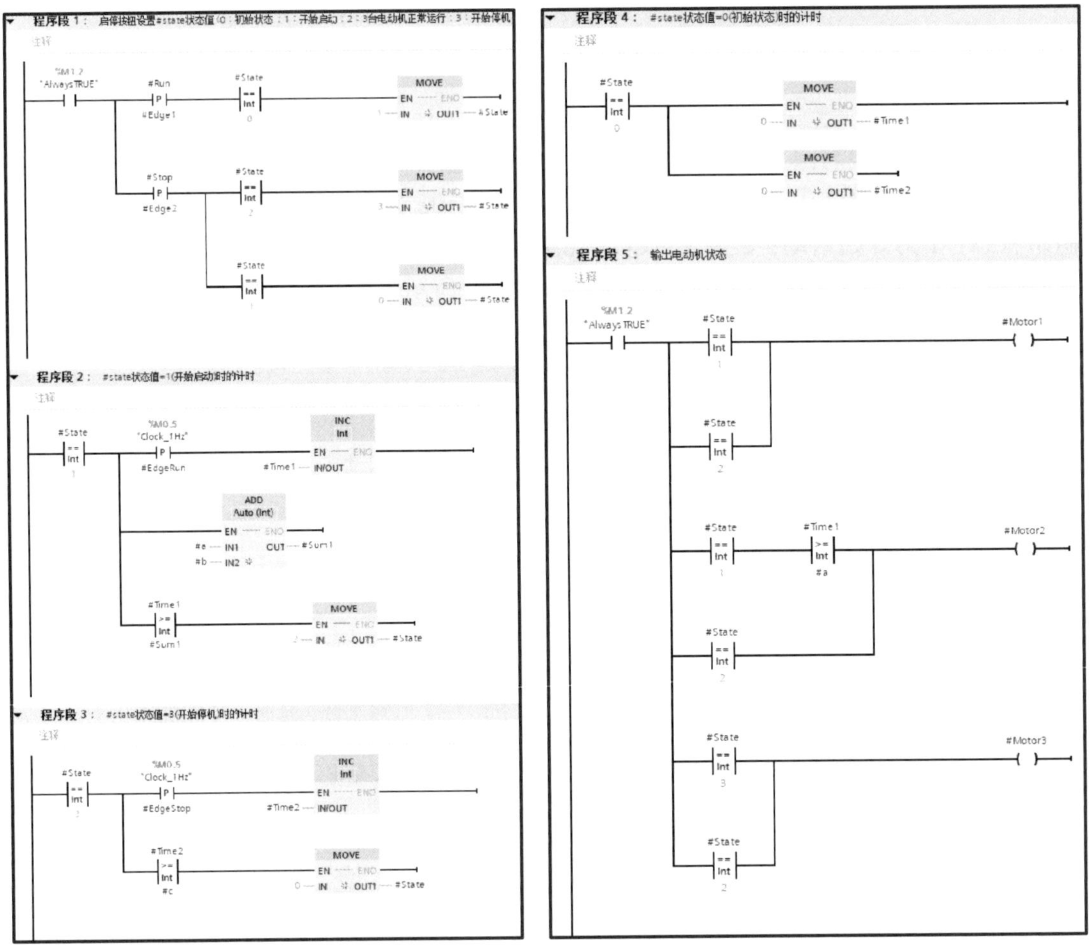

图 4-12　FB1 梯形图程序

图 4-13 所示为 PLC1（IO 控制器）梯形图程序，具体说明如下：

程序段 1：初始化时，设置相应的 a、b、c 的值，如 3。

程序段 2：对触摸屏设置的参数进行处理，使得 a、b、c 的值下限为 3、上限为 9。

程序段 3：手动情况下可以通过现场按钮启停相应的输送带电动机。

程序段 4：从手动切换自动时，确保输送带电动机处于停机中。

程序段 5：调用 FB1。

程序段 6；电动机信号输出到传输区 1，即 QB2。

程序段 7：从 IO 设备读取称重传感器信号，通过 NORM_X 和 MUL 指令将模拟量 0~10 V 信号转换为重量值（0~100 kg）。

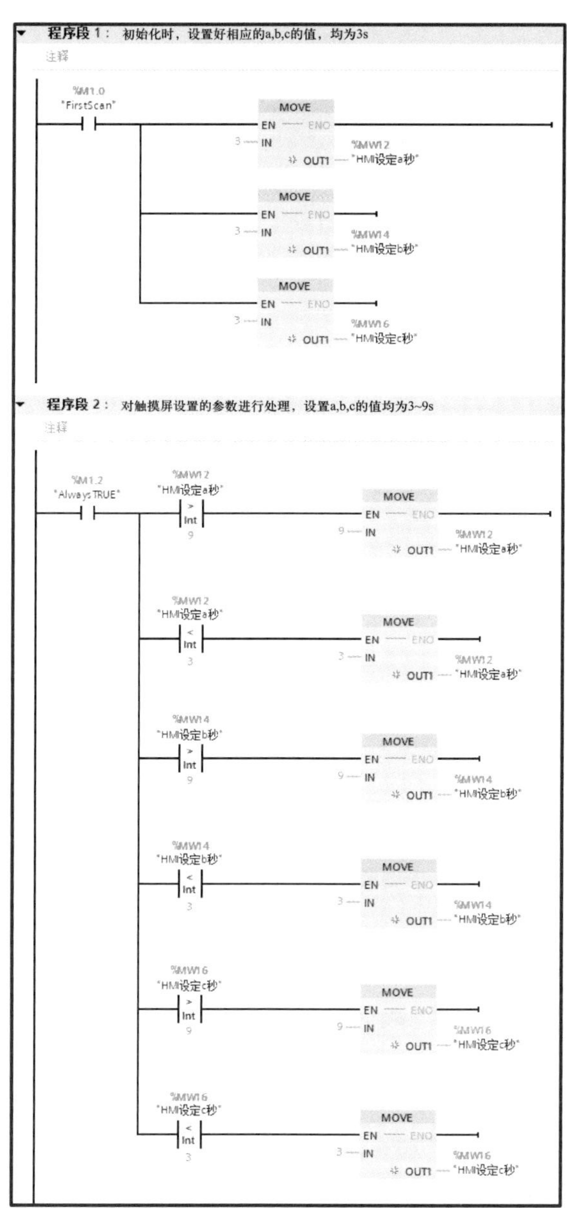

程序段 3： 手动情况下可以通过现场按钮启停相应的输送带电动机

注释

%M10.0 "HMI手动/自动切换" %I0.0 "输送带1启动按钮SB11" %M11.0 "手动时输送带电动机1" (S)

%I0.1 "输送带1停止按钮SB12" %M11.0 "手动时输送带电动机1" (R)

%I0.2 "输送带2启动按钮SB21" %M11.1 "手动时输送带电动机2" (S)

%I0.3 "输送带2停止按钮SB22" %M11.1 "手动时输送带电动机2" (R)

%I0.4 "输送带3启动按钮SB31" %M11.2 "手动时输送带电动机3" (S)

%I0.5 "输送带3停止按钮SB32" %M11.2 "手动时输送带电动机3" (R)

程序段 4： 从手动切换到自动时，停止所有现场已经启动的输送带电动机

注释

%M10.0 "HMI手动/自动切换" P %M10.3 "Tag_1" %M11.0 "手动时输送带电动机1" RESET_BF 3

程序段 5： 调用FB1

注释

%DB1 "自动运行_DB"

%FB1 "自动运行"

%M10.0 "HMI手动/自动切换" — EN　ENO

%M10.1 "HMI自动启动按钮" — Run　Motor1 — %M11.3 "自动时输送带电动机1"

%M10.2 "HMI自动停止按钮" — Stop　Motor2 — %M11.4 "自动时输送带电动机2"

%MW12 "HMI设定a秒" — a　Motor3 — %M11.5 "自动时输送带电动机3"

%MW14 "HMI设定b秒" — b

%MW16 "HMI设定c秒" — c

%MW18 "自动运行状态值" — State

%M10.4 "启动计时信号保持" — EdgeRun

%M10.5 "停止计时信号保持" — EdgeStop

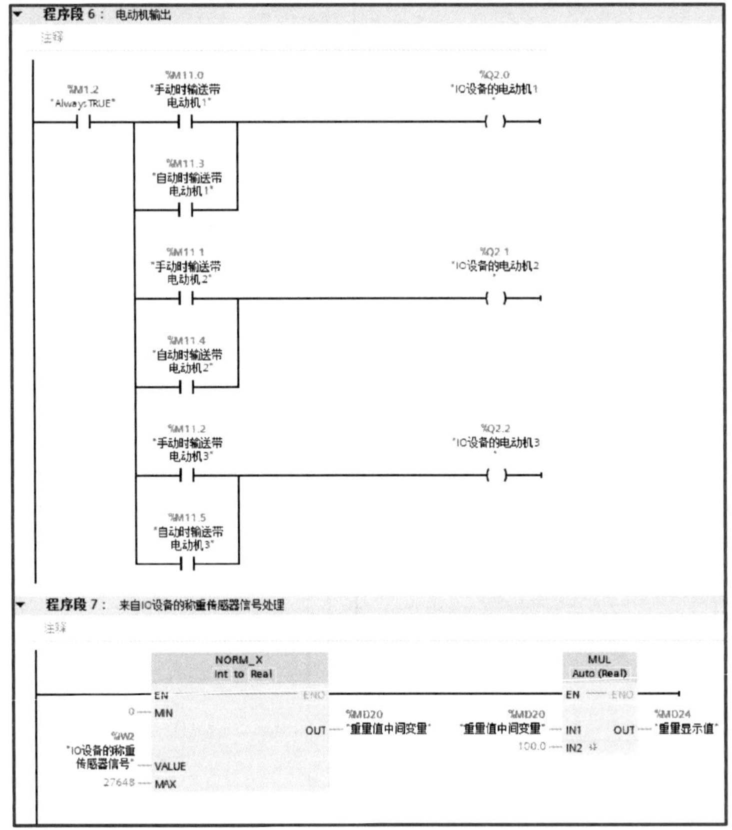

图 4-13　PLC1（IO 控制器）梯形图程序

2. IO 设备 PLC 程序编写

图 4-14 所示为 PLC2（IO 设备）梯形图程序，它对于传输区 1 和传输区 2 的处理非常简洁，采用 MOVE 指令实现电动机信号输出和模拟量信号传送。

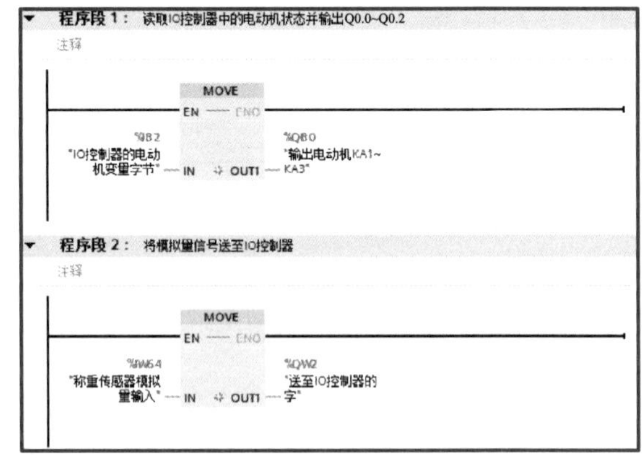

图 4-14　PLC2（IO 设备）梯形图程序

4.1.7　触摸屏组态

触摸屏组态共有 2 个画面，分别是图 4-15 所示的主画面和图 4-16 所示的延时时间设定画面。在主画面中，处于手动或自动开关时，显示的文字或按钮会不同，需要采用可见或不可见属性。手动时，仅出现文字“仅限现场启动”，“自动启动”“自动停止”“时间 abc 设定”3 个按钮皆不可见。自动时，文字“仅限现场启动”不可见，而“自动启动”“自动停止”“时间 abc 设定”3 个按钮皆可见，其中“时间 abc 设定”的动画为“画面切换”，即切换到延时时间设定画面。

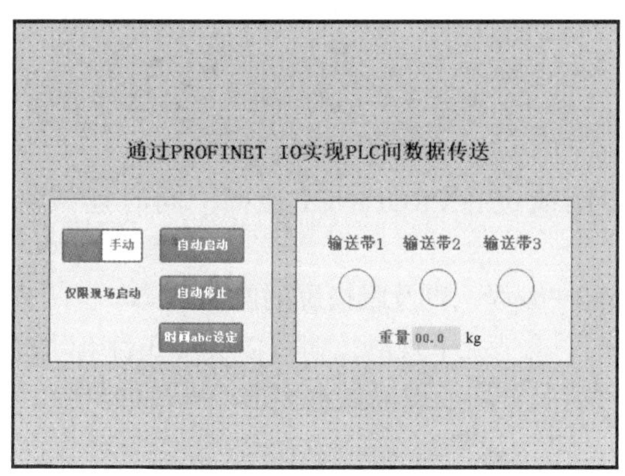

图 4-15　触摸屏主画面

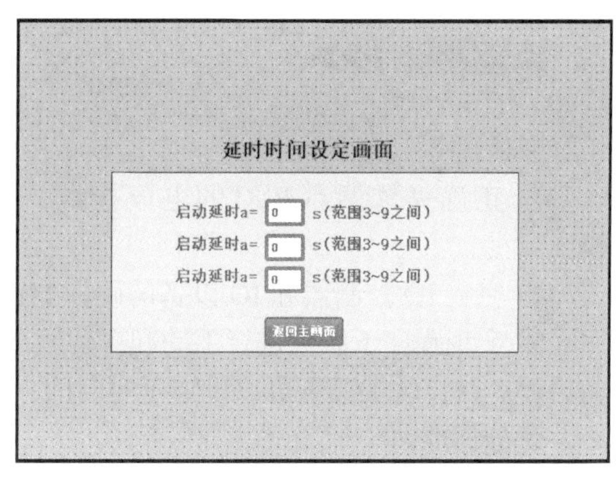

图 4-16　触摸屏的延时时间设定画面

4.1.8　程序下载和调试

由于 IO 控制器与 IO 设备都在同一个网络中，在“扩展下载到设备”中需要选择对应的 PLC 才能正确下载硬件配置和 PLC 程序。程序下载完成后，即可调试，实现控制电动机组的任务，如图 4-17 所示，触摸屏显示的画面共有 3 个。

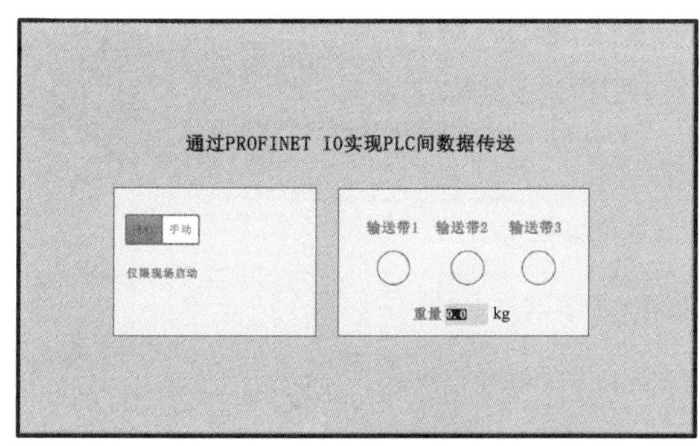

(a) 手动时的画面

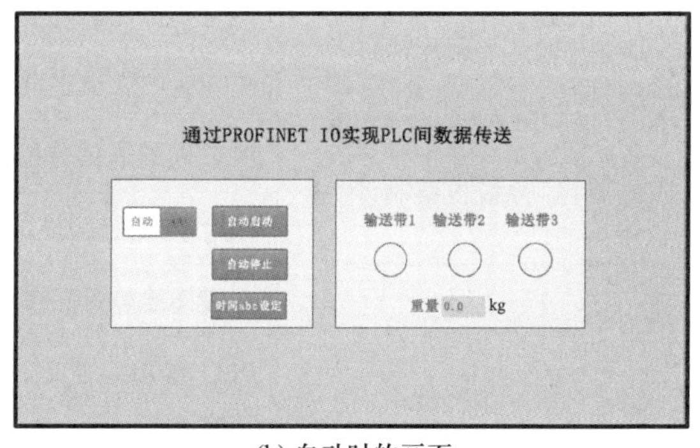

(b) 自动时的画面

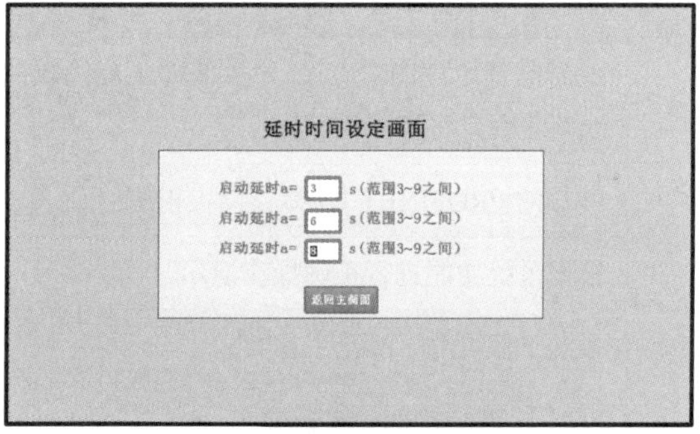

(c) 延时时间设定画面

图 4-17　触摸屏实际显示画面

技能考核 >>>

考核任务：

1. 正确完成两台 PLC 的电气接线，并用网线进行 PROFINET 连接，同时连接触摸屏。

2. 完成 IO 控制器和 IO 设备的硬件配置、软件编程，以及触摸屏的画面组态。

3. 实现程序下载后进行手动和自动调试，在手动情况下现场按钮可以实现 3 台电动机的启停；在自动情况下可以设定延时时间；任何情况下均能正确显示称重传感器的信号。

评分标准：

按要求完成考核任务，其评分标准如表 4-5 所示。

表 4-5　评 分 标 准

姓名：		任务编号：4.1	综合评价：		
序号	考核项目	考核内容及要求	配分	评分标准	得分
1	电工安全操作规范	着装规范，安全用电，走线规范合理，工具及仪器仪表使用规范，任务完成后整理场地并保持场地清洁有序	20	现场考评	
2	实训态度	不迟到、不早退、不旷课，实训过程认真负责，组内人员主动沟通、协作，小组间互助	10		
3	系统方案制订	PLC 间的通信分析合理	15		
		两台 PLC 与触摸屏控制系统通信正确			
4	编程能力	通过博途软件正确设置 IO 控制器和 IO 设备	20		
		PLC 与 PLC 之间的 PROFINET IO 通信连接正常			
		触摸屏画面组态符合要求			
5	操作能力	根据电气原理图对 PLC 和触摸屏正确接线，线路美观且可靠	15		
		PLC 的 PROFINET IO 参数设置正确			
		根据系统功能进行正确操作演示			
6	实践效果	系统工作可靠，满足工作要求	10		
		PLC 与 PLC 之间传输区命名规范			
		按规定的时间完成任务			

续表

序号	考核项目	考核内容及要求	配分	评分标准	得分
7	汇报总结	工作总结，PPT 汇报	5	现场考评	
		填写自我检查表及反馈表			
8	创新实践	在本任务中有另辟蹊径、独树一帜的实践内容	5		
合计			100		

注：综合评价可以采用教师评价、学生评价、组间评价和企业评价按一定比例计算后综合得出五级制成绩，即90~100 分为优，80~89 分为良，70~79 分为中，60~69 分为及格，0~59 分为不及格。

任务 4.2　通过 S7 协议实现 PLC 间数据传送

任务描述

如图 4–18 所示，某输送带由变频器控制，其信号来自两台 CPU1215C DC/DC/DC 通过 S7 协议进行相互通信后获得的数据。具体要求如下：

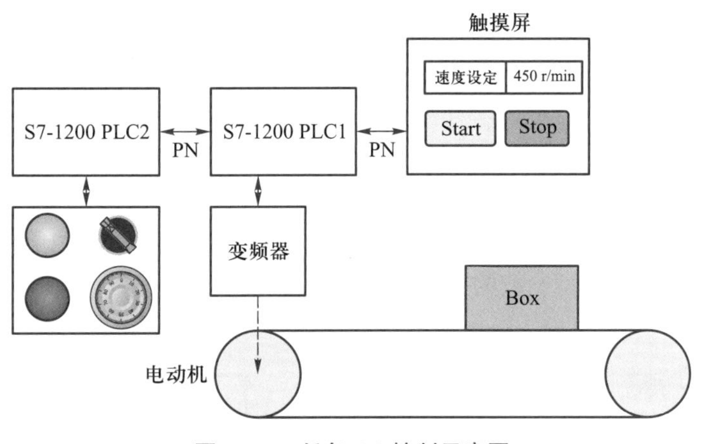

图 4–18　任务 4.2 控制示意图

（1）PLC1 接变频器，可以通过触点启动或停止变频器，并通过模拟量设置速度信号。PLC2 接现场启停按钮和选择开关，以及电位器信号。

（2）KTP700 触摸屏设置有自动情况下的启停按钮和速度设定 I/O 域。

（3）完成两台 PLC 和触摸屏的电气接线后进行硬件配置和软件编程，通过 S7 协议实现 PLC 间数据传送。当选择开关为现场时，变频器的启停和速度信号来自 PLC2 的外接按钮和电位器，触摸屏上仅显示输送带的运行情况；当选择开关为 HMI 时，则可以由触摸屏进行启停和速度设定。

知识准备 >>>

4.2.1　S7 协议通信入门

S7 协议是西门子 S7 系列 PLC 基于 MPI、PROFIBUS 和以太网的一种优化的通信协议，也是西门子私有协议。它是面向连接的协议，在进行数据交换前，必须与通信伙伴建立连接。

S7 协议通信集成在 S7 控制器中，属于图 4-19 所示的 OSI/RM 参考模型第 7 层（应用层）或 TCP/IP 模型第 4 层（应用层）中的服务，采用“客户端 - 服务器端”原则。S7 协议通信属于静态连接，可以与同一个通信伙伴建立多个连接，同一时刻可以访问的通信伙伴数量取决于 CPU 的连接资源。

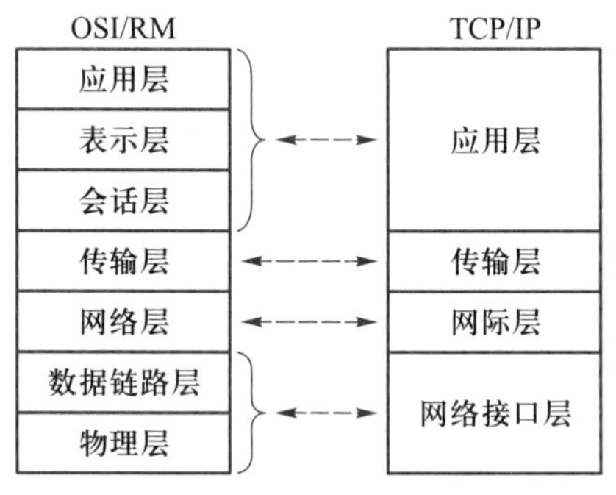

图 4-19　应用层示意图

4.2.2　S7 协议通信指令

S7-1200 PLC 通过集成的 PROFINET 接口支持 S7 通信，使用单边通信方式，只要客户端调用 PUT/GET 通信指令即可。在指令选项卡中选择“通信→ S7 通信”，S7 通信指令列表如图 4-20 所示。S7 通信指令主要包括两个通信指令，即 GET 指令和 PUT 指令，这两个指令块拖拽到程序工作区时将自动分配背景数据块，背景数据块的名称可自行修改，编号可以手动或自动分配。

1. GET 指令

GET 指令可以从远程伙伴 CPU（即服务器端）读取数据。伙伴 CPU 处于 RUN 模式或 STOP 模式时，S7 协议通信都可以正常运行，GET 指令如图 4-21 所示。表 4-6 所示是 GET 指令输入 / 输出引脚参数的意义。

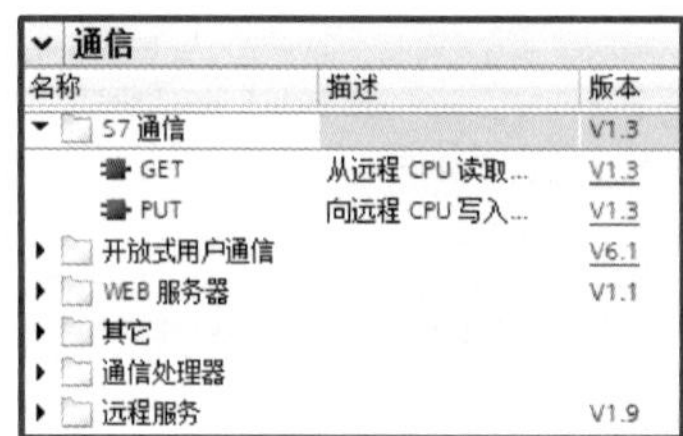

图 4-20　GET 指令和 PUT 指令

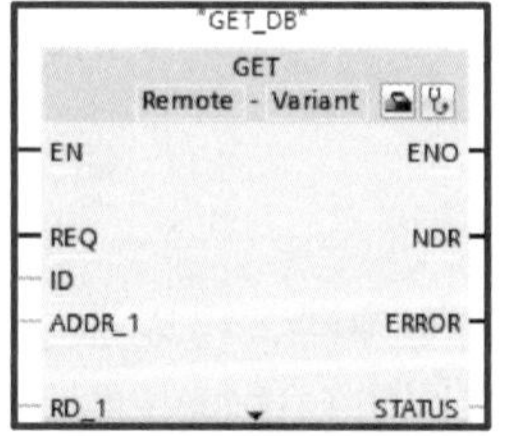

图 4-21　GET 指令

表 4-6　GET 指令输入 / 输出引脚参数的意义

引脚参数	数据类型	说明
REQ	Bool	在上升沿时执行该指令
ID	Word	用于指定与伙伴 CPU 连接的寻址参数
NDR	Bool	0：作业尚未开始或仍在运行； 1：作业已成功完成
ERROR	Bool	如果上一个请求有错，将变为 TRUE 并保持一个周期
STATUS	Word	错误代码
ADDR_1	REMOTE	指向伙伴 CPU 上待读取区域的指针。 指针 REMOTE 访问某个数据块时，必须始终指定该数据块。 示例：P#DB10.DBX5.0 WORD 10
ADDR_2	REMOTE	
ADDR_3	REMOTE	
ADDR_4	REMOTE	
RD_1	VARIANT	指向本地 CPU 上用于输入已读数据的区域的指针
RD_2	VARIANT	
RD_3	VARIANT	
RD_4	VARIANT	

2. PUT 指令

PUT 指令可以将数据写入一个远程伙伴 CPU（即服务器端）。伙伴 CPU 处于 RUN 模式或 STOP 模式时，S7 协议通信都可以正常运行，PUT 指令如图 4-22 所示。表 4-7 所示是 PUT 指令输入 / 输出引脚参数的意义。

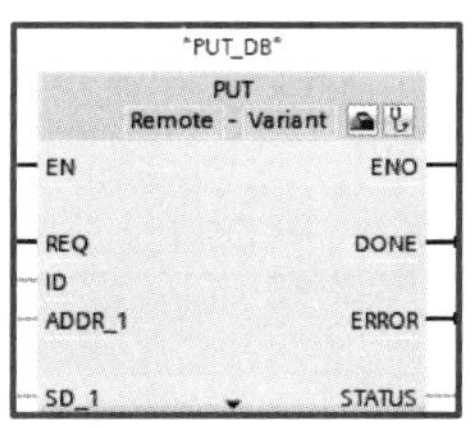

图 4-22　PUT 指令示意图

表 4-7　PUT 指令输入 / 输出引脚参数的意义

引脚参数	数据类型	说明
REQ	Bool	在上升沿时执行该指令
ID	Word	用于指定与伙伴 CPU 连接的寻址参数
DONE	Bool	完成位：如果上一个请求无错，将变为 TRUE 并保持一个周期
ERROR	Bool	如果上一个请求有错，将变为 TRUE 并保持一个周期
STATUS	Word	错误代码

续表

引脚参数	数据类型	说明
ADDR_1	REMOTE	指向伙伴 CPU 上用于写入数据的区域的指针。 指针 REMOTE 访问某个数据块时，必须始终指定该数据块。 示例：P#DB10.DBX5.0 字节 10
ADDR_2	REMOTE	
ADDR_3	REMOTE	
ADDR_4	REMOTE	
RD_1	VARIANT	指向本地 CPU 上包含要发送数据的区域的指针
RD_2	VARIANT	
RD_3	VARIANT	
RD_4	VARIANT	

3. 指令使用说明

S7-1200 PLC 作为 S7 协议通信的服务器端，需要在 CPU 属性的“防护与安全→连接机制”中，激活“允许来自远程对象的 PUT/GET 通信访问”，其目的是开通客户端 PLC 的访问权限，这样才可以实施通信流程。

尤其需要注意的是：S7 协议通信是使用 GET 指令和 PUT 指令进行客户端 PLC 的单边编程。相关涉及的读写区域不支持优化的 DB。

任务实施 >>>

4.2.3　PLC I/O 分配和电气接线

微视频：

任务实施：通过 S7 协议实现 PLC 间数据传送

表 4-8 是 PLC1 的 I/O 分配，表 4-9 是 PLC2 的 I/O 分配。它们的电气接线如图 4-23 所示，两台 PLC 之间通过 PN 相连。

表 4-8　PLC1 I/O 分配表

	PLC 软元件	元件符号 / 名称
输出	Q0.0	KA1/ 控制变频器启停
	QW64	模拟量输出控制变频器速度

表 4-9　PLC2 I/O 分配表

	PLC 软元件	元件符号 / 名称
输入	I0.0	SB1/ 启动按钮（NO）
	I0.1	SB2/ 停止按钮（NO）
	I0.2	SA1/ 选择开关（ON = 现场；OFF = HMI）
	IW64	电位器信号

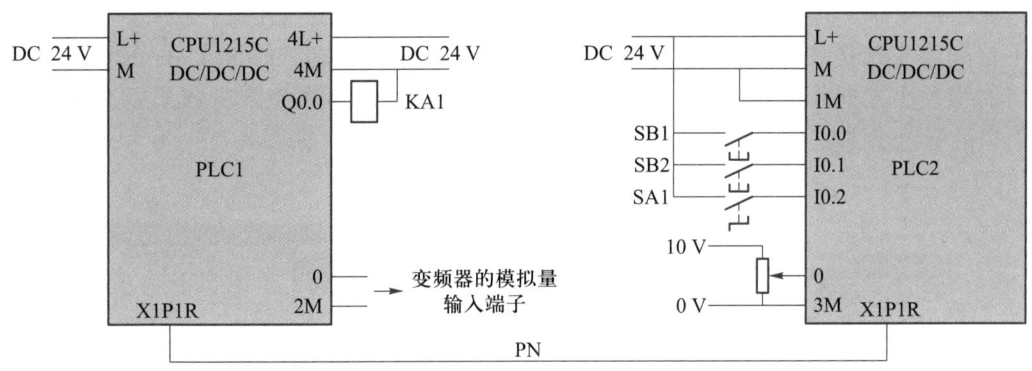

图 4-23　两台 PLC 的电气接线

4.2.4　服务器和客户端 PLC 配置

1. 添加服务器 PLC

创建一个新项目，添加服务器 PLC（即 PLC1），设置 IP 地址为 192.168.0.1，并在其“属性→常规”选项卡中，选择“防护与安全→连接机制”，激活“允许来自远程对象的 PUT/GET 通信访问”复选框，如图 4-24 所示。

图 4-24　连接机制选项

2. 添加客户端 PLC 构建 S7 协议通信网络

在同一个项目中，添加客户端 PLC（即 PLC2），设置 IP 地址为 192.168.0.2。

在项目树中，选择“设备和网络”，在网络视图中，单击“连接”按钮，在“连接”的下拉列表中选择“S7 连接”，如图 4–25（a）所示，单击客户端 PLC 的 PROFINET 通信口的绿色小方框并按住鼠标左键，然后拖拽出一条线，到服务器端 PLC 的 PROFINET 通信口的绿色小方框上，然后松开鼠标，连接就建立起来了，如图 4–25（b）所示。

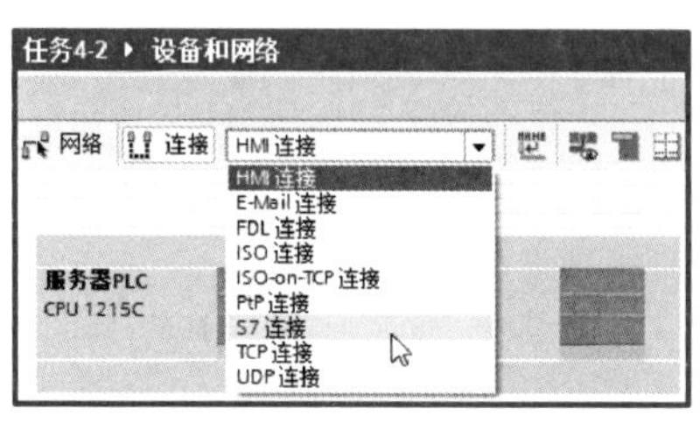

(a) 选择连接

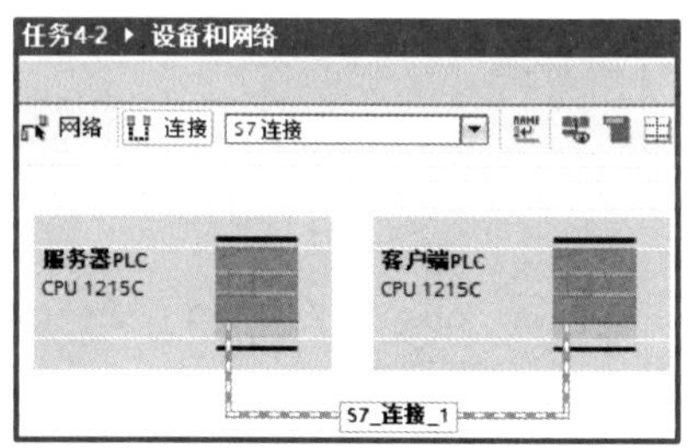

(b) 建立连接

图 4–25　S7 协议通信网络

图 4–26 所示为 S7 连接的“常规”选项卡，包括本地 PLC 和伙伴 PLC 的站点、接口、接口类型、子网和地址。本地 ID 如图 4–27 所示。

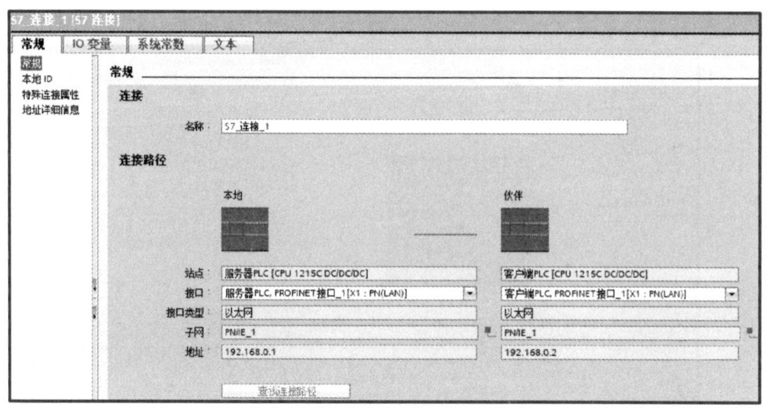

图 4–26　S7 连接的“常规”选项卡

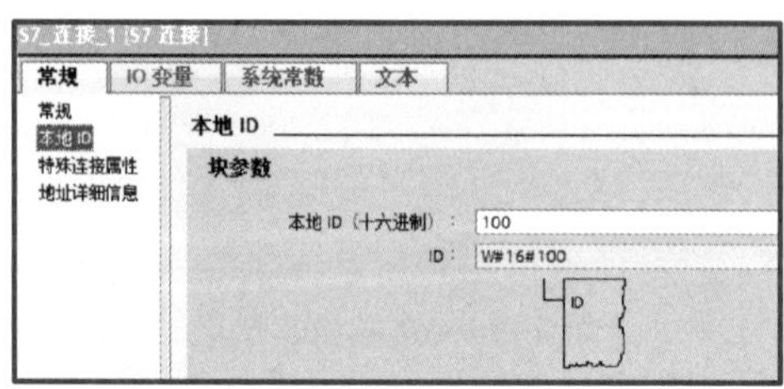

图 4–27　本地 ID

4.2.5　PLC 编程和触摸屏组态

1. 客户端 PLC 编程

S7 协议通信指令只有在客户端 PLC 中采用，而服务器端不需要。因此，这里需要在客户端中进行编程，首先要建立“数据块 _1”用于接收和存放数据。如图 4-28 所示，选择“数据块”（DB）创建 DB，数据块名称为“数据块 _1”，如编号为 1，单击“确认”按钮。

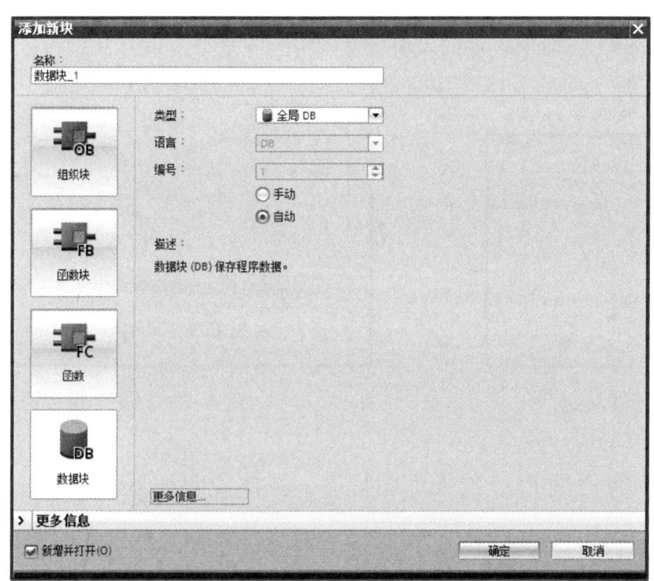

图 4-28　添加全局 DB

在 DB 属性中取消“优化的块访问”，单击“确定”按钮，如图 4-29 所示。

图 4-29　“数据块 _1”的属性

在 DB 中，创建 4 个字的数组用于存放接收数据，创建 4 个字的数组用于存放发送数据，即 Array［0..3］of Word，如图 4-30 所示。注意：在未编译情况下，“数据块 _1”的变量偏移量将不会出现。

在客户端 PLC 编程时，需要将“S7 通信”中的 GET 指令拖曳进来，则会出现图 4-31 所示的 GET 指令语法错误，可以自动配置单个实例 DB，后续的 PUT 指令也如此操作。

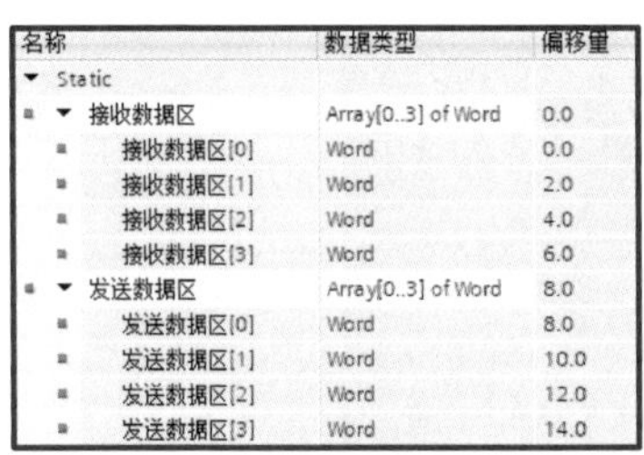

名称	数据类型	偏移量
▼ Static		
▼ 接收数据区	Array[0..3] of Word	0.0
接收数据区[0]	Word	0.0
接收数据区[1]	Word	2.0
接收数据区[2]	Word	4.0
接收数据区[3]	Word	6.0
▼ 发送数据区	Array[0..3] of Word	8.0
发送数据区[0]	Word	8.0
发送数据区[1]	Word	10.0
发送数据区[2]	Word	12.0
发送数据区[3]	Word	14.0

图 4-30　创建数组

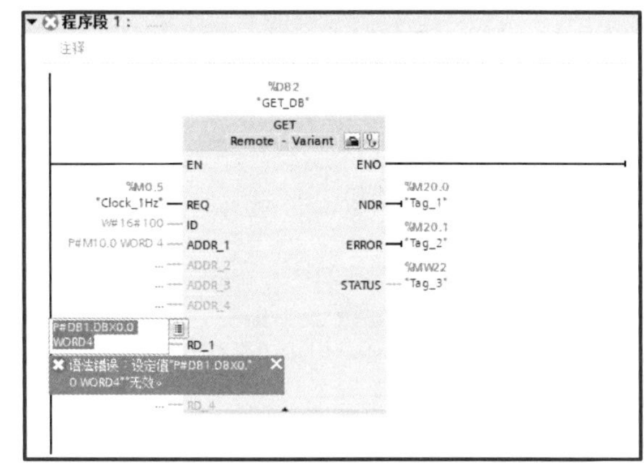

图 4-31　GET 指令语法错误

图 4-32 所示为客户端 PLC 的梯形图程序，具体说明如下：

（1）程序段 1

为 GET 指令部分，其主要参数说明如下：

① REQ 输入引脚为时钟存储器 M0.5（需要在 PLC 属性中进行设置），上升沿时指令执行。

② ID 输入引脚用于连接 ID，要与图 4-27 所示的连接配置中一致，为 16#100。

③ ADDR_1 输入引脚为发送到通信伙伴（即服务器端 PLC）数据区的地址，这里输入 P#M10.0 WORD 4，即服务器端 PLC 的 MW10、MW12、MW14、MW16。

④ RD_1 输入引脚为本地接收数据区，即 P#DB1.DBX0.0 WORD 4，即数据块 _1. 接收数据区［0］~数据块 _1. 接收数据区［3］。

（2）程序段 2

为 PUT 指令部分，主要参数说明如下：

① REQ 输入引脚为时钟存储器 M0.5，上升沿时指令执行。

② ID 输入引脚用于连接 ID，要与连接配置中一致，为 16#100。

③ ADDR_1 输入引脚为从通信伙伴（即服务器端 PLC）数据区读取数据的地址，这里输入 P#M100.0 WORD 4，即服务器端 PLC 的 MW100、MW102、MW104、MW106。

④ SD_1 输入引脚为本地发送数据地址，即 P#DB1.DBX8.0 WORD 4，即数据块 _1. 发送数据区［0］~数据块 _1. 发送数据区［3］。

（3）程序段 3

将连接到本地 PLC 的开关量设置 IW0 送到数据块 _1. 发送数据区［0］。

（4）程序段 4

将电位器模拟量设定值送入数据块 _1. 发送数据区［1］。

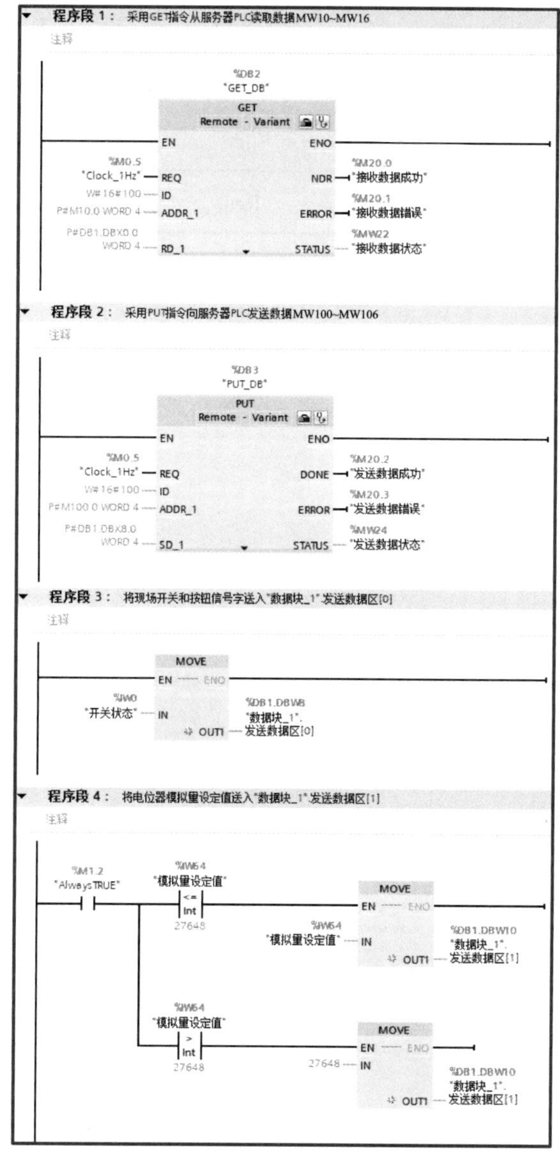

图 4-32　客户端 PLC 梯形图程序

2. 服务器 PLC 编程

由于电位器和 HMI 的设定值之间数据不一样，如 HMI 设定为 0~1 400 r/min，而电位器的输入为 0~27648。因此，服务器 PLC 需要先建立一个 FC1 进行速度转换，统一后输出到变频器的模拟量端口。表 4-10 所示为 FC1 输入 / 输出参数定义，图 4-33 所示为 FC1 梯形图程序。

表 4-10　FC1 输入 / 输出参数定义

输入 / 输出参数类型	名称	数据类型	功能
Input	Mode	Bool	0：来自 HMI 设定； 1：来自电位器设定
	SpeedSet	Int	HMI 速度设定值
Output	SpeedOut	Int	输出到变频器模拟量端口
InOut	SpeedDisplay	Real	速度值转换

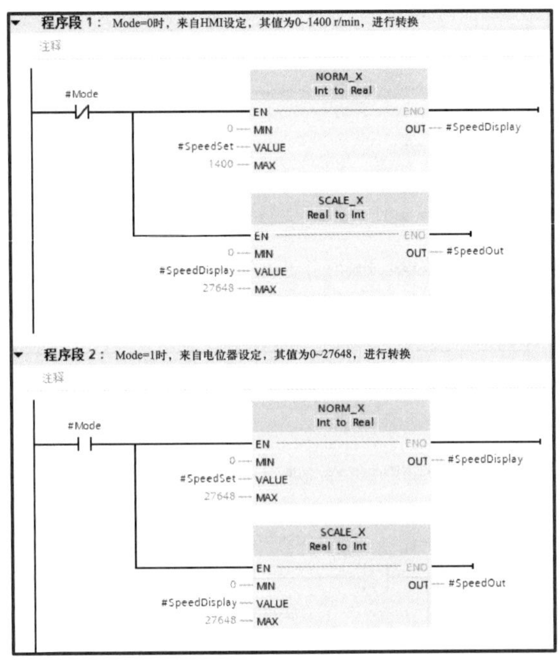

图 4-33　FC1 梯形图程序

对于服务器 PLC 来说，只需要将 S7 协议通信涉及的中间数据存储（即 MW10、MW12、MW14、MW16、MW100、MW102、MW104、MW106）进行输入 / 输出即可，而不用进行 PUT 指令和 GET 指令调用，具体梯形图程序如图 4-34 所示。

3. 触摸屏组态

图 4-35 所示为触摸屏画面组态，根据现场选择开关的不同，部分文字、按钮和 I/O 域显示为不可见。

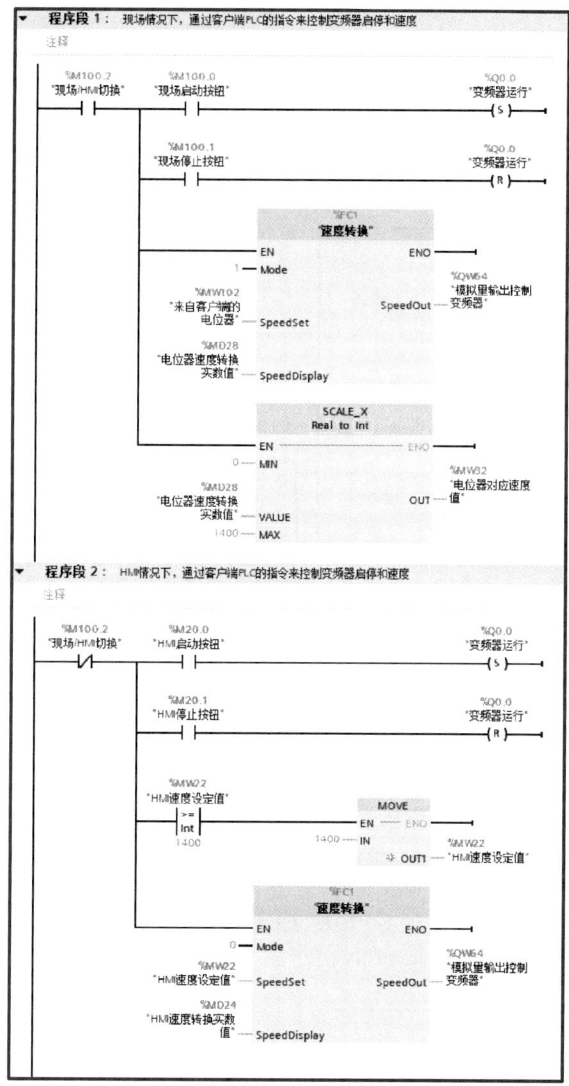

图 4-34　服务器端 PLC 梯形图程序

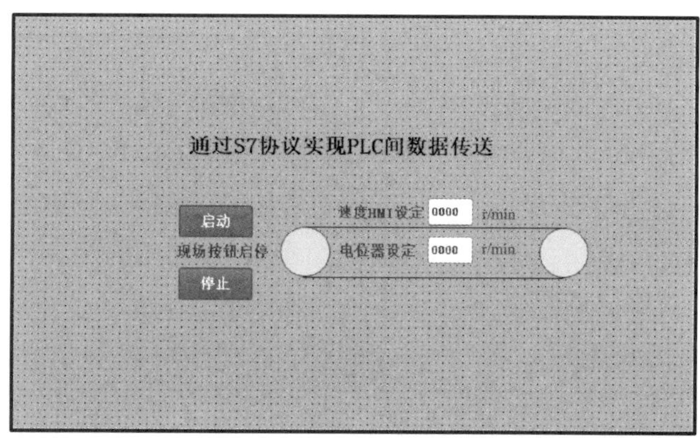

图 4-35　触摸屏画面

4.2.6　S7 协议通信调试

当现场控制时（即选择开关为 ON），服务器 PLC 的程序段 1 接收到电位器信号为 26113，转换后为 1322 r/min，具体监控和显示如图 4-36 所示。

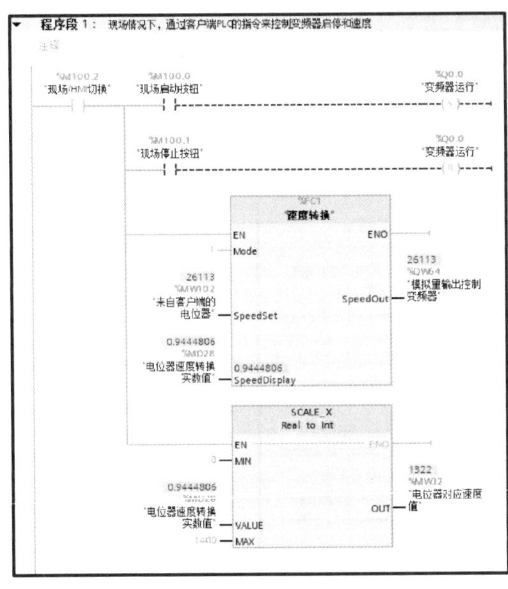

(a) 程序段1监控

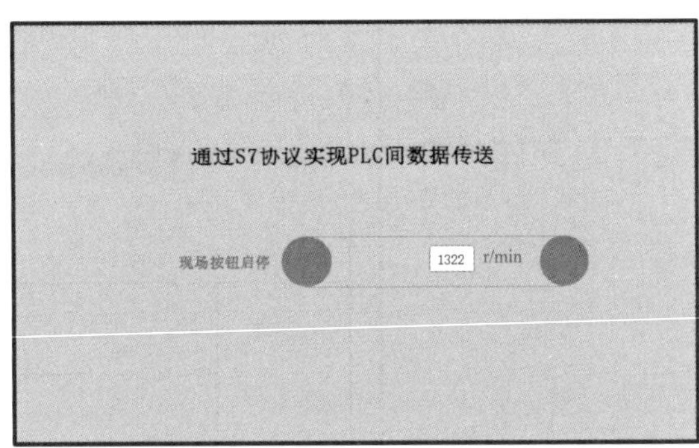

(b) 触摸屏显示

图 4-36　现场控制情况下的监控和显示

当 HMI 控制时（即选择开关为 OFF），服务器 PLC 的程序段 2 接收到触摸屏 IO 域为 200 r/min，具体监控和显示如图 4-37 所示。

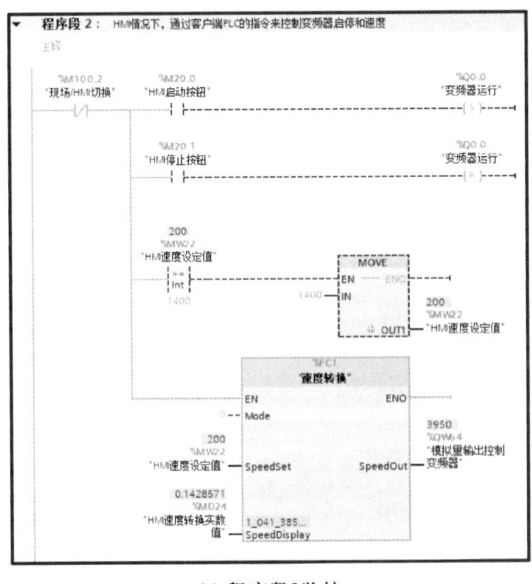

(a) 程序段2监控

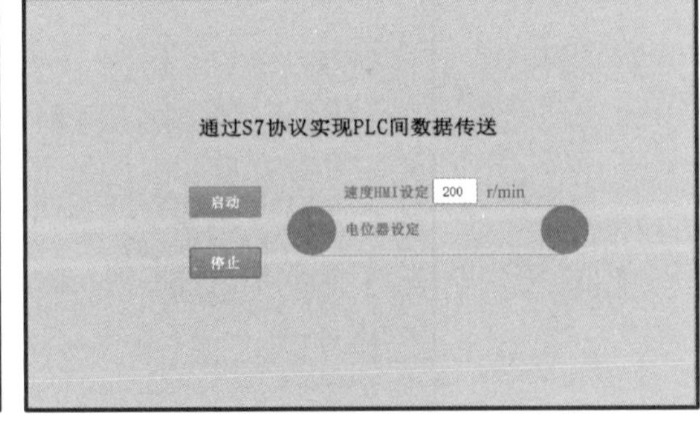

(b) 触摸屏显示

图 4-37　HMI 控制情况下的监控和显示

技能考核 >>>

考核任务：

1. 正确完成两台 PLC 和触摸屏的电气接线。

2. 当选择开关为 ON 时，能通过按钮操作盒上的启停按钮和电位器来启停变频器并调节速度；当选择开关为 OFF 时，能通过触摸屏启停变频器和设定速度。

3. 确保 S7 协议传输数据完全正确。

评分标准：

按要求完成考核任务，其评分标准如表 4-11 所示。

表 4-11　评分标准

姓名：		任务编号：4.2	综合评价：		
序号	考核项目	考核内容及要求	配分	评分标准	得分
1	电工安全操作规范	着装规范，安全用电，走线规范合理，工具及仪器仪表使用规范，任务完成后整理场地并保持场地清洁有序	20	现场考评	
2	实训态度	不迟到、不早退、不旷课，实训过程认真负责，组内人员主动沟通、协作，小组间互助	10		
3	系统方案制订	PLC 的 S7 协议通信对象说明与分析合理 PLC 控制电路电气原理图正确	10		
4	编程能力	能使用 S7 协议进行两台 PLC 的数据交换 完成服务器 PLC 的编程 完成客户端 PLC 的编程 完成触摸屏画面组态	20		
5	操作能力	根据电气原理图正确接线，线路美观且可靠 连接 2 台 PLC 和 1 个触摸屏，并正常进行 S7 通信 根据系统功能进行正确操作演示	15		
6	实践效果	系统工作可靠，满足工作要求 PLC 变量命名规范，S7 通信协议符合要求 按规定的时间完成任务	10		
7	汇报总结	工作总结，PPT 汇报 填写自我检查表及反馈表	5		
8	创新实践	在本任务中有另辟蹊径、独树一帜的实践内容	5		
合计			100		

注：综合评价可以采用教师评价、学生评价、组间评价和企业评价按一定比例计算后综合得出五级制成绩，即 90~100 分为优，80~89 分为良，70~79 分为中，60~69 分为及格，0~59 分为不及格。

任务 4.3　PLC 和变频器通过 PROFINET 控制输送带电动机

如图 4-38 所示，需要在 KTP700 触摸屏上进行 G120 变频器的启停控制，并设置相应的转速，其中电动机为 4 极、额定转速 1 400 r/min。其中，PLC 不外接任何按钮，设多段速或数字频率设定，并实现动画功能。

任务要求如下：

（1）将 PLC、触摸屏和变频器完成 PROFINET 连接，并设置在同一个 IP 频段。

（2）将 PLC 与变频器的通信方式设置为标准报文 1（PZD-2/2）。

（3）在触摸屏上组态变频器的启动、停止、复位按钮和以转速为单位的速度设定画面。

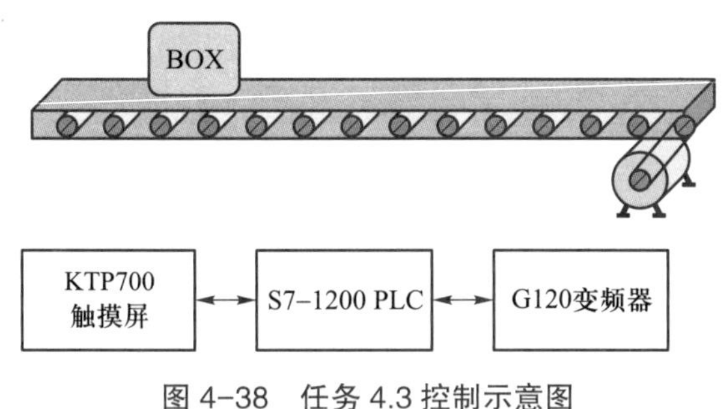

图 4-38　任务 4.3 控制示意图

知识准备

4.3.1　G120 变频器概述

G120 变频器是由西门子公司研发、生产的，主要用于控制和调节三相交流异步电动的速度，它具有稳定的性能、丰富的组合功能、高性能的矢量控制技术、低速高转矩输出、良好的动态特性和超强的过载能力。博途软件中 G120 变频器的硬件目录如图 4-39 所示。

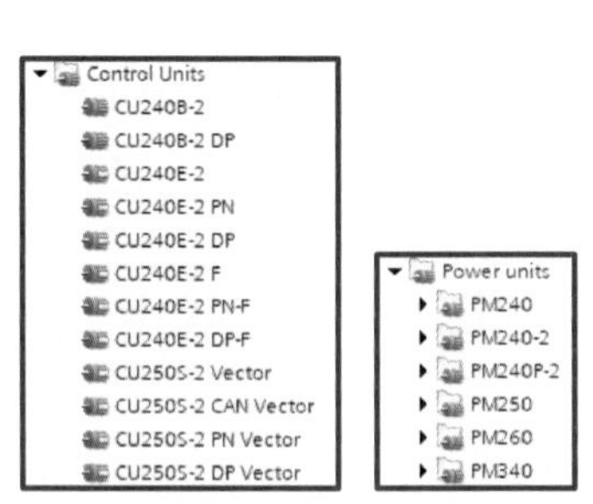

图 4-39　硬件目录

4.3.2　G120 变频器的 PROFINET 通信功能

G120 变频器具有强大的 PROFINET 通信功能，能和多个设备进行通信，使用户可以方便地监控变频器的运行状态并修改参数。如图 4-40 所示，将 G120 变频器接入 PROFINET 网络或通过以太网与变频器进行通信。

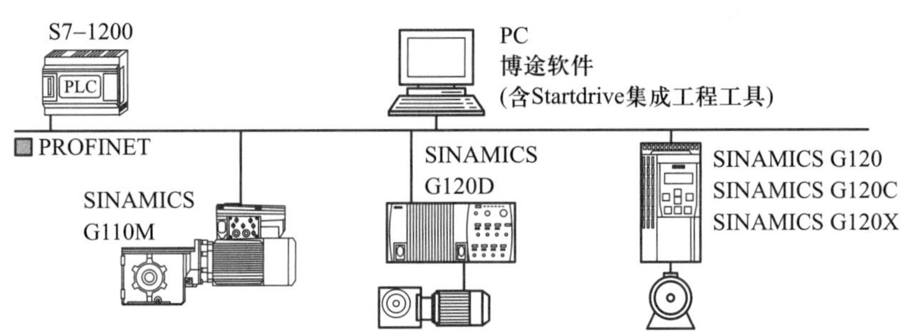

图 4–40 G120 变频器接入 PROFINET 网络

1. 参数访问

参数访问有两种，一种是周期过程数据交换，即 PROFINET IO 控制器可以将控制字和主给定值等过程数据周期性地发送至西门子变频器，并从西门子变频器周期性地读取状态字和实际转速等过程数据；另一种是变频器的参数访问，即提供 PROFINET IO 控制器访问西门子变频器参数的接口。

2. 周期性通信

西门子变频器的周期性通信主要依靠 PKW 通道（参数数据区）：通过 PKW 通道 PROFINET IO 控制器可以读写西门子变频器参数，每次只能读或写一个参数，PKW 通道的长度固定为 4 个字。PKW 通道的结构示意图如图 4–41 所示，PKE（第 1 个字）中，AK 为读或写任务（包括任务 ID 和应答 ID），位 11 预留且值始终为 0，PNU 为参数号；IND（第 2 个字）为参数下标；PWE（第 3 个和第 4 个字）为参数值。

参数通道						
PKE(第1个字)			IND(第2个字)		PWE(第3个和第4个字)	
15...12	11	10...0	15...8	7...0	15...0	15...0
AK	SPM	PNU	子索引	分区索引	PWE1	PWE2

图 4–41 PKW 通道结构示意图

3. 非周期性通信

西门子变频器的非周期通信，即 PROFINET IO 控制器通过非循环通信访问西门子变频器数据记录区，每次可以读或写多个参数。

4.3.3 变频器通信控制字和状态字格式

表 4–12 所示为 G120 变频器通信的部分报文，一般包含控制字和状态字，且过程值（即 PZD）数量不一。

表 4-12　G120 变频器通信的部分报文

报文编号	1		2		3		4		7		9		20	
过程值 1	控制字 1	状态字 1	控制字 1	状态字 1	控制字 1	状态字 1	控制字 1	状态字 1	控制字 1	状态字 1	控制字 1	状态字 1	控制字 1	状态字 1
过程值 2	转速设定值 16 位	转速实际值 16 位	转速设定值 32 位	转速实际值 32 位	转速设定值 32 位	转速实际值 32 位	转速设定值 32 位	转速实际值 32 位	选择程序段	EPOS 选择的程序段	选择程序段	EPOS 选择的程序段	转速设定值 16 位	经过平滑的转速实际值 A（16 位）
过程值 3											控制字 2	状态字 2		经过平滑的输出电流
过程值 4			控制字 2	状态字 2	控制字 2	状态字 2	控制字 2	状态字 2			MDI 目标位置			经过平滑的转矩实际值
过程值 5					编码器 1 控制字	编码器 1 状态字	编码器 1 控制字	编码器 1 状态字			MDI 速度			有功功率实际值
过程值 6						编码器 1 位置实际值 1 32 位	编码器 2 控制字	编码器 1 位置实际值 1 32 位			MDI 加速度			
过程值 7											MDI 减速度			
过程值 8						编码器 1 位置实际值 2 32 位		编码器 1 位置实际值 2 32 位			MDI 模式选择			
过程值 9														
过程值 10								编码器 2 状态字						
过程值 11								编码器 2 位置实际值 1 32 位						
过程值 12														
过程值 13								编码器 2 位置实际值 2 32 位						
过程值 14														

以本任务用到的标准报文 1 为例，表 4-13 所示为控制字含义与参数设置，表 4-14 所示为状态字含义与参数设置。根据表格含义，可以得出如下常用控制字：16#047E 表示停止就绪，16#047F 表示启动，16#0C7F 表示正转，16#04FE 表示故障复位等。

表 4-13　控制字含义与参数设置

控制字位	含义	参数设置
0	ON/OFF1	P840 = r2090.0
1	OFF2 停车	P844 = r2090.1
2	OFF3 停车	P848 = r2090.2
3	脉冲使能	P852 = r2090.3
4	使能斜坡函数发生器	P1140 = r2090.4
5	继续斜坡函数发生器	P1141 = r2090.5
6	使能转速设定值	P1142 = r2090.6
7	故障应答	P2103 = r2090.7
8，9	预留	—
10	通过 PLC 控制	P854 = r2090.10
11	反向	P1113 = r2090.11
12	未使用	—
13	电动电位计升速	P1035 = r2090.13
14	电动电位计降速	P1036 = r2090.14
15	CDS 位 0	P0810 = r2090.15

表 4-14　状态字含义与参数设置

状态字位	含义	参数设置
0	接通就绪	r899.0
1	运行就绪	r899.1
2	运行使能	r899.2
3	故障	r2139.3
4	OFF2 激活	r899.4
5	OFF3 激活	r899.5
6	禁止合闸	r899.6
7	报警	r2139.7
8	转速差在公差范围内	r2197.7
9	控制请求	r899.9
10	达到或超出比较速度	r2199.1

续表

状态字位	含义	参数设置
11	I、P、M 比较	r1407.7
12	打开抱闸装置	r899.12
13	报警电动机过热	r2135.14
14	正反转	r2197.3
15	CDS	r836.0

任务实施 >>>

微视频：

任务实施：PLC 和变频器通过 PROFINET 控制输送带电动机

4.3.4 通过 Startdrive 进行 G120 变频器报文配置

1. 设备配置

首先，完成 G120 变频器的电气安装后上电。在博途软件中选择添加设备，根据表 4-15 所示的产品信息进行添加。

表 4-15　G120 变频器的产品信息

序号	型号	订货号	描述
1	CU250S-2 PN Vector	6SL3246-0BA22-1FA0	控制单元类型：CU250S-2 PN Vector 总线系统：PROFINET 模拟量输入端：2 模拟量输出端：2 继电器输出端：3 数字量输入端：11 数字量输出端：0 其他输入 / 输出端：4 DI/DO Safety Integrated Functions：STO，SBC，SS1，SLS，SDI，SSM 防护等级：IP20
2	PM240-2 IP20	6SL3210-1PE12-3ULx	功率模块类型：IP20 U 400 V 0.75 kW 电压范围：380~480 V 功率（重过载）：0.55 kW 功率（轻过载）：0.75 kW 再生能量回馈：无 可采用的制动方式：电动机抱闸，直流制动，混合制动，动态制动 防护等级：IP20

图 4-42 所示为添加了 CU250S-2 PN Vector 和 PM240-2 IP20 后的 G120 变频器设备概览。

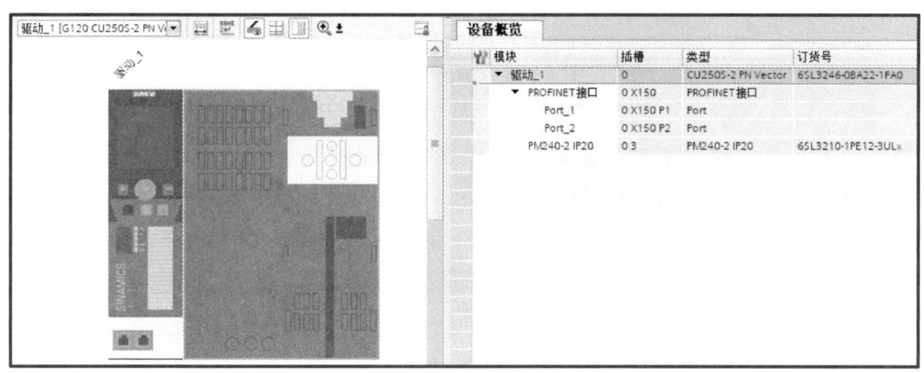

图 4-42　G120 变频器设备概览

2. 报文设置

进入 Startdrive 调试向导，在“设定值指定”窗口中需要选择 PLC 与驱动数据交换（图 4-43）。

在图 4-44 所示的“设定值 / 指令源的默认值”中设置“选择 I/O 的默认配置”为“[7] 场总线，带有数据组转换”，并设置“报文配置”为“[1] 标准报文 1，PZD-2/2”。

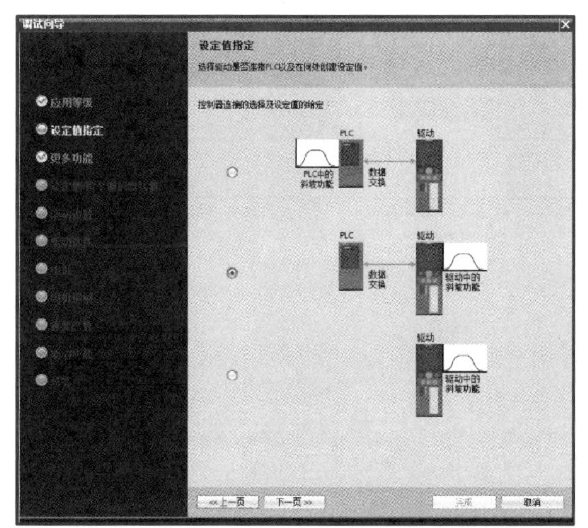

图 4-43　选择 PLC 与驱动数据交换

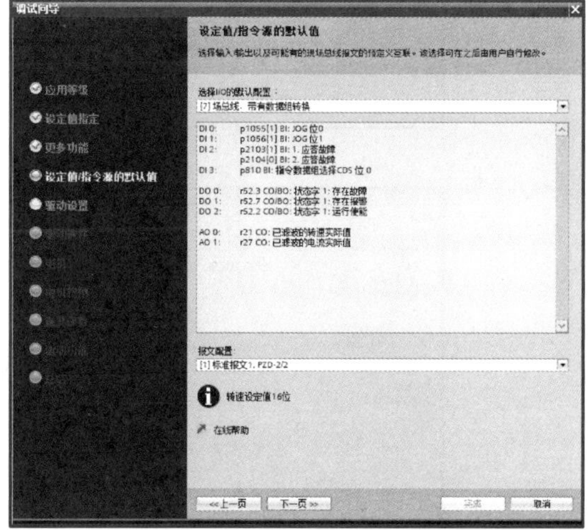

图 4-44　报文配置

完成上述步骤后，按说明书进行电动机调试。

3. 设置通信伙伴

在博途软件中添加 PLC 和触摸屏设备，并按照图 4-45 所示进行设备 PN 联网，包括 PLC_1（CPU 1215C，IP 地址为 192.168.0.1）、驱动 _1（G120 CU250S-2 PN，IP 地址为 192.168.0.2）、HMI_1（KTP700 Basic PN，IP 地址为 192.168.0.3），其 IP 地址在同一频段内。

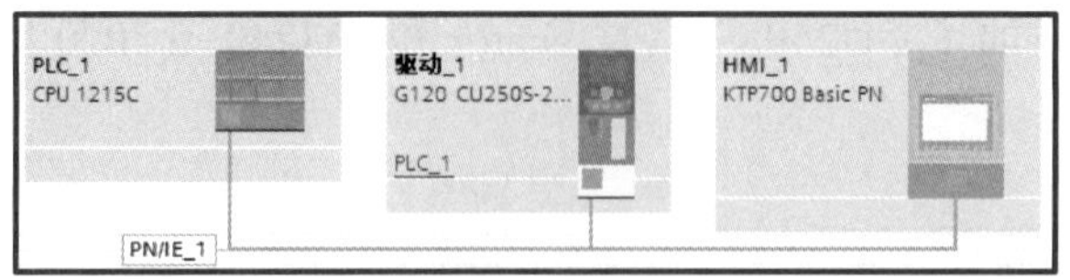

图 4-45　设备 PN 联网

如图 4-46 所示，单击 G120 变频器设置“报文配置”。无论发送还是接收，起始地址均可改变，这里选择默认值 I 256 和 Q 256。

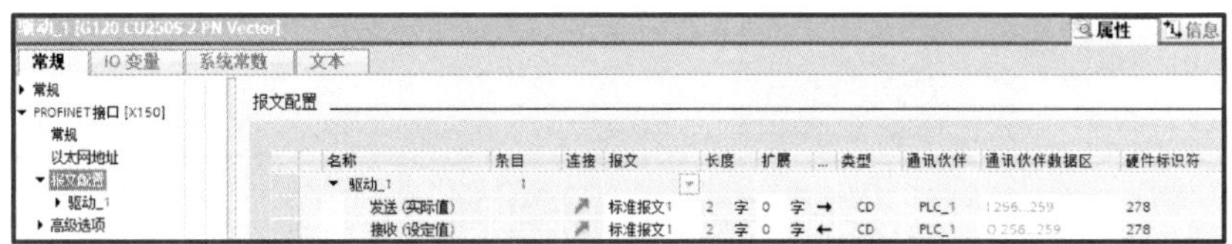

(a) 报文配置总览

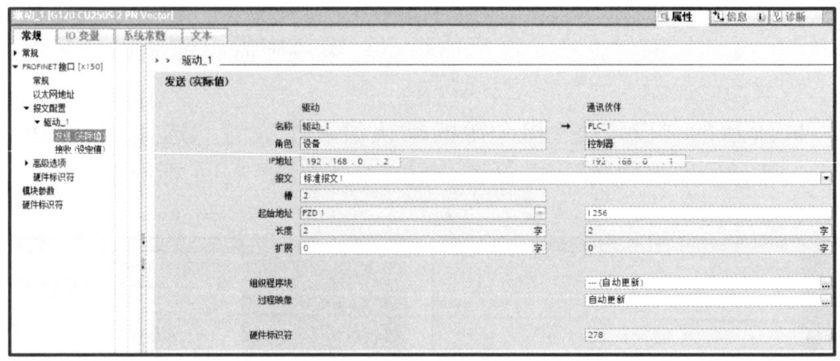

(b) 发送报文配置

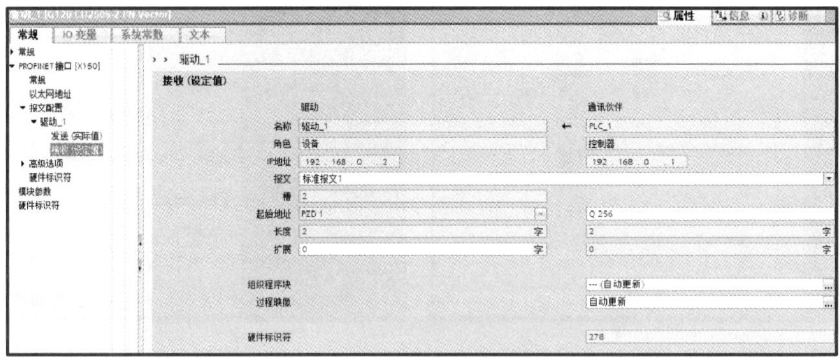

(c) 接收报文配置

图 4-46　设置报文配置

4.3.5　PLC 数据块和变量定义

1. 数据块定义

新建一个全局数据块“数据块 _1”（DB1），如表 4-16 所示，包括 MultiSpeed（多段速组，定义为 Array [0..6] of Int)、Speed1 (数字速度设定值)、Speed2 (多段速速度转换值)、Speed3 (变频器给定数值)。

表 4-16　数据块数据定义

名称	数据类型	含义	起始值
MultiSpeed	Array [0..6] of Int	多段速组，7 段速的具体设定值 (0~6 为下标)，如 MultiSpeed [0] 表示 1 段速、MultiSpeed [1] 表示 2 段速，依此类推	[200, 400, 600, 800, 1000, 1200, 1400]
Speed1	Int	数字速度设定值	600
Speed2	Int	多段速速度转换值	—
Speed3	Int	变频器给定数值	—

2. 变量定义

本任务 PLC 的变量定义如表 4-17 所示。

表 4-17　变 量 定 义

名称	变量名	备注
HMI 启动按钮	M10.0	触摸屏按钮
HMI 停止按钮	M10.1	触摸屏按钮
变频器启停信号	M10.2	中间变量
HMI 复位按钮	M10.3	触摸屏按钮
HMI 切换按钮	M10.4	触摸屏开关
HMI 多段速 +	M10.5	触摸屏按钮
HMI 多段速 −	M10.6	触摸屏按钮
多段速变量	MW12	中间变量
HMI 显示速度	MW14	触摸屏 I/O 域
动画数据 1	MD16	中间变量
动画数据 2	MD20	中间变量
控制字 1	QW256	PLC → G120 变频器
转速设定值	QW258	PLC → G120 变频器

4.3.6　触摸屏组态

KTP700 触摸屏的画面组态如图 4-47 所示，分多段速设定速度时的触摸屏界面和数字设定速度时的触摸屏界面，通过设置可见动画来显示两种状态。

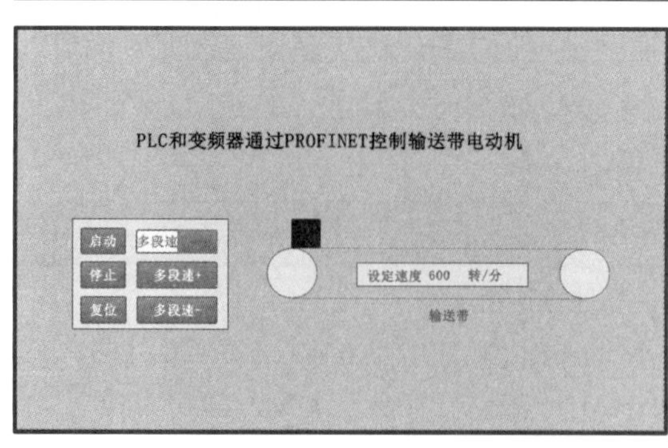

(a) 多段速设定速度时的触摸屏界面

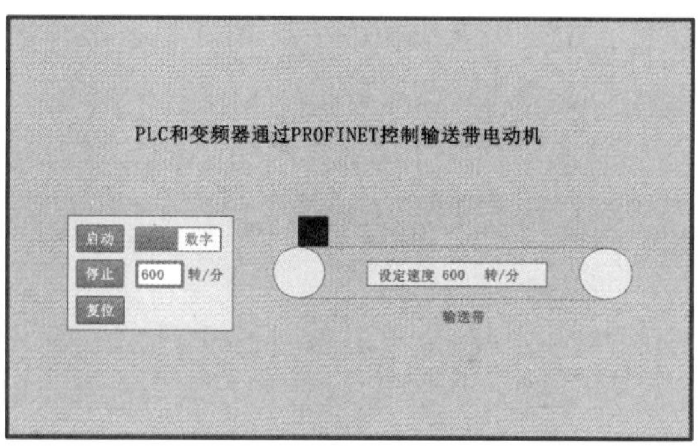

(b) 数字设定速度时的触摸屏界面

图 4-47　KTP700 触摸屏的画面组态

图 4-48 所示为输送带上物品的水平移动动画设置，即进行水平移动。

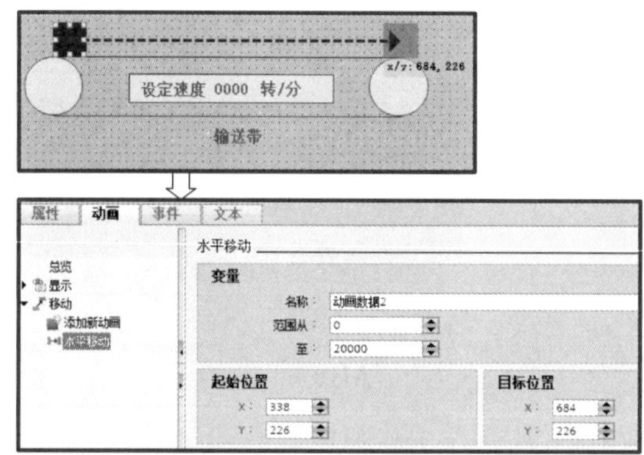

图 4-48　物品的水平移动动画设置

4.3.7　PLC 编程

1. SpeedChange（FC1）编程

表 4-18 所示是 SpeedChange（FC1）的参数定义。

表 4-18　FC1 参数定义

名称		数据类型	备注
Input	IN1	Int	多段速下标 0~6
	Multi	Bool	多段速设定开关
Output	OUT1	Int	变频器给定数值
InOut	Data1	Int	数字设定速度值
Temp	TMP1	Int	临时整数变量
	TMP2	Real	临时实数变量

SpeedChange（FC1）的梯形图程序如图 4-49 所示，具体说明如下：

程序段 1：多段速设定时，从数据块中获取相应的设定值。

程序段 2：数字设定时，从 HMI 获取设定值。

程序段 3：将速度设定值转化为变频器给定数值。调用 NORM_X 标准化指令、SCALE_X 缩放指令。

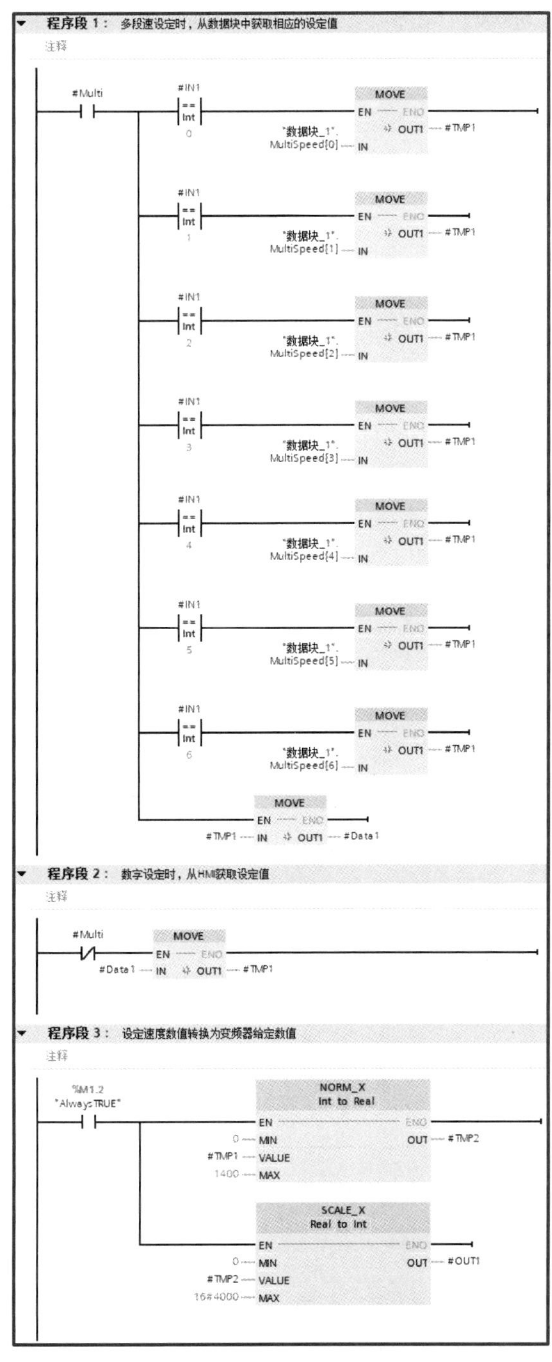

图 4-49 FC1 梯形图程序

2. Donghua（FB1）编程

FB1 是实现动画显示的块，其参数定义如表 4-19 所示。

表 4-19　FB1 参数定义

名称		数据类型	备注
Input	IN1	Bool	接通信号
	Speed	Int	速度值
InOut	Data1	DInt	定时器实时值
	Data2	DInt	动画数据
	State1	Bool	定时器复位信号
Static	IEC_Timer_0_Instance	TON_TIME	定时器
Temp	TMP1	Real	临时实数变量
	TMP2	Real	临时实数变量
	TMP3	Real	临时实数变量
	TMP4	Real	临时实数变量

图 4-50 所示为动画显示 FB1 的梯形图程序，其编程思路采用了速度系数。

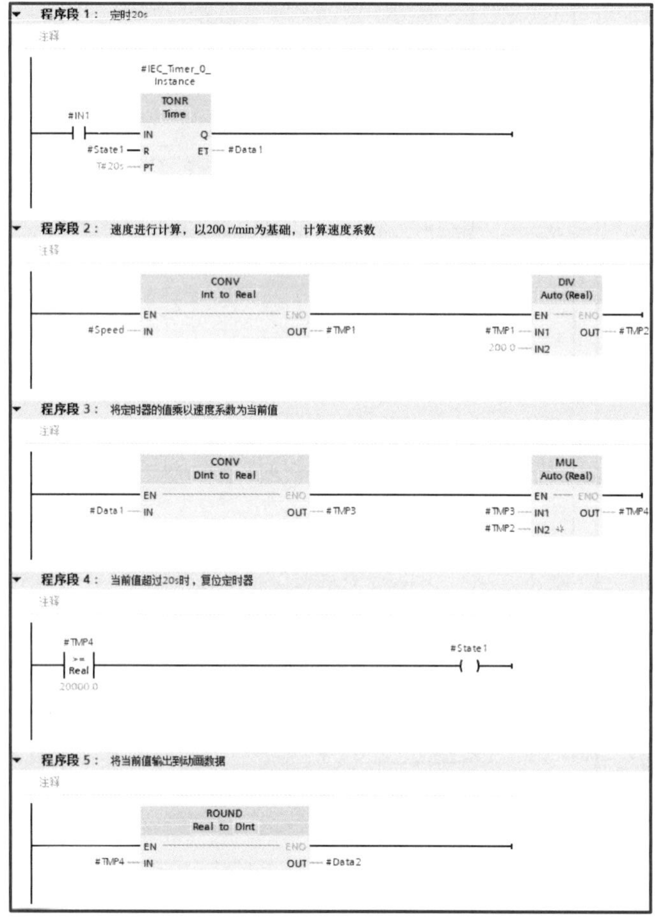

图 4-50　FB1 梯形图程序

3. OB1 编程

图 4-51 所示为 OB1 的梯形图程序，具体说明如下：

程序段 1：上电初始化，设置 HMI 切换开关为 OFF，即数字速度设定；同时设定多段速默认为第 2 速。

程序段 2：启动信号，置位 M10.2。

程序段 3：多段速设定频率时，进行速度换算。

程序段 4：数字频率设定时，进行速度换算。

程序段 5：变频器控制，即当变频器停止时，即 M10.2＝OFF 时，发送 16#047E 给控制字 1；当变频器启动时，即 M10.2＝ON 时，发送 16#047F 给控制字 1。发送变频器实际设定值（即“数据块_1”.speed3）到 QW258；当复位按钮动作时，发送 16#04FE 给控制字 1。

程序段 6：停止信号，复位 M10.2。

程序段 7：调用动画显示 FB。

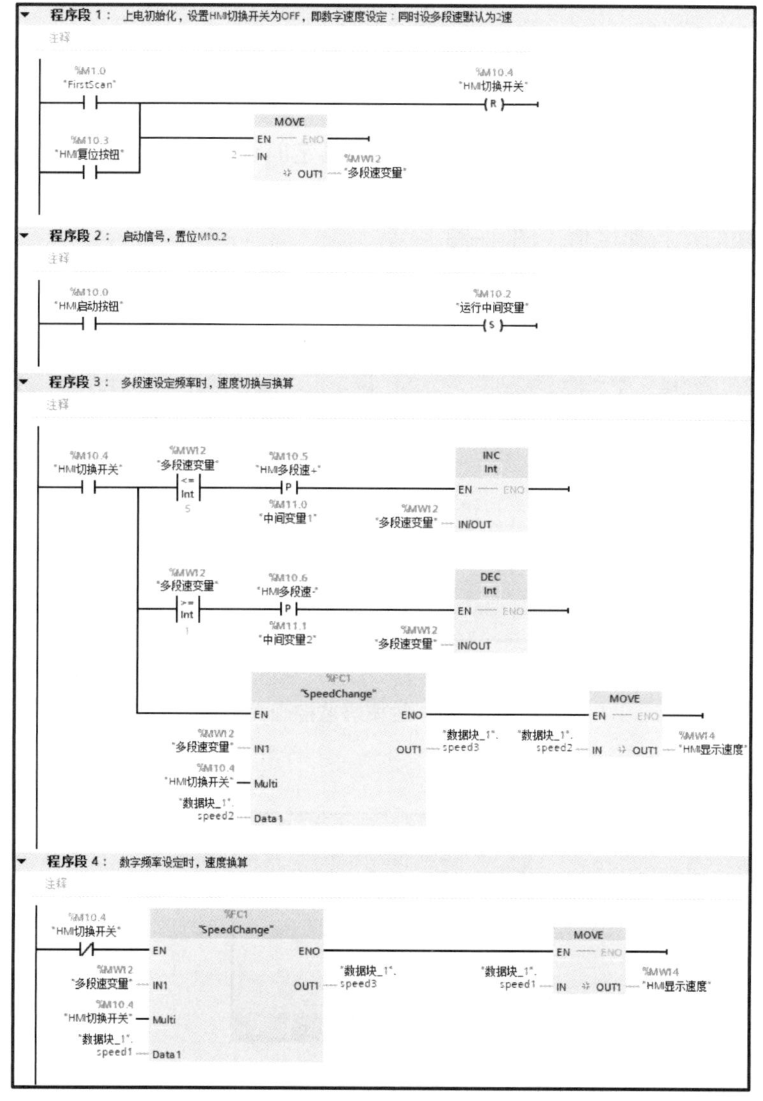

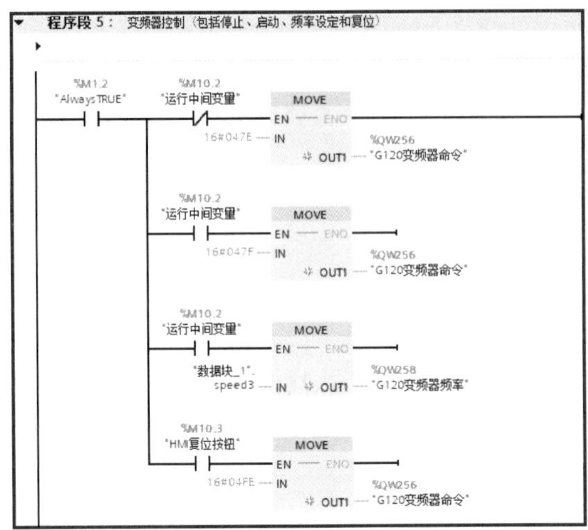

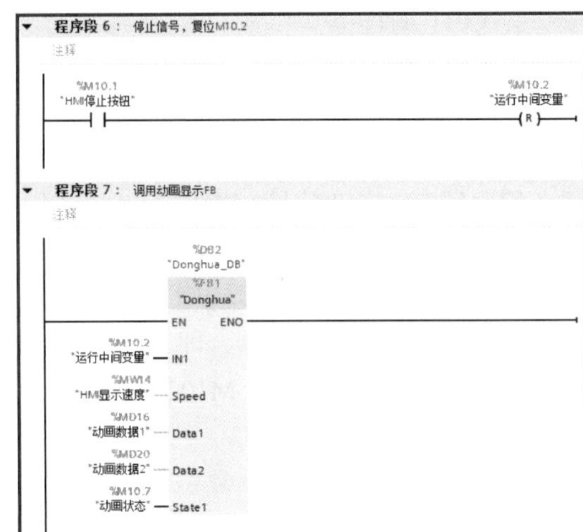

图 4-51 OB1 梯形图程序

4.3.8 系统调试

图 4-52 所示为触摸屏监控画面，当多段速设定时，可以通过“多段速 +”和“多段速 -”实现；当数字设定时，可以直接输入具体数值，如 698 转 / 分（r/min），同时在变频器上显示同样的运行速度值（图 4-53）。

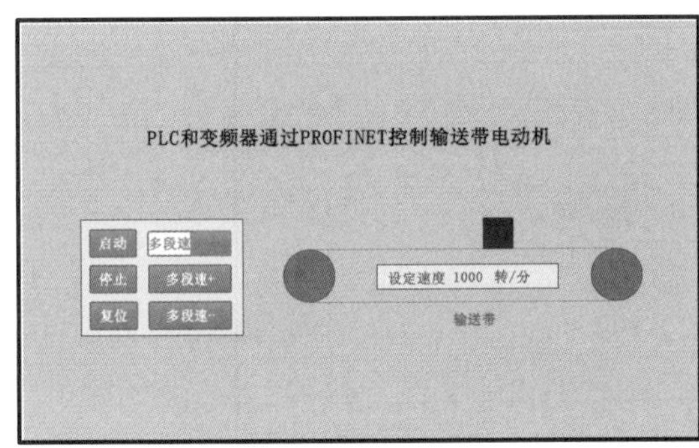

(a) 多段速设定时的触摸屏显示 (b) 数字设定时的触摸屏显示

图 4-52 触摸屏监控画面

图 4-53 变频器显示转速实际值

技能考核

考核任务：

1. 完成 PLC、变频器和触摸屏之间 PROFINET 连接且通信正常。
2. 采用软件设置 PLC 与变频器的通信方式设为标准报文 1。
3. 采用触摸屏组态和 PLC 编程完成变频器的通信控制。

评分标准：

按要求完成考核任务，其评分标准如表 4-20 所示。

表 4-20 评分标准

姓名：		任务编号：4.3	综合评价：		
序号	考核项目	考核内容及要求	配分	评分标准	得分
1	电工安全操作规范	着装规范，安全用电，走线规范合理，工具及仪器仪表使用规范，任务完成后整理场地并保持场地清洁有序	20	现场考评	
2	实训态度	不迟到、不早退、不旷课，实训过程认真负责，组内人员主动沟通、协作，小组间互助	10		
3	系统方案制订	PLC 和变频器控制对象说明与分析合理	10		
		PLC 和变频器控制电路电气原理图正确			
4	编程能力	能使用通信组态采用标准报文 1 进行编程	15		
		能进行数据块定义，并正确使用数据块变量			
5	操作能力	根据电气原理图正确接线，线路美观且可靠	25		
		根据变频器说明书正确设定通信方式			
		根据系统功能进行正确操作演示			
6	实践效果	系统工作可靠，满足工作要求	10		
		PLC 和触摸屏变量命名规范，变频器通信响应正常			
		按规定的时间完成任务			
7	汇报总结	工作总结，PPT 汇报	5		
		填写自我检查表及反馈表			
8	创新实践	在本任务中有另辟蹊径、独树一帜的实践内容	5		
合计			100		

注：综合评价可以采用教师评价、学生评价、组间评价和企业评价按一定比例计算后综合得出五级制成绩，即 90～100 分为优，80～89 分为良，70～79 分为中，60～69 分为及格，0～59 分为不及格。

项目4拓展阅读

思考与练习

1. 图4-54所示为某包装生产线，其中输送带运转、计数动作由PLC1完成；包括伸缩气缸（双向电磁阀YV1/YV2）、升降气缸（双向电磁阀YV3/YV4）和手爪（电磁阀YV5）在内的机械手负责产品放置到包装箱内，并由PLC2完成。生产线设置有放料到位感应开关B1，一旦启动输送带后，到达感应开关B1时，机械手进行装箱动作；计数信号为B2，设定计数值为10，计满则需要复位才能继续下一次装箱。两台PLC之间通过PROFINET IO或S7协议通信，请列出该生产线的I/O分配表，进行生产线电气设计，编写PLC程序，并进行调试。

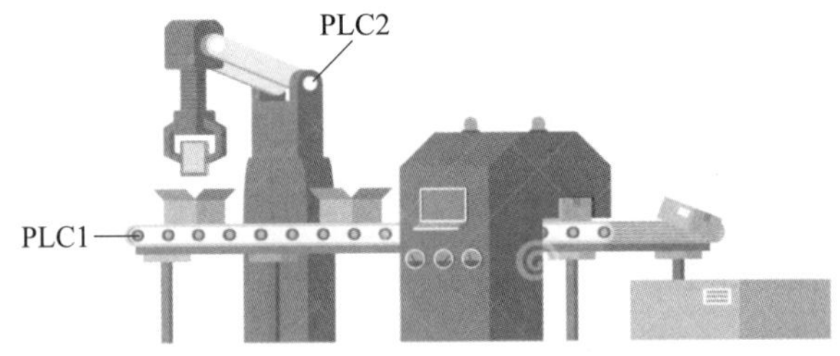

图4-54　题1图

2. 两个路口的交通灯分别由各自的PLC进行控制，但两者可以实施联动，实施绿波带功能。即交通灯1东西向绿灯亮时，延时5 s后，交通灯2东西向绿灯亮；交通灯1东西向红灯亮时，延时5 s后，交通灯2东西向红灯亮。两台PLC之间通过PROFINET IO或S7协议通信，请列出该交通灯I/O分配表，进行交通灯电气设计，编写PLC程序，并进行调试。

3. 某隧道通风系统采用一台G120变频器带动的风机进行控制，由PLC1采集烟雾、烟尘浓度和有毒气体浓度等开关信号，通过PROFINET IO或S7协议通信送入PLC2，来控制风机速度。当采集的状态变量均为OFF时，变频器运行频率为20 Hz；变频器加大风速时可以采用每隔1分钟加1 Hz，最高频率50 Hz。具体示意如图4-55所示。请列出PLC的I/O分配表，进行电气设计，编写PLC程序，并进行调试。

4. 基于任务4.3的变频器通信接线方式，请编程完成以下内容：

（1）在KTP700触摸屏设定当前频率为0~50.0 Hz，显示当前G120变频器的状态和运行频率。

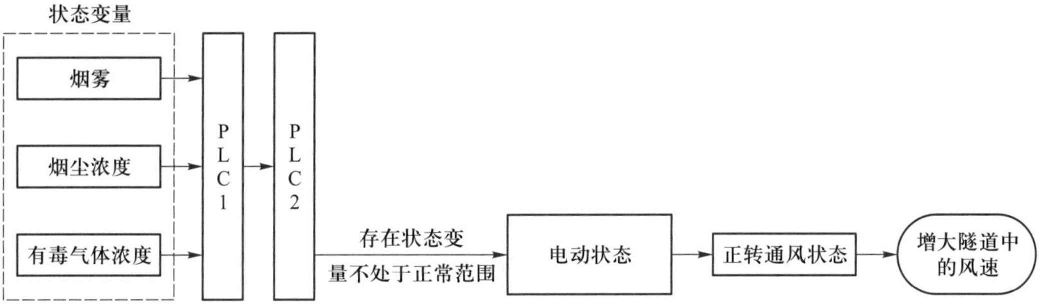

图 4-55　题 3 图

（2）在 KTP700 触摸屏设定四段速度为 0~1 390 r/min，通过按钮来选择某段速度并通信控制变频器运行。

（3）在 KTP700 触摸屏设定八段速度为 0~1 390 r/min，通过定时器来自动选择这八段速度按时间变化运行。

项目 5 PLC 控制步进与伺服

导读

运动控制是对机械运动部件的位置、速度等进行实时控制管理，使其按照预期的运动轨迹和规定的运动参数进行运动。最常见的运动控制技术是步进与伺服控制技术，它是伴随着数控技术、机器人技术和工厂自动化技术的发展而来的。本项目主要阐述了步进电动机、伺服电动机及其控制基础，以及通过指令来实现回零、速度控制、相对移动或绝对移动等工艺命令。在项目中，S7-1200 PLC 还可采用 PROFINET 方式连接 V90 驱动器，采用 PROFIdrive 报文进行通信，以实现高精度的定位控制。

知识目标

1. 了解步进和伺服控制系统的基本构成。
2. 掌握伺服驱动器的定位原理。
3. 掌握伺服驱动器的参数设置。
4. 掌握伺服驱动器 PROFINET 通信报文的含义。

能力目标

1. 能根据控制要求，结合设备手册，使用软件正确测试步进电动机运行。
2. 能根据控制要求，进行伺服驱动器的电气接线与编程。
3. 能设计包含触摸屏、PLC 和伺服在内的 PROFINET 控制系统。

素养目标

1. 遵循电气和设备安全规范，养成良好的操作习惯。
2. 在增强主动性和紧迫感的同时，更要懂得由浅入深、循序渐进的学习。
3. 了解中国自主研制的空间机械臂，进一步增强民族自信心。

任务 5.1　步进电动机控制小车实现多工位运行

任务描述

图 5-1 所示为步进电动机控制小车实现多工位运行的示意图，其中，小车安装在丝杠上随轨道左右滑行，步进电动机则由 S7-1200 PLC 控制。根据如下要求进行电气连接并编程：

（1）丝杠机构设有左限位、原点、右限位，由 PLC 的数据块分别给出工位 1、2、3 的固定位置值。

（2）小车多工位运行需要设置回零按钮来进行找原点定位，需要工位 1、2、3 的按钮来分别控制到达的相应位置，实现绝对定位功能。

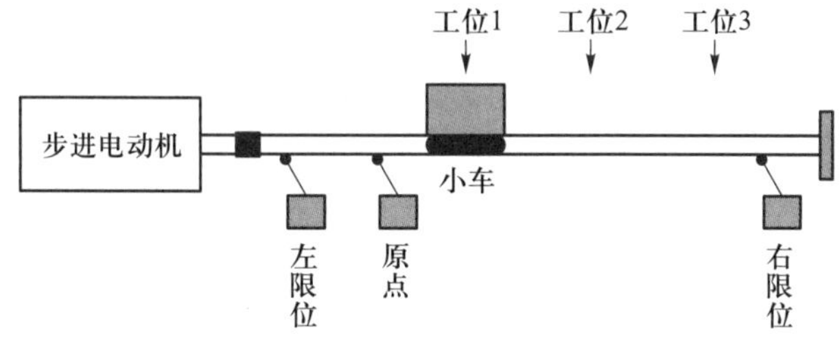

图 5-1　任务 5.1 控制示意图

知识准备

5.1.1　运动控制入门

S7-1200 PLC 可以实现运动控制的基础在于其集成了高速计数口、高速脉冲输出口等硬件和相应的软件功能。如图 5-2 所示为 S7-1200 PLC 的运动控制应用，即 CPU 输出脉冲（即脉冲串输出，pulse train output，简称 PTO）和方向到驱动器（步进或伺服），驱动器再将从 CPU 输入的给定值进行处理后输出到步进电动机或伺服电动机，带动丝杠机构，通过控制电动机加速、减速和移动到指定位置；同时，PLC 也可以从 HSC 口获得位置实际脉冲信号，用于闭环控制或位置检测。

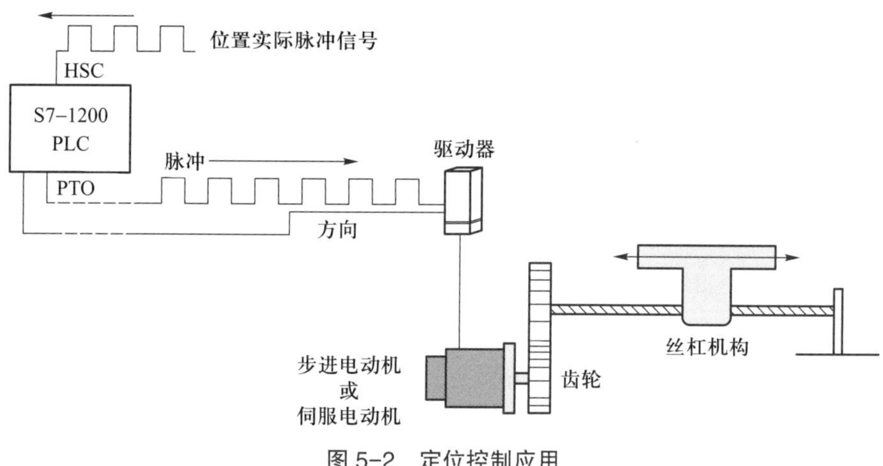

图 5–2　定位控制应用

1. 高速脉冲输入

S7–1200 PLC 最多可组态 6 个高速计数器（HSC1～HSC6），内置输入可达 100 kHz 甚至以上，可用于连接接近开关、增量式编码器等，通过对硬件组态和调用相关指令块来实现计数功能。

S7–1200 PLC 高速计数器的计数类型主要分为以下 4 种：

（1）计数：计算脉冲次数并根据方向控制递增或递减计数值，在指定事件上可以重置计数、取消计数和启动当前值捕获等。

（2）周期：在指定的时间周期内计算输入脉冲的次数。

（3）频率：测量输入脉冲和持续时间，然后计算脉冲的频率。

（4）运动控制：用于运动控制工艺对象，不适用于高速计数。

图 5–3 所示为连接编码器的 HSC，可以用来定位控制。

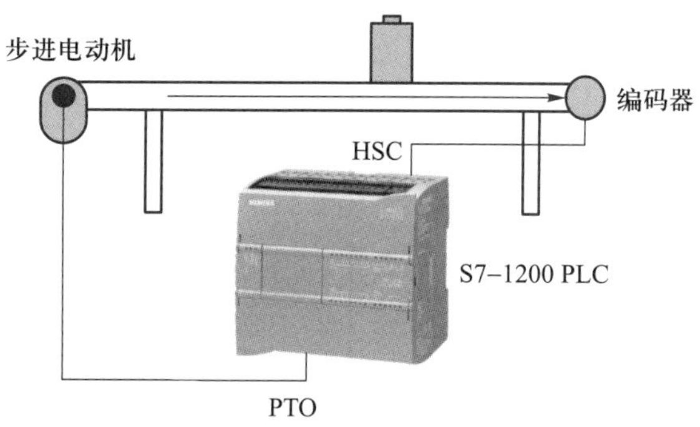

图 5–3　连接编码器的 HSC

2. 高速脉冲输出

S7–1200 PLC 的高速脉冲输出包括脉冲串输出（PTO）和脉冲调制输出（PWM），前者可以输出一串脉冲（占空比 50%），用户可以控制脉冲的周期和个数，如图 5–4（a）所示；后者可以输出连续的、占空比可以调制的脉冲串，用户可以控制脉冲的周期和脉宽，如图 5–4（b）所示。

图 5–4　高速脉冲 PTO 和 PWM

需要注意，目前 S7–1200 CPU 的输出类型只支持 PNP 输出、DC24 V 的脉冲信号，继电器的触点不能用于 PTO 功能，在与驱动器连接的过程中尤其关注。

5.1.2　与运动控制相关的指令

在工艺指令中可以获得如图 5–5 所示的一系列运动控制指令。具体为：MC_Power 启用 / 禁用轴；MC_Reset 确认错误，重新启动；MC_Home 归位轴，设置起始位置；MC_Halt 暂停轴；MC_MoveAbsolute 以绝对方式定位轴；MC_MoveRelative 以相对方式定位轴；MC_MoveVelocity 以预定义速度移动轴；MC_MoveJog 以“点动”模式移动轴；MC_CommandTable 按运动顺序运行轴作业；MC_ChangeDynamic 更改轴的动态设置；MC_WriteParam 写入工艺对象的参数；MC_ReadParam 读取工艺对象的参数。

1. MC_Power 指令

轴在运动前必须先被使能，使用 MC_Power 指令（见图 5–6）可集中启用或禁用轴。如果启用了轴，则分配给此轴的所有运动控制指令都将被启用；如果禁用了轴，则用于此轴的所有运动控制指令都将无效，并将中断当前所有作业。

图 5–5　运动控制指令

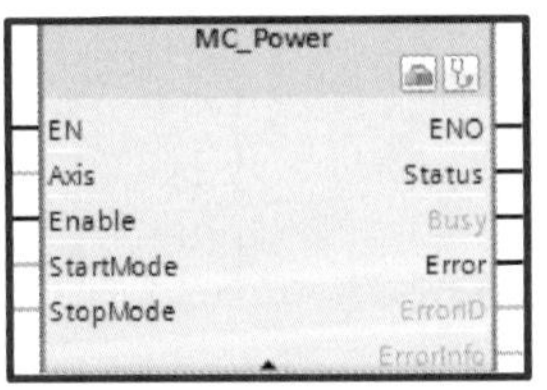

图 5–6　MC_Power 指令

表 5–1 所示为 MC_Power 指令主要引脚含义。MC_Power 指令必须在程序里一直调用，并保证 MC_Power 指令在其他 Motion Control 指令的前面调用。

表 5-1　MC_Power 指令主要引脚含义

引脚参数	数据类型	含义
EN	Bool	该输入端是 MC_Power 指令的使能端，不是轴的使能端
Axis	TO_Axis_PTO	轴工艺对象
Enable	Bool	当 Enable 端变高电平后，CPU 就按照工艺对象中组态好的方式使能外部驱动器；当 Enable 端变低电平后，CPU 就按照 StopMode 中定义的模式进行停车
StartMode	Int	0：速度控制；1：位置控制
StopMode	Int	0：紧急停止；1：立即停止（PLC 立即停止发送脉冲）；2：有加速度变化率控制的紧急停止

2. MC_Reset 指令

图 5-7 所示的 MC_Reset 指令为错误确认，即如果存在一个需要确认的错误，可通过上升沿激活 Execute 端，进行复位。表 5-2 为 MC_Reset 指令主要引脚含义。

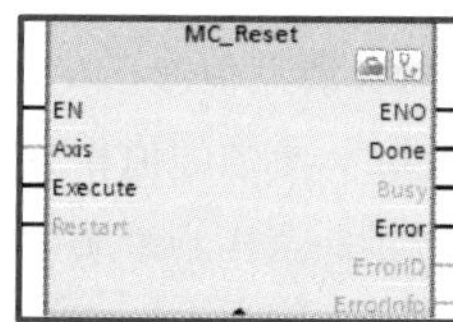

图 5-7　MC_Reset 指令

表 5-2　MC_Reset 指令主要引脚含义

引脚参数	数据类型	含义
EN	Bool	该输入端是 MC_Reset 指令的使能端
Axis	TO_Axis_PTO	轴工艺对象
Execute	Bool	MC_Reset 指令的启动位，用上升沿触发
Restart	Bool	0：用来确认错误；1：将轴的组态从装载存储器下载到工作存储器（只有在禁用轴的时候才能执行该命令）
Done	Bool	表示轴的错误已确认

3. MC_Home 指令

轴回零（又称回原点）由运动控制语句“MC_Home”启动（见图 5-8）。回零期间，参考点坐标设置在定义的轴机械位置处。表 5-3 为 MC_Home 指令主要引脚含义。

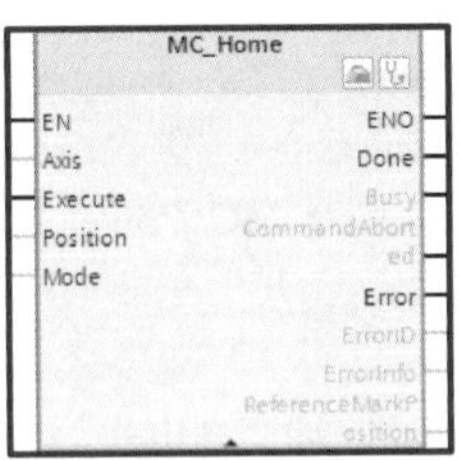

图 5-8　MC_Home 指令

表 5-3　MC_Home 指令主要引脚含义

引脚参数	数据类型	含义
EN	Bool	该输入端是 MC_Reset 指令的使能端
Axis	TO_Axis_PTO	轴工艺对象
Execute	Bool	MC_Home 指令的启动位，用上升沿触发
Position	Real	根据 Mode 值来变化。当 Mode＝0、2、3 时，完成回原点指令后为轴的绝对位置；当 Mode＝1 时，为当前轴的校正值
Mode	Int	0：绝对式直接回零。无论参考凸轮位置为何，都设置轴位置。不取消其他激活的运动。立即激活“MC_Home”语句中的“Position”参数的值作为轴的参考点和位置值，轴必须处于停止状态才能将参考点准确分配到机械位置。 1：相对式直接回零。无论参考凸轮位置为何，都设置轴位置。不取消其他激活的运动。适用于参考点和轴位置的规则：新的轴位置 ＝ 当前轴位置 ＋“Position”参数的值。 2：被动回零。在被动回零模式下，运动控制语句“MC_Home”不执行参考点逼近。不取消其他激活的运动。逼近参考点开关必须由用户通过运动控制语句或由机械运动执行。 3：主动回零。在主动回零模式下，运动控制语句“MC_Home”执行所需要的参考点逼近，将取消其他所有激活的运动

4. MC_Halt 指令

图 5-9 所示的 MC_Halt 指令为停止轴的运动，每个被激活的运动指令，都可由此块停止，上升沿使能 Execute 后，轴会立即按照组态好的减速曲线停车。

5. MC_MoveAbsolute 指令

图 5-10 所示的 MC_MoveAbsolute 指令为绝对位置移动，它需要定义好参考点并建立起坐标系后才能使用，通过指定参数 Position 和 Velocity 可到达机械限位内的任意一点，当上升沿使能 Execute 选项后，系统会自动计算当前位置与目标位置之间的脉冲数，并加速到指定速度，在到达目标位置时减速到启动 / 停止速度。表 5-4 为 MC_MoveAbsolute 指令主要引脚含义。

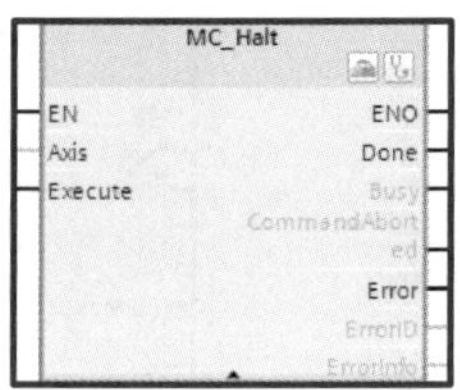

图 5-9　MC_Halt 指令

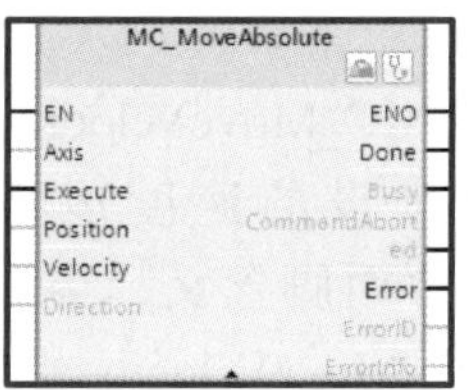

图 5-10　MC_MoveAbsolute 指令

表 5-4　MC_MoveAbsolute 指令主要引脚含义

引脚参数	数据类型	含义
EN	Bool	该输入端是 MC_Reset 指令的使能端
Axis	TO_Axis_PTO	轴工艺对象
Execute	Bool	MC_Home 指令的启动位，用上升沿触发
Position	Real	绝对目标位置
velocity	Real	绝对运动速度
Direction	Int	0：速度符号定义方向；1：正向速度运动控制；2：反向运动控制；3：距离目标最短的运动控制

6. MC_MoveRelative 指令

如图 5-11 所示的 MC_MoveRelative 指令为相对位置移动，它的执行不需要建立参考点，只需定义运行距离、方向及速度。当上升沿使能 Execute 端后，轴按照设置好的距离与速度运行，其方向根据距离值的符号决定。

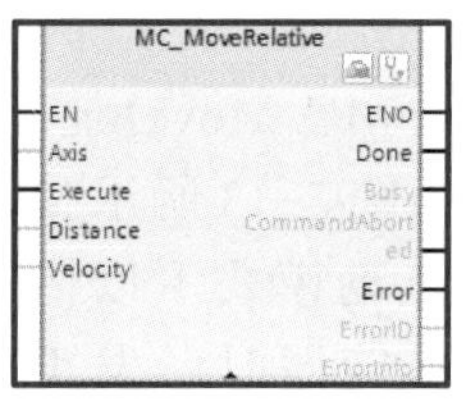

图 5-11　MC_MoveRelative 指令

绝对位置移动指令与相对位置移动的主要区别在于：是否需要建立坐标系统（即是否需要参考点）。绝对位置移动指令需要知道目标位置在坐标系中的坐标，并根据坐标自动决定运动方向而不需要定义参考点；而相对位置移动只需要知道当前点与目标位置的距离（Distance），由用户给定方向，无须建立坐标系。表 5-5 为 MC_MoveRelative 指令主要引脚含义。

表 5-5　MC_MoveRelative 指令主要引脚含义

引脚参数	数据类型	说明
EN	Bool	该输入端是 MC_Reset 指令的使能端
Axis	TO_Axis_PTO	轴工艺对象
Execute	Bool	MC_Home 指令的启动位，用上升沿触发
Distance	Real	相对轴当前位置移动的距离，用符号正负来表示方向
velocity	Real	相对运动速度

7. MC_MoveVelocity 指令

图 5-12 所示的 MC_MoveVelocity 指令为速度运行指令，即使轴以预设的速度运行。表 5-6 是 MC_MoveVelocity 指令主要引脚含义。当设定“Velocity”数值为 0.0 时，触发 MC_MoveVelocity 指令后，轴会以组态的减速度停止运行，相当于 MC_Halt 指令。

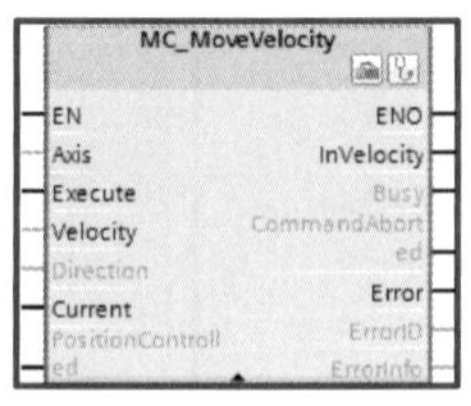

图 5-12　MC_MoveVelocity 指令

表 5-6　MC_MoveVelocity 指令主要引脚含义

引脚参数	数据类型	含义
EN	Bool	该输入端是 MC_Reset 指令的使能端
Axis	TO_Axis_PTO	轴工艺对象
Execute	Bool	MC_Home 指令的启动位，用上升沿触发
velocity	Real	轴运行的速度
Direction	Int	0：旋转方向取决于参数“Velocity”值的符号；1：正方向旋转，忽略参数“Velocity”值的符号；2：反方向旋转，忽略参数“Velocity”值的符号
Current	Bool	0：轴按照参数“Velocity”和“Direction”值运行；1：轴忽略参数“Velocity”和“Direction”值，轴以当前速度运行

8. MC_MoveJog 指令

如图 5-13 所示 MC_MoveJog 指令为点动模式移动轴，即在点动模式下以指定的速度连续移动轴。使用该指令时，不能同时触发正向点动和反向点动。表 5-7 是 MC_MoveVelocity 指令主要引脚含义。

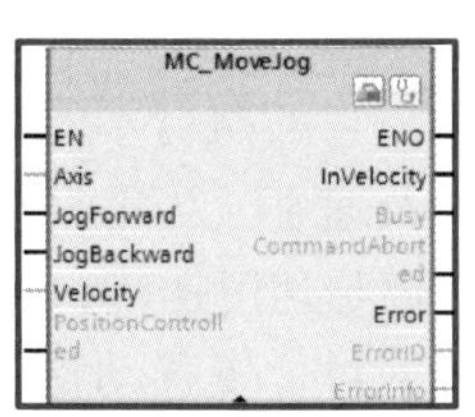

图 5-13　MC_MoveJog 指令

表 5-7　MC_MoveVelocity 指令主要引脚含义

引脚参数	数据类型	含义
EN	Bool	该输入端是 MC_Reset 指令的使能端
Axis	TO_Axis_PTO	轴工艺对象
JogForward	Bool	正向点动，不是用上升沿触发，JogForward 为 1 时，轴运行；JogForward 为 0 时，轴停止。类似于按钮功能，按下按钮，轴就运行；松开按钮，轴停止运行
JogBackward	Bool	反向点动。在执行点动指令时，保证 JogForward 和 JogBackward 不会同时触发，可以用逻辑进行互锁
velocity	Real	轴点动运行的速度

5.1.3　步进电动机的工作原理

步进电动机是利用电磁铁原理，将脉冲信号转换成线位移或角位移的电动机。如图 5-14 所示，每来一个电平脉冲，电动机就转动一定角度，最终带动机械移动一段距离。

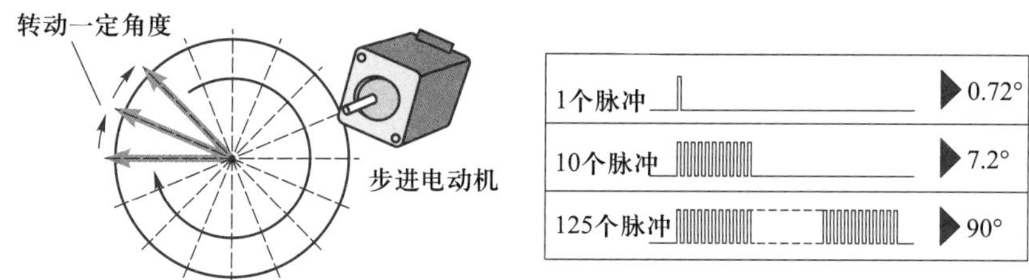

图 5-14　步进电动机工作原理

步进电动机的步距角表示控制系统每发送一个脉冲信号时电动机所转动的角度，也可以说，每输入一个脉冲信号电动机转子转过的角度称为步距角，用 θ_s 表示。如图 5-15 所示为某两相步进电动机步距角 $\theta_s=1.8°$ 的示意图。

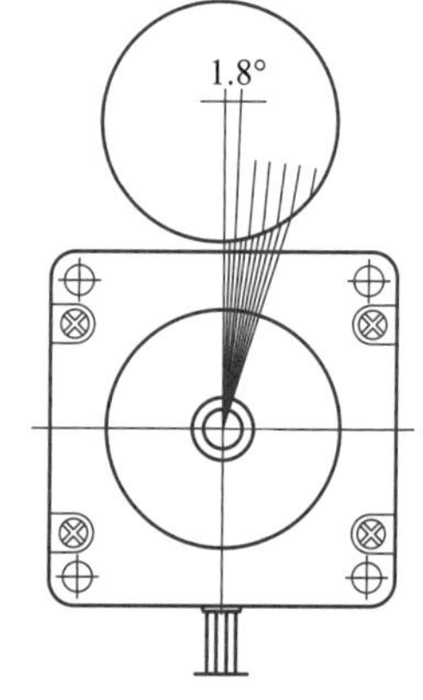

图 5-15　某两相步进电动机步距角为 1.8°

步进电动机的角位移量或线位移量与电脉冲数成正比，即步进电动机的转动距离正比于施加到驱动器上的脉冲数。步进电动机转动（即电动机出力轴转动角度）和脉冲数的关系为

$$\theta=\theta_s\times A \tag{5-1}$$

式中：

θ——电机出力轴转动角度，度；

θ_s——步距角，(°) / 步；

A——脉冲数，个。

控制脉冲频率，即可控制步进电动机的转速。由于步进电动机的转速与施加到步进电动机驱动器上的脉冲信号频率成比例关系。电动机的转速（r/min）与脉冲频率（Hz）的关系（在整步模式下）为

$$N=\frac{\theta_s}{360}\times f\times 60 \tag{5-2}$$

式中：

N——电机出力轴转速，r/min；

θ_s——步距角，(°) / 步；

f——脉冲频率，Hz（每秒输入脉冲数）。

任务实施 >>>

5.1.4　PLC I/O 分配与控制电路设计

本任务中 PLC 选型为西门子 CPU1215C DC/DC/DC，输入接 3 个限位开关、回零按钮、3 个工位按钮和使能开关，输出接步进驱动器的脉冲和方向。表 5-8 为 PLC 端子控制的 I/O 分配。

表 5-8　PLC 端子控制的 I/O 分配

	PLC 软元件	元件符号 / 名称
输入	I0.0	SQ1/ 轴 _1_ 归位开关（NO）
	I0.1	SQ2/ 轴 _1_ 左限位（NO）
	I0.2	SQ3/ 轴 _1_ 右限位（NO）
	I0.3	SB1/ 回零按钮
	I0.4	SB2/ 工位 1 按钮
	I0.5	SB3/ 工位 2 按钮
	I0.6	SB4/ 工位 3 按钮
	I0.7	SA1/ 使能开关
输出	Q0.0	PTO 脉冲输出
	Q0.1	方向

如图 5-16 所示为步进电动机控制系统电气接线，其中，步进驱动器为国产通用驱动器，步进电动机采用 57 两相系列。需要注意，有些步进驱动器如果不能接收 24 V 脉冲信号，而只能接收 5 V 脉冲信号，此时要考虑串接电阻（如 2 kΩ）。

国产步进驱动器的端子说明如下：

（1）步进脉冲 PU：该端子是将控制系统发出的脉冲信号转化为步进电动机的角位移。驱动器每接受一个脉冲信号，就驱动步进电动机旋转一个步距角，PU 的频率和步进电动机的转速成正比，PU 的脉冲个数决定了步进电动机旋转的角度。

（2）方向电平 DR：此端子决定电动机的旋转方向。此信号为高电平时，电动机为顺时针旋转；信号为低电平时，电动机则为逆时针旋转。

（3）电动机释放 MF：此端子为选用信号，并不是必需的，只在一些特殊情况下使用，此端为高电平或悬空不接时，此功能无效，电动机可正常运行，若用户不采用此功能，只需将此端悬空即可。

本任务中步进电动机驱动器采用共阴极接法，即将 PU−、DR− 连在一起，与 24 V 电源的 GND 端相连；PU+ 和 DR+ 分别与 PLC 的输出相连。

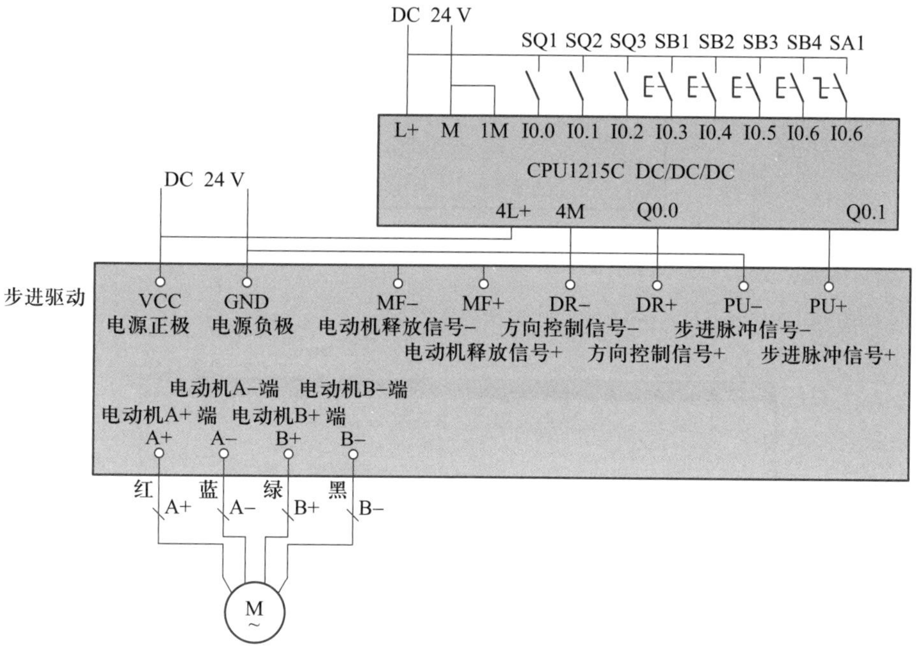

图 5-16 步进电动机控制系统电气接线

5.1.5 工艺对象轴的组态与调试

1. 工艺对象轴的组态

工艺对象轴是用户程序与步进驱动器之间的接口，用于接收用户程序中的运动控制指令后执行这些指令并监视其运行情况。运动控制指令在用户程序中通过运动控制语句启动。

在进行工艺对象轴组态前，先要在 PLC 的属性中进行 PTO 设定，PTO 的脉冲选项如图 5-17 所示，即脉冲 A 和方向 B。这里选用 PTO1，则脉冲输出为 Q0.0、方向输出为 Q0.1，硬件输出配置如图 5-18 所示。

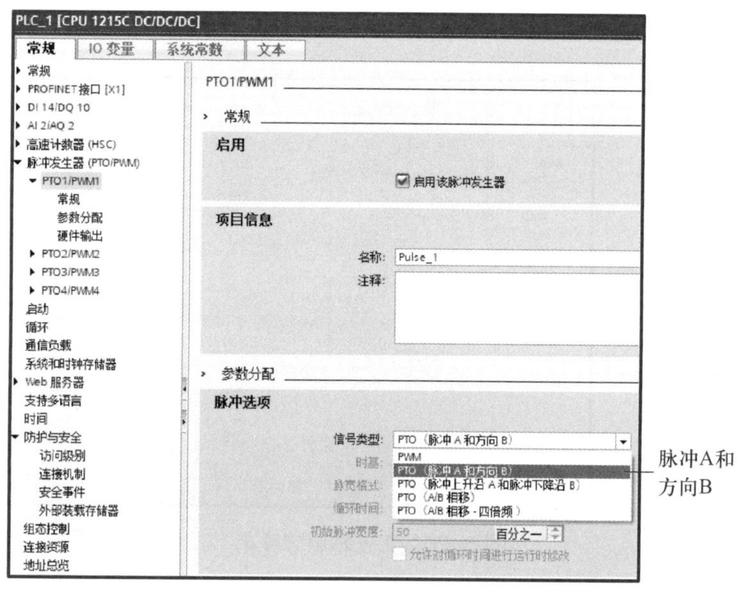

图 5-17 PTO 的脉冲选项

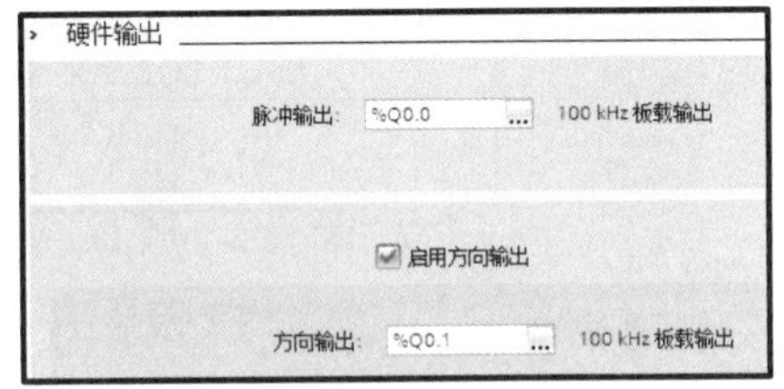

图 5-18 硬件输出配置

新增对象轴 TO_PositioningAxis 如图 5-19 所示。

图 5-19 新增对象轴

创建轴对象后，即可在项目树的“工艺对象”中找到“轴 _1［DB1］”，并选择“组态”菜单（见图 5-20）。

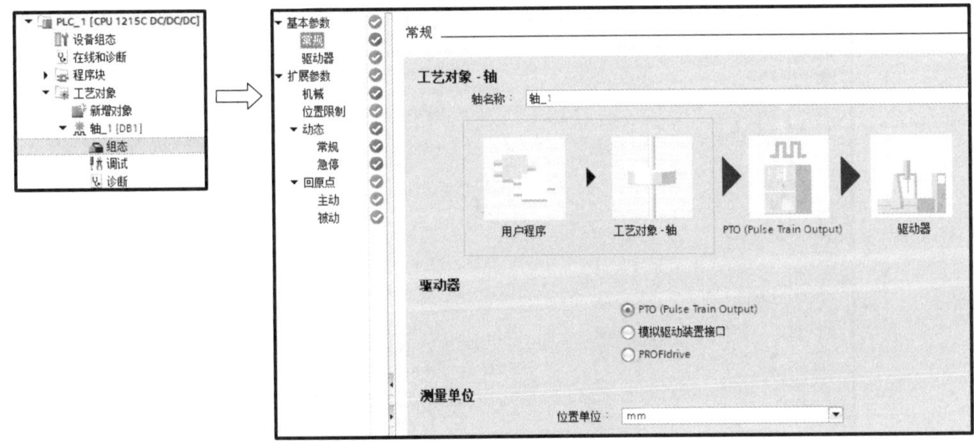

图 5-20 工艺轴组态菜单

在图 5-21 所示的“驱动器”组态中，与 CPU 的硬件配置一致，即选择脉冲发生器为 Pulse_1、脉冲输出为 Q0.0、方向输出为 Q0.1，不选择轴使能信号，同时将“就绪输入”参数设为“TRUE”。

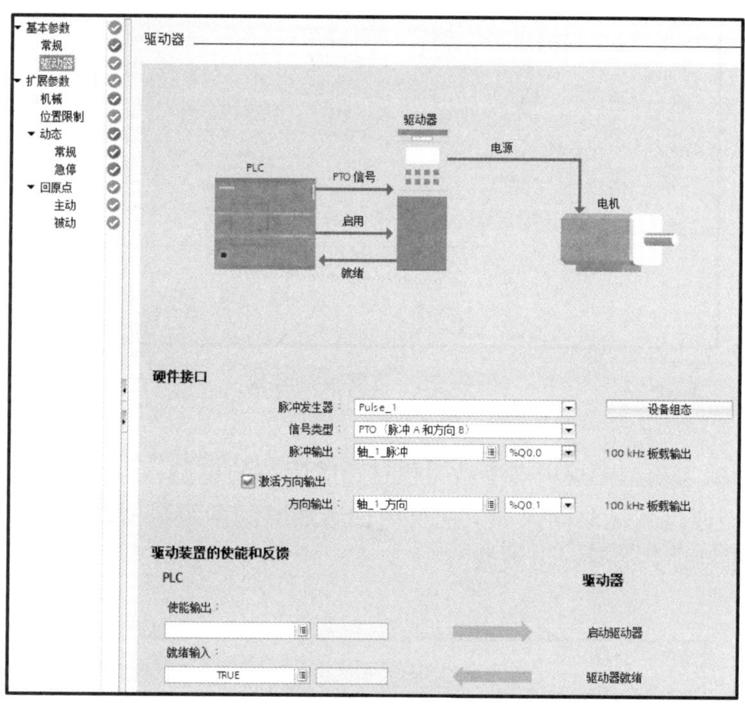

图 5-21　驱动器组态

机械组态参数如图 5-22 所示，选项“电机每转的脉冲数”为电动机旋转一周所产生的脉冲个数；选项“电机每转的负载位移”为电动机旋转一周后生产机械所产生的位移，可根据实际情况进行修改。

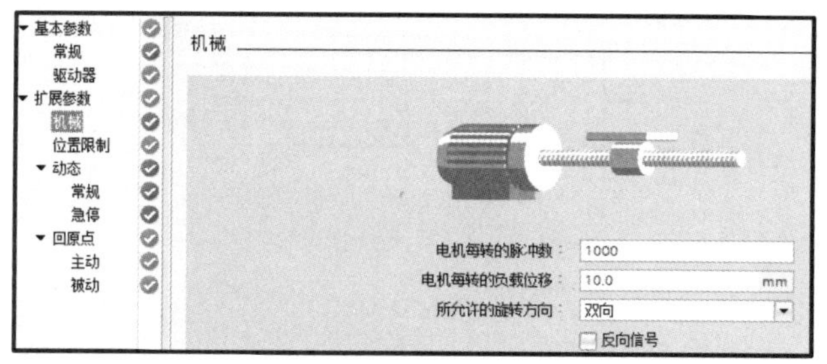

图 5-22　机械组态参数

图 5-23 所示为位置限制组态，可以设置两种限位，即软件限位和硬件限位，如两者都启用，则必须输入硬件下限开关输入（这里设置左限位 I0.1）、硬件上限开关输入（这里设置右限位 I0.2）、激活方式（高电平）、软件下限和软件上限。在达到硬件限位时，轴

将使用急停减速斜坡停车；在达到软件限位时，激活的“运动”将停止，工艺对象报故障，在故障被确认后，轴可以恢复在原工作范围内运动。

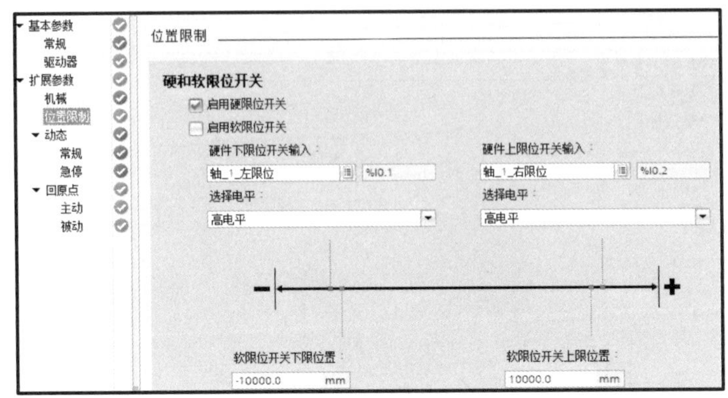

图 5-23 位置限制组态

图 5-24 所示为动态常规组态参数，包括速度限值的单位、最大速度、启动和停止速度、加速度、加速与减速时间。加减速度与加减速时间两组数据，只需定义其中任意一组，系统就会自动计算另外一组数据。

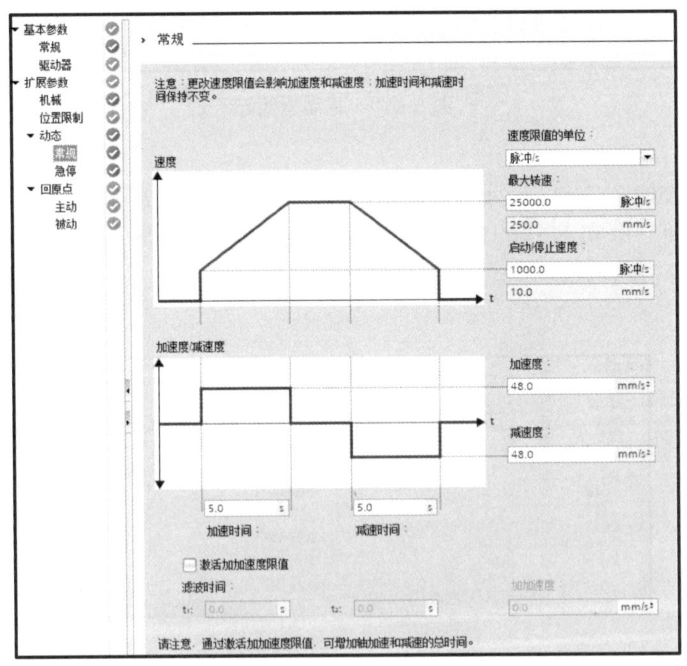

图 5-24 动态常规组态

图 5-25 所示为动态急停组态，它需要定义一组从最大速度急停减速到启动 / 停止速度的减速度。

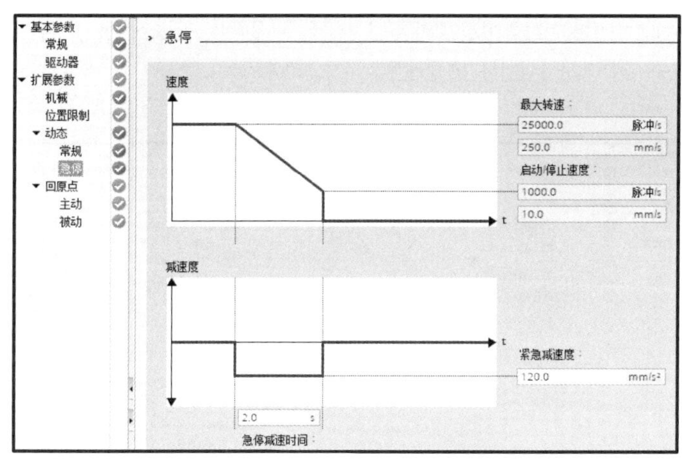

图 5-25 动态急停组态

在图 5-26 所示的主动回零组态中，需要输入参考点开关（本任务选择为 I0.0）。“允许硬限位开关处自动反转”选项使能后，在“轴”碰到原点之前碰到了硬件限位点，此时系统认为原点在反方向，会按组态好的斜坡减速曲线停车并反转，若该功能没有被激活切换且“轴”碰到硬件限位，则回零过程会因错误被取消，并紧急停止。逼近方向定义了在执行原点过程中的初始方向，包括正逼近速度和负逼近速度。逼近速度为进入原点区域时的速度；减小的速度为到达原点位置时的速度。原点位置偏移量则是当原点开关位置与原点实际位置有差别时，在此输入距离原点的偏移量。

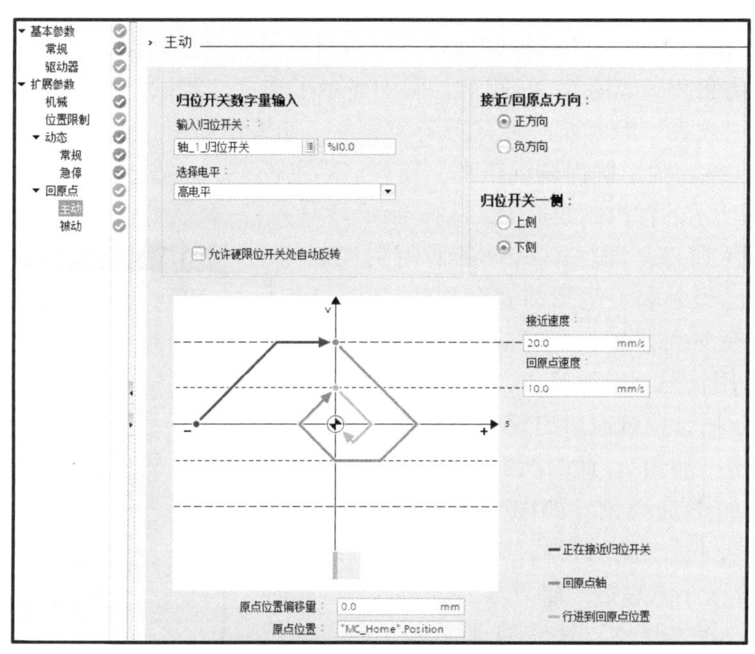

图 5-26 主动回零组态

除了主动回零，还可以选择被动回零（见图 5-27），它是按照一个方向运行，因此需要设置“归位开关一侧”是上侧还是下侧。

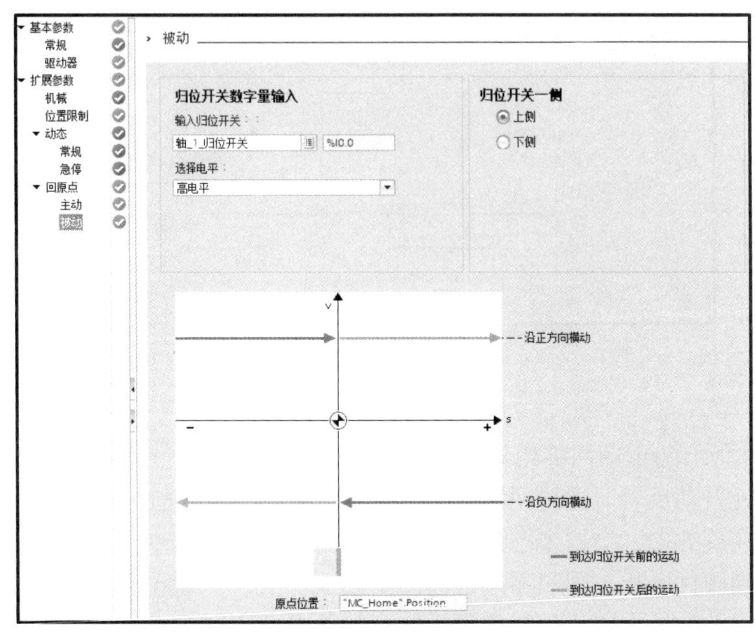

图 5-27　被动回零

2. 工艺对象轴的调试

在对工艺轴进行组态后，将 PLC 的硬件配置和软件全部下载到实体 PLC 之后，用户就可以选择“调试”功能，使用控制面板调试步进电动机及驱动器，以测试轴的实际运行功能。调试的功能选择如图 5-28 所示，图中显示了选择“调试”功能后的控制面板的最初状态，除了“激活”指令外，所有指令为灰色。如果错误消息返回“正常”，则可以进行调试。需要注意，为了确保调试正常，建议清除主程序，但需要保留工艺对象轴。

在图 5-29 所示的轴控制面板中，选择 主控制：激活，此时会弹出提示窗口，即提醒用户在采用主控制前，先要确认是否已经采取了适当的安全预防措施。同时设置一定的监视时间，如 3 000 ms，如果未动作，则“轴”处于未启用状态，需重新“启用”。

在安全提示后，调试窗口出现 轴：启用 禁用，这时可以直接单击“启用”。此时所有的命令和状态信息都是可见的，而不是灰色。如图 5-30 所示，命令共三种“点动”“定位”和“回零”，轴状态为“已启用”和“就绪”，信息性消息为“轴处于停止状态”，此时可根据提示进行相关调试。图 5-31 所示是正向点动信息，包括按钮、运行位置和速度、轴信息等。

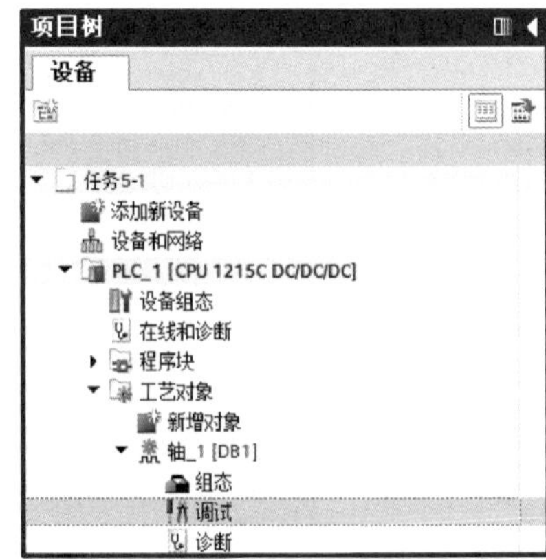

图 5-28　调试功能选择

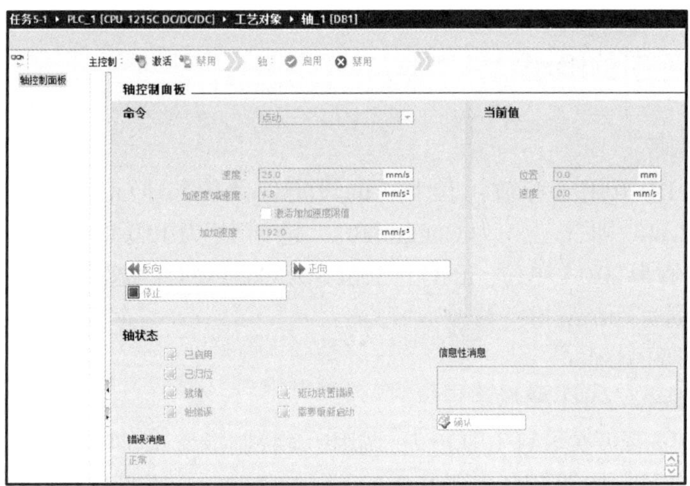

图 5-29　轴控制面板

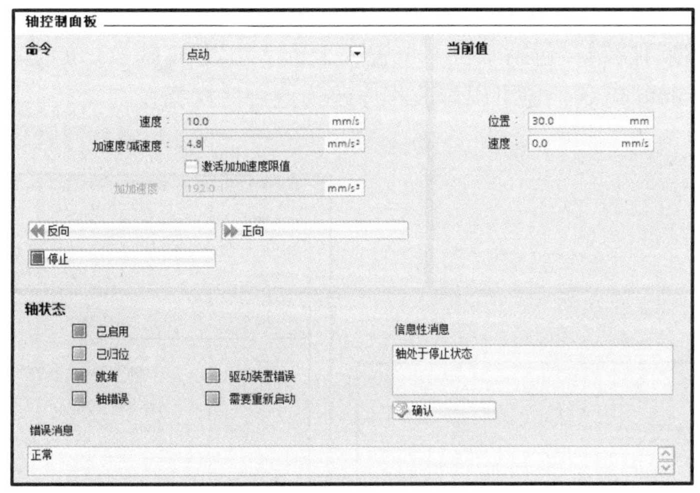

图 5-30　设置命令类型和速度、加速度

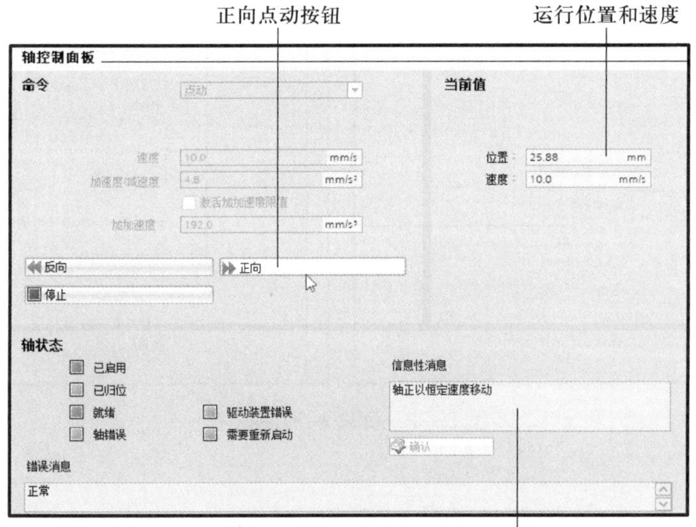

图 5-31　正向点动信息

5.1.6　PLC 主程序的编程

1. 新建数据块

新建数据块 DB10 用于存放工位 1~3 的设定位置值，即 Gongwei，其数据类型为数组 Array[0..2] of Real，即工位 1 为 Gongwei[0]，起始值为 10.0（单位：mm）；工位 2 为 Gongwei[1]，起始值为 20.0（单位：mm）；工位 3 为 Gongwei[2]，起始值为 30.0（单位：mm）。该数组值可以根据实际情况进行修改。

2. OB1 梯形图编程

如图 5-32 所示为 OB1 梯形图程序。

程序段 1：用选择开关 SA1（即 I0.7）调用运动控制指令 MC_Power 启用或禁用“轴 _1”。

程序段 2：用回零按钮 SB1（即 I0.3）调用 MC_Home 回零，这里选择绝对式直接回零，即 Mode＝0。

程序段 3：用工位 1 按钮 SB2 等（即 I0.4、I0.5、I0.6）来调用 MC_MoveAbsolute 指令进行绝对位置移动控制，包括工位 1 位置、工位 2 位置和工位 3 位置。这里可以调用三次 MC_MoveAbsolute 指令，也可以修改程序改为调用一次指令。

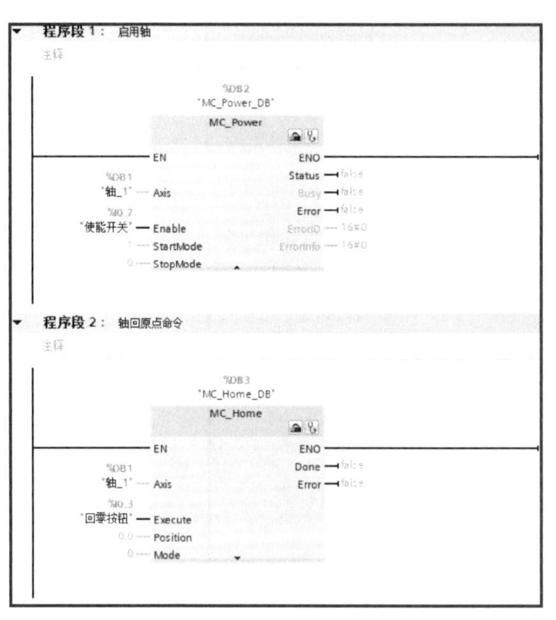

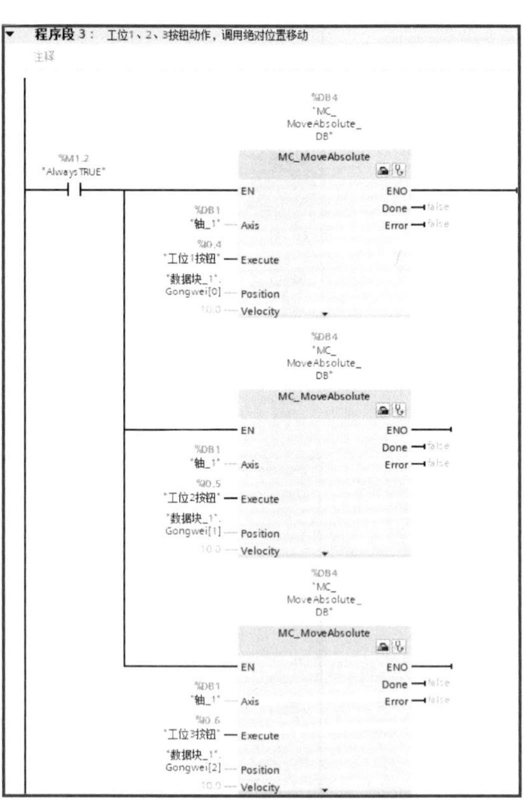

图 5-32　OB1 梯形图程序

5.1.7 步进控制调试总结

如果出现步进电动机不转、PLC 连接不上、PLC 无脉冲发出等现象，可以按表 5-9 所示进行故障诊断后重新上电运行。

表 5-9　步进电动机控制系统故障诊断

故障现象	可能原因及方法
步进电动机不转	（1）有脉冲输入：检查驱动器是否使能；检查制动器是否制动；检查电动机动力线，信号线是否接入。 （2）无脉冲输入：驱动器设置有误；PLC 组态错误；检查 PLC 是否处于 RUN 模式
PLC 连接不上	检查 PROFINET 接口和连接线。 检查电源接入是否正确
PLC 无脉冲发出	（1）用万用表测脉冲输出端与 0 V 之间的电压，因为用的是 PTO 模式，故此时若有脉冲输出，应为 12 V 左右。 （2）脉冲输出端接入高速计数器端，查看脉冲计数器数值

技能考核 >>>

考核任务：

1. 完成步进电动机、驱动器和 PLC 的电气连线，并完成上电。
2. 使用博途的工艺对象轴进行组态后调试。
3. 完成 PLC 的梯形图编程，使步进电动机控制小车实现多工位运行。

评分标准：

按要求完成考核任务，其评分标准如表 5-10 所示。

表 5-10　评 分 标 准

姓名：		任务编号：5.1	综合评价：		
序号	考核项目	考核内容及要求	配分	评分标准	得分
1	电工安全操作规范	着装规范，安全用电，走线规范合理，工具及仪器仪表使用规范，任务完成后整理场地并保持场地清洁有序	20	现场考评	
2	实训态度	不迟到、不早退、不旷课，实训过程认真负责，组内人员主动沟通、协作，小组间互助	10		

续表

序号	考核项目	考核内容及要求	配分	评分标准	得分
3	系统方案制订	PLC 控制步进电动机说明与分析合理	10	现场考评	
		工艺轴对象组态合理			
4	编程能力	能使用 MC_Power 等运动控制指令进行梯形图编程方法实现回零和绝对位置移动	15		
5	操作能力	根据步进驱动器说明书正确连接 PLC 信号	25		
		根据轴工艺完成组态设置和调试			
		PLC 轴对象命名规范			
6	实践效果	系统工作可靠，满足工作要求	10		
		按规定的时间完成任务			
7	汇报总结	工作总结，PPT 汇报	5		
		填写自我检查表及反馈表			
8	创新实践	在本任务中有另辟蹊径、独树一帜的实践内容	5		
合计			100		

注：综合评价可以采用教师评价、学生评价、组间评价和企业评价按一定比例计算后综合得出五级制成绩，即 90～100 分为优，80～89 分为良，70～79 分为中，60～69 分为及格，0～59 分为不及格。

任务 5.2　速度模式下 V90 伺服控制丝杠工作台运行

任务描述

如图 5-33 所示为 S7-1200 PLC 通过以太网通信控制 V90 PN 伺服驱动器（订货号 6SL3210-5FE10-8UF0），并由其控制的 S-1FL6 伺服电动机（订货号 1FL6044-1AF61-2LB1）驱动丝杠工作台运行，要求能在 KTP700 触摸屏上实现如下功能：

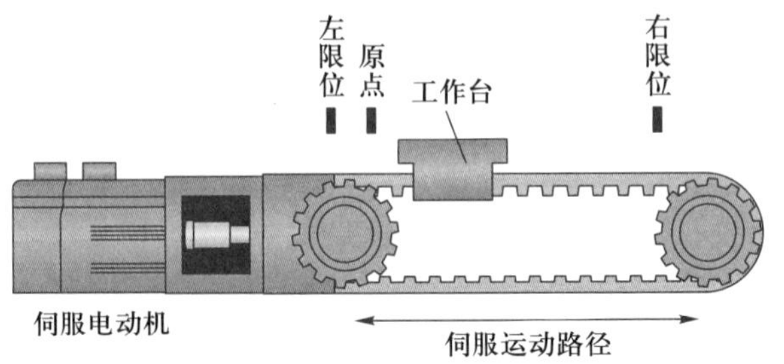

图 5-33　任务 5.2 控制示意图

（1）按下回零按钮后，工作台回到原点。

（2）按下启动按钮后，工作台以 10.0 mm/s 的速度从原点移动到距离原点 100 mm（该数据可以在触摸屏上进行任意设置）处停止；运行过程中按下停止按钮，停止轴运行。

知识准备 >>>

5.2.1　伺服系统入门

伺服系统专指被控制量（系统的输出量）是机械位移或位移速度、加速度的反馈控制系统，其作用是使输出的机械位移（或转角）准确地跟踪输入的位移（或转角）。伺服系统的结构组成和其他形式的反馈控制系统没有原则上的区别。

如图 5-34 所示为伺服控制系统组成框图，它包括控制器、伺服驱动器、伺服电动机和位置检测反馈元件。伺服驱动器通过执行控制器的指令来控制伺服电动机，进而驱动机械装备的运动部件（丝杠工作台），实现对装备的速度、转矩和位置的控制。

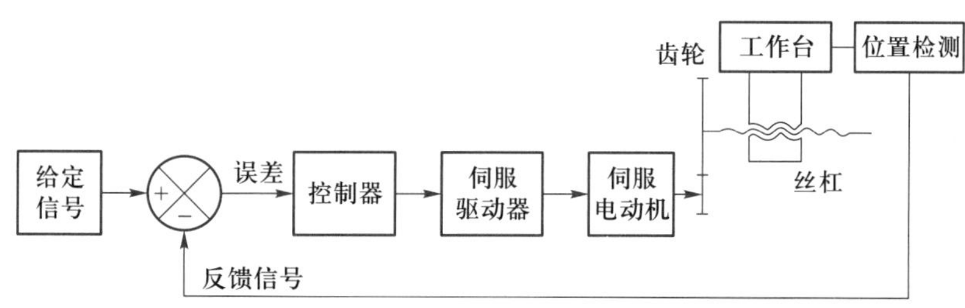

图 5-34　伺服控制系统组成框图

从自动控制理论的角度来分析，伺服控制系统一般包括控制器、被控对象、执行环节、检测环节、比较环节等五部分。

（1）控制器。控制器通常是 PLC、计算机或 PID 控制电路，其主要任务是对比较元件输出的偏差信号进行变换处理，以控制执行元件按要求动作。

（2）被控对象。被控对象为机械参数量，包括位移、速度、加速度、力、力矩等。

（3）执行环节。执行环节的作用是按控制信号的要求，将输入的各种形式的能量转化成机械能，驱动被控对象工作，本任务一般指各种电动机、液压、气动伺服机构等。

（4）检测环节。检测环节是指能够对输出进行测量并转换成比较环节所需要的量纲的装置，一般包括传感器和转换电路。

（5）比较环节。比较环节是将输入的指令信号与系统的反馈信号进行比较，以获得输出与输入间的偏差信号的环节，通常由专门的电路或计算机来实现。

5.2.2　伺服电动机与驱动器的结构

1. 伺服电动机的结构

伺服电动机与步进电动机不同的是，伺服电动机是将输入的电压信号变换成转轴的角位移或角速度输出，其控制速度和位置精度非常准确。

按使用电源性质的不同，可以分为直流伺服电动机和交流伺服电动机两种。直流伺服电动机由于存在如下缺点：电枢绕组在转子上不利于散热；绕组在转子上，转子惯量较大，不利于高速响应；电刷和换向器易磨损，需要经常维护、限制电动机速度、换向时会产生电火花等。因此，直流伺服电动机慢慢被交流伺服电动机所替代。

交流伺服电动机一般是指永磁同步型电动机，主要由定子、转子及测量转子位置的传感器构成，定子和一般的三相感应电动机类似，采用三相对称绕组结构，它们的轴线在空间彼此相差 120°（图 5-35）；转子上贴有磁性体，一般有两对以上的磁极；位置传感器一般为光电编码器或旋转变压器。

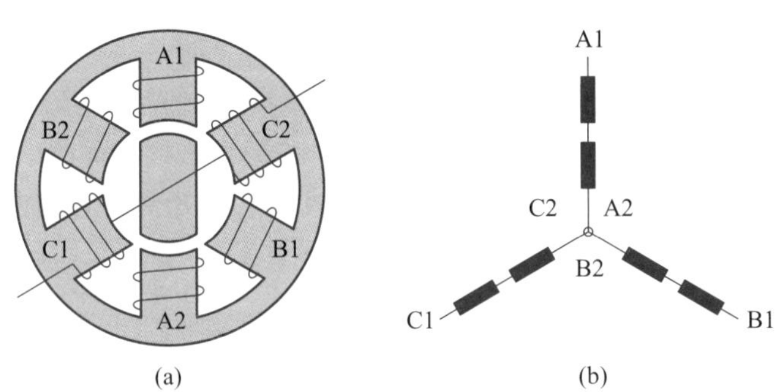

图 5-35　永磁同步型交流伺服电动机的定子结构

在实际应用中，伺服电动机的通用结构采用如图 5-36 所示的方式，包括电动机定子、转子、轴承、编码器、编码器连接线、伺服电动机连接线等。

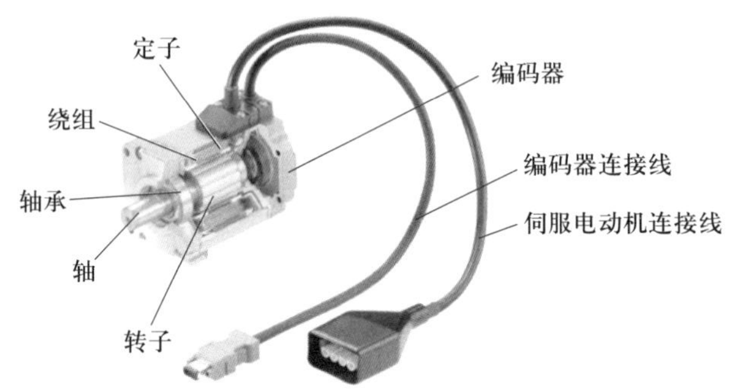

图 5-36　伺服电动机的通用结构

2. 伺服驱动器的结构

伺服驱动器，又称功率放大器，其作用是将工频交流电源转换成幅度和频率均可变的交流电源提供给伺服电动机，其内部结构如图 5-37 所示，包括主电路和控制电路。

伺服驱动器的主电路包括整流电路、充电保护电路、滤波电路、再生制动电路（能耗制动电路）、逆变电路和动态制动电路，动态制动电路为在逆变电路基极断路时，在伺服电动机和端子间加上适当的电阻器进行制动。电流检测器用于检测伺服驱动器输出电流的大小，并通过电流电测电路反馈给 DSP 控制电路。有的伺服电动机除了编码器之外，还

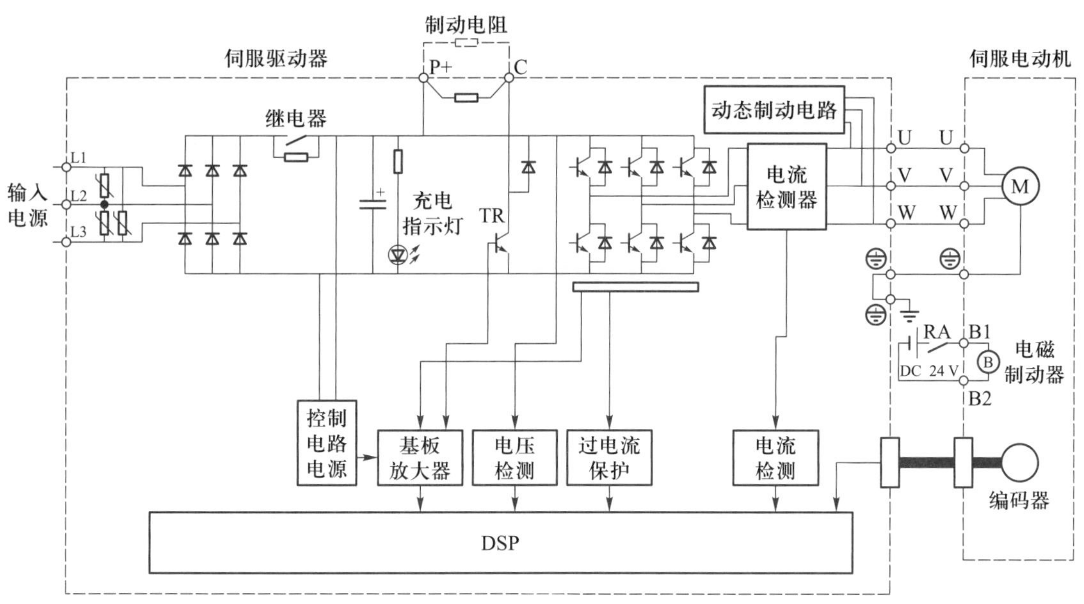

图 5-37　伺服驱动器内部结构

有电磁制动器，在制动线圈未通电时，伺服电动机被抱闸，线圈通电后抱闸松开，电动机方可正常运行。

控制电路有单独的控制电路电源，除了为 DSP 以及检测保护等电路提供电源外，还可给大功率伺服驱动器提供散热风机电源。

3. 西门子 V90 PN 伺服驱动器结构

西门子 V90 PN 伺服驱动器具有 200 V 和 400 V 两种类型，如图 5-38 所示为 400 V 级 V90 PN 伺服驱动器外观示意图，如图 5-39 所示为与之配套的 S-1FL6 伺服电动机外观。

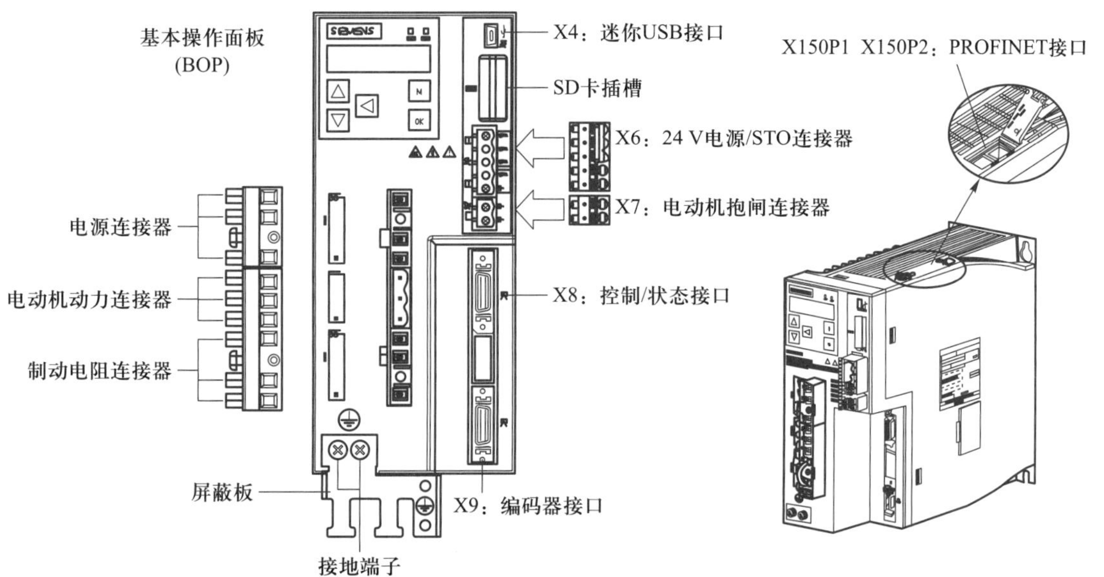

图 5-38　400V 级 V90 PN 伺服驱动器外观示意图

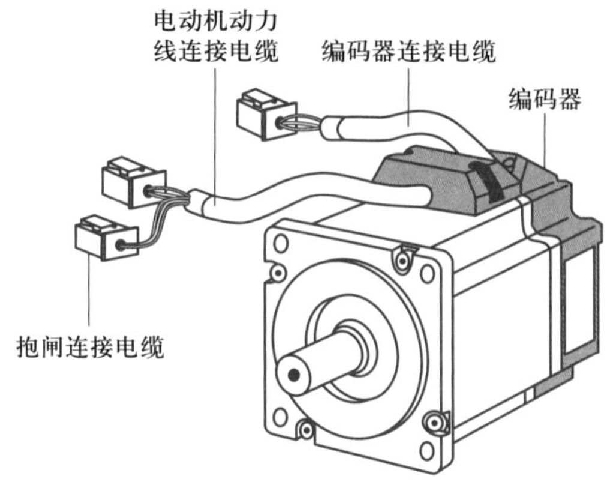

图 5-39　S-1FL6 伺服电动机外观

任务实施 >>>

5.2.3　伺服控制系统电气接线

本任务选择 V90 PN 伺服驱动器（订货号 6SL3210-5FE10-8UF0）及 S-1FL6 伺服电动机（订货号 1FL6044-1AF61-2LB1），其中触摸屏、PLC 和伺服驱动器之间采用 PROFINET 相连，图 5-40 所示为电气原理图，图 5-41 所示为 V90 PN 伺服驱动器的电气接线示意图。

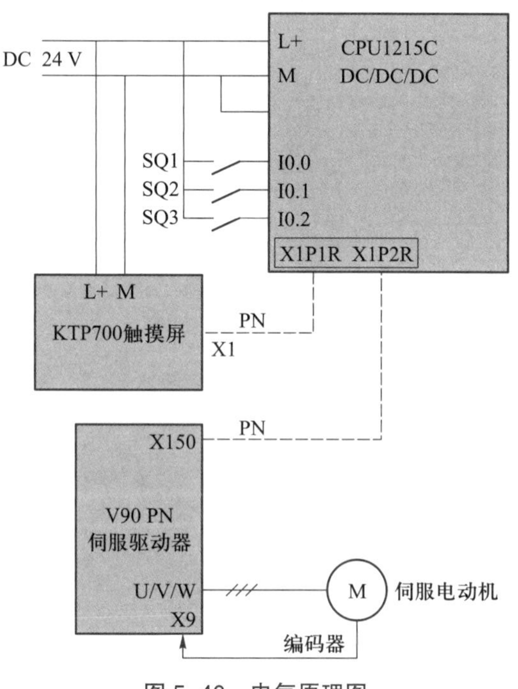

图 5-40　电气原理图

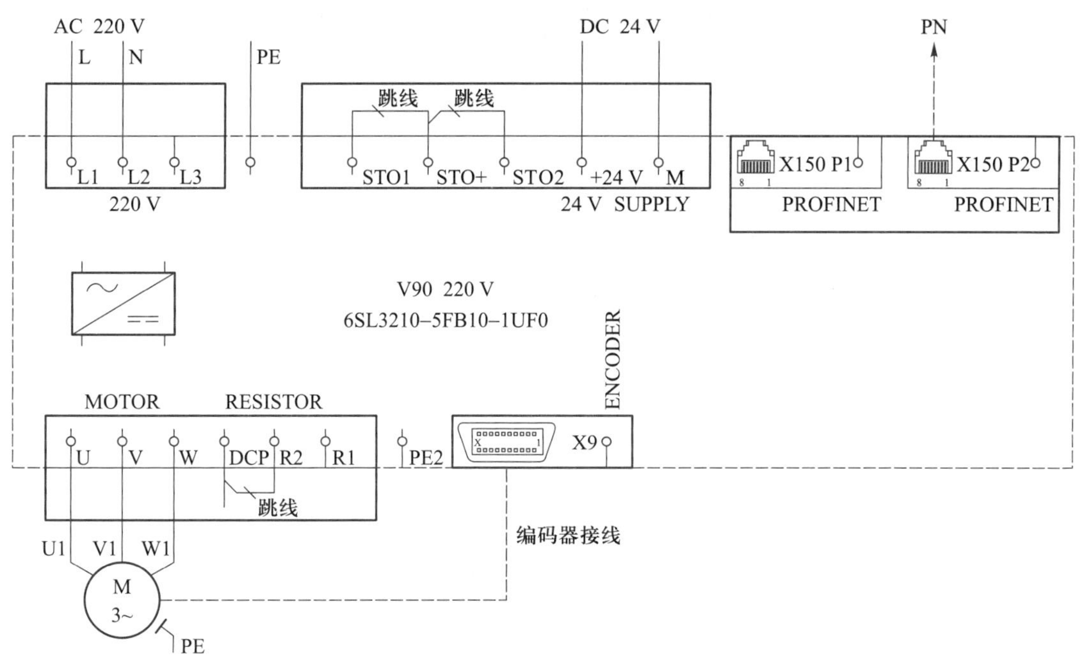

图 5-41　V90 伺服驱动器的电气接线示意图

表 5-11 为 S7-1200 PLC 的输入定义，它只定义了三个限位开关，其他信号都通过 PROFINET 通信进行数据传输。

表 5-11　S7-1200 PLC 的输入定义

	PLC 软元件	元件符号 / 名称
输入	I0.0	SQ1/ 原点限位（NO）
	I0.1	SQ2/ 左限位（NO）
	I0.2	SQ3/ 右限位（NO）

5.2.4　用 V-ASSISTANT 调试伺服驱动器和伺服电动机

1. 设备信息修改

V90 PN 伺服驱动器可以通过 BOP 面板直接输入，也可以采用调试软件 SINAMICS V-ASSISTANT，这里采用 V-ASSISTANT 软件进行调试。图 5-42 所示为该软件打开后需要进行的“选择连接方式”，可以采用 USB 电缆，也可以采用 RJ45 网线，这里选择 RJ45 网线进行 Ethernet 连接。

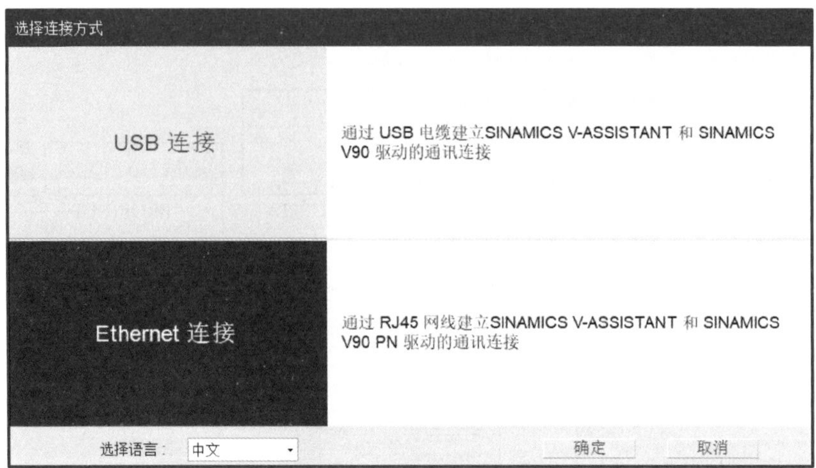

图 5-42　选择连接方式

图 5-43 所示为网络视图，显示 V90 伺服驱动器与计算机进行连接，单击“设备信息”按钮，就会出现如图 5-44 所示的“设备信息”窗口，进行设备名和 IP 地址的更改，这里为 v90pn 和 192.168.0.10，其中设备名应与 S7-1200 PLC 程序中一致，否则无法联网。

图 5-43　网络视图

图 5-44　“设备信息”窗口

2. “选择驱动”任务

图 5–45 所示为“选择驱动”任务，包括驱动选择、电动机选择和控制模式选择，前面两个根据西门子的订货号进行选择，而控制模式则必须根据任务要求进行选择，本任务选择“速度控制（S）”。

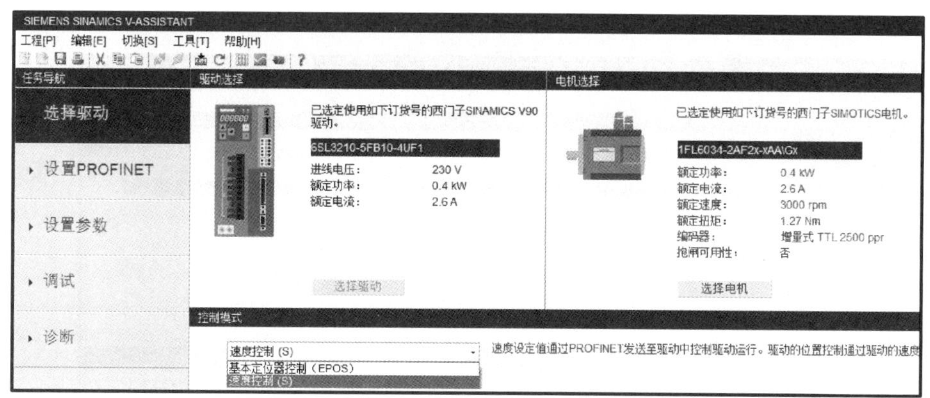

图 5–45 “选择驱动”任务

3. 设置参数

图 5–46 所示为根据任务要求进行参数设置，包括配置斜坡功能、设置极限值、配置输入 / 输出、查看所有参数。

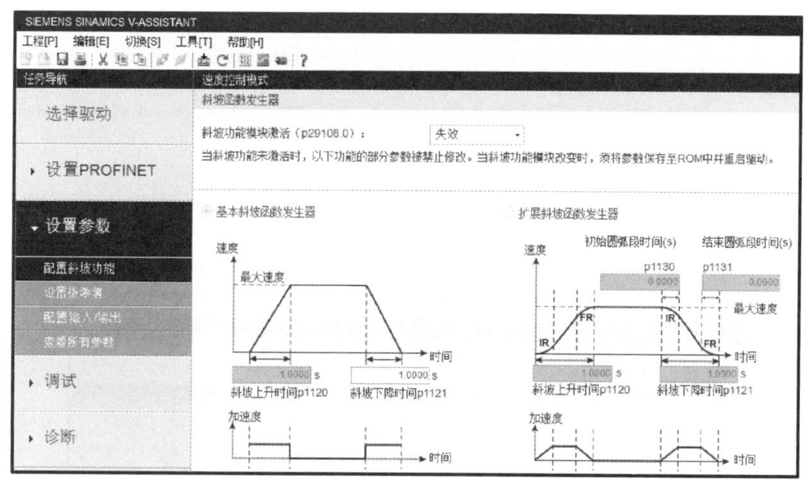

图 5–46 设置参数

4. 测试电动机点动

图 5–47 所示为“调试”菜单，包括监控状态、测试电机和优化驱动。如图 5–48 所示为在使能选项选择后进行顺时针点动，其运行转速为 30 r/min，测试得到的实际转速为 30.262 4 r/min，实际扭矩为 0.087 6 Nm，实际电流为 0.177 6 A，实际电动机利用率为 0.011%，符合实际情况。

图 5-47　“调试”菜单

图 5-48　测试电动机点动

如果调试中出现 F7900 故障，则首先需要检查相序是否正常，再检查负载是否堵转以及参数设置是否正确。

5. 报文选择

图 5-49 所示为进行“设置 PROFINET”选项中的“选择报文”，这里选择“3：标准报文 3，PZD-5/9”。

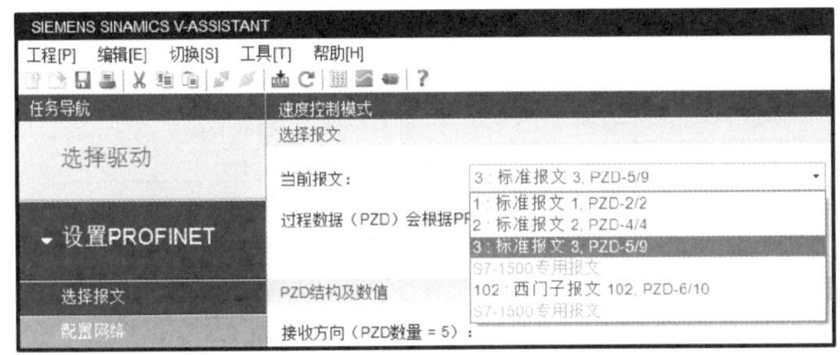

图 5-49　选择报文

图 5-50 所示为 STW1（PZD1）报文作为其中一个 PZD 结构及数值的示例，它定义了启动、停止、使能、斜坡函数等数字量输入信号。

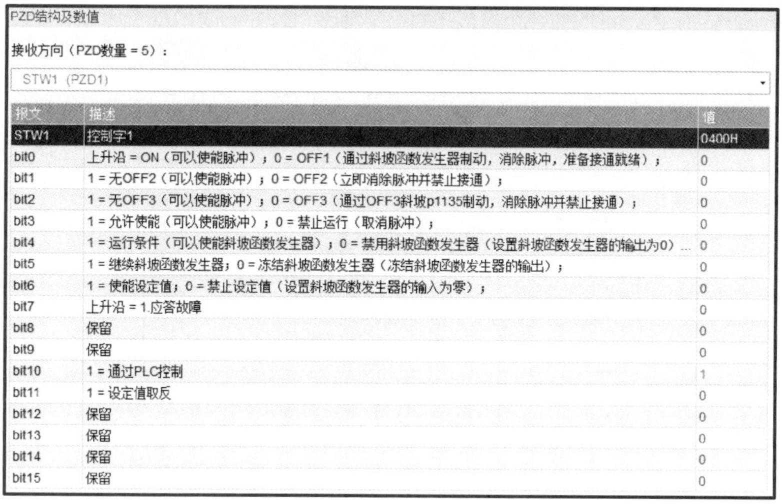

PZD结构及数值

接收方向（PZD数量 = 5）：

STW1（PZD1）

报文	描述	值
STW1	控制字1	0400H
bit0	上升沿 = ON（可以使能脉冲）；0 = OFF1（通过斜坡函数发生器制动，消除脉冲，准备接通就绪）；	0
bit1	1 = 无OFF2（可以使能脉冲）；0 = OFF2（立即消除脉冲并禁止接通）；	0
bit2	1 = 无OFF3（可以使能脉冲）；0 = OFF3（通过OFF3斜坡p1135制动，消除脉冲并禁止接通）；	0
bit3	1 = 允许使能（可以使能脉冲）；0 = 禁止运行（取消脉冲）；	0
bit4	1 = 运行条件（可以使能斜坡函数发生器）；0 = 禁用斜坡函数发生器（设置斜坡函数发生器的输出为0）...	0
bit5	1 = 继续斜坡函数发生器；0 = 冻结斜坡函数发生器（冻结斜坡函数发生器的输出）；	0
bit6	1 = 使能设定值；0 = 禁止设定值（设置斜坡函数发生器的输入为零）；	0
bit7	上升沿 = 1.应答故障	0
bit8	保留	0
bit9	保留	0
bit10	1 = 通过PLC控制	1
bit11	1 = 设定值取反	0
bit12	保留	0
bit13	保留	0
bit14	保留	0
bit15	保留	0

图 5-50 PZD 结构及数值的示例

以上步骤设置完成后，需要重启 V90 PN 伺服驱动器才能使参数设置生效。

5.2.5 PLC 配置与运动控制对象组态

1. 伺服 V90 PN 的组网与报文选择

新建“PLC_1”，选择 CPU 1215C DC/DC/DC，设置 IP 地址为 192.168.0.1。

然后从图 5-51 所示的“硬件目录→ Other field devices → PROFINET IO → Drives → SIEMENS AG → SINAMICS → SINAMICS V90 PN V1.0”中，将 SINAMICS V90 PN V1.0 拖拽入设备与网络视图，完成后如图 5-52 所示，并选择“PLC_1”为其 IO 控制器，完成后的设备与网络如图 5-53 所示。

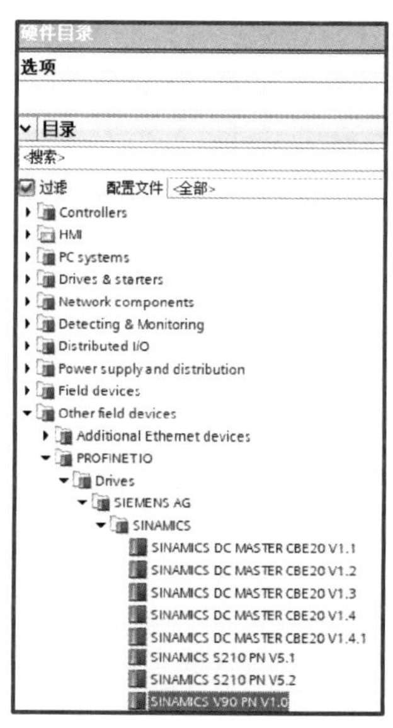

图 5-51 硬件目录

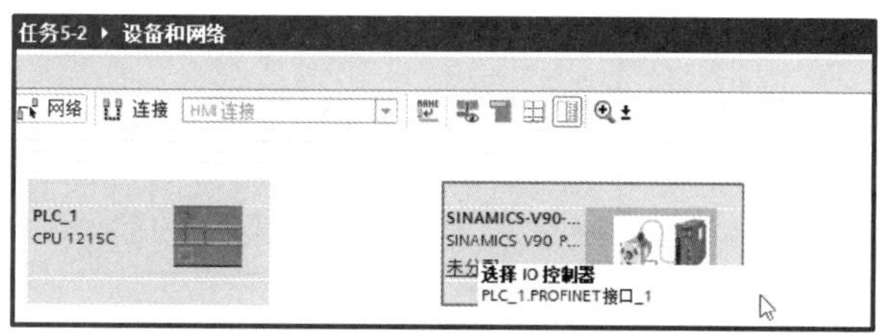

图 5-52 设备和网络

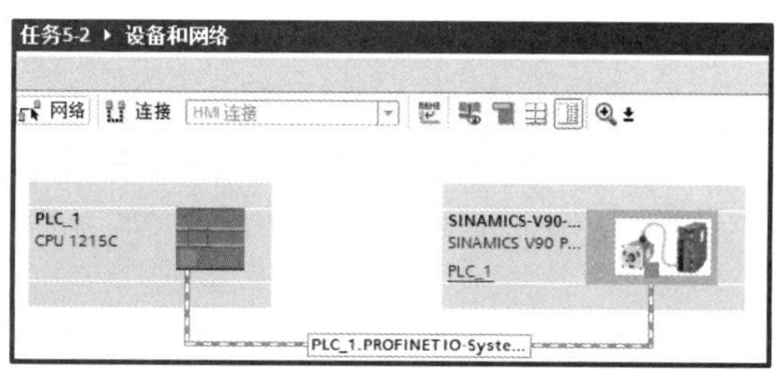

图 5-53 选择 IO 控制器后的设备和网络

如果未出现 V90 PN 伺服驱动器的硬件，则需要进行 GSD 文件导入，导入方式有以下两种，一种是下载 GSD 文件后进行“管理通用站描述文件”导入，另一种是 HSP（Hardware Support Packet）进行“支持包”导入（见图 5-54）。

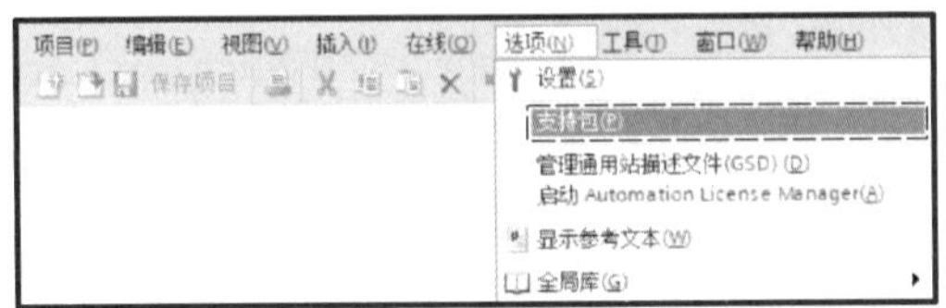

图 5-54　HSP 导入接口

如图 5-55 所示，设置 V90 PN 伺服驱动器的以太网地址为 192.168.0.10，并将其 PROFINET 设备名称设置为 v90pn。

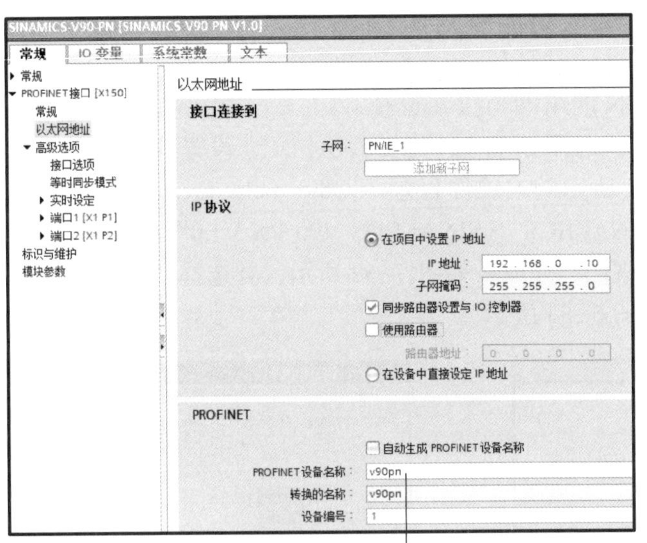

图 5-55　V90 PN 伺服驱动器的以太网地址和 PROFINET 设备名

在图 5-53 所示中双击 SINAMICS-V90-PN 后，出现的是未选择报文前的情况，如图 5-56（a）所示。选择图 5-56（b）所示的“Submodules→标准报文 3，PZD-5/9”，完成后的 V90 PN 伺服驱动设备概览如图 5-56（c）所示。

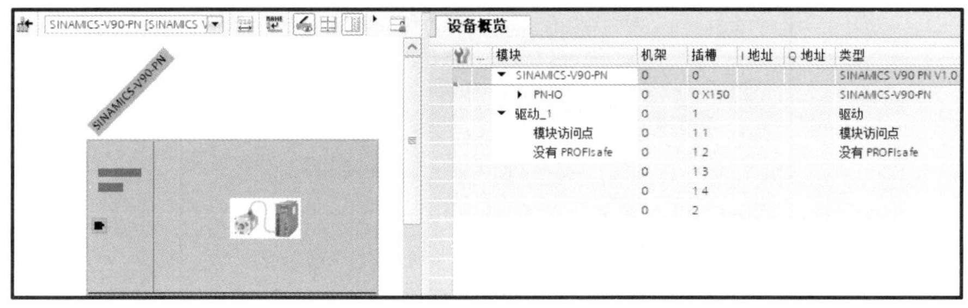

(a) 未选择报文前

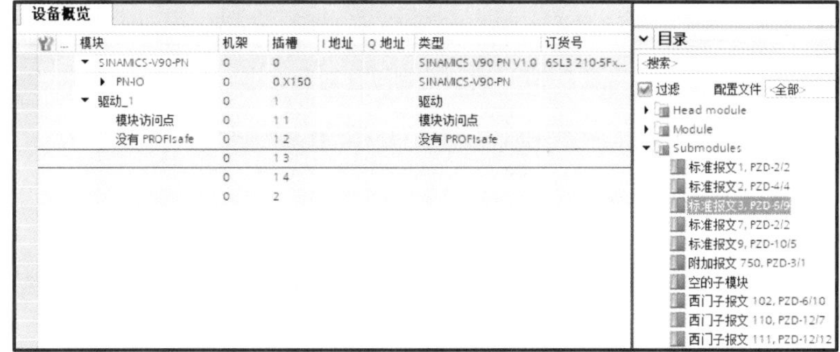

(b) 选择报文3

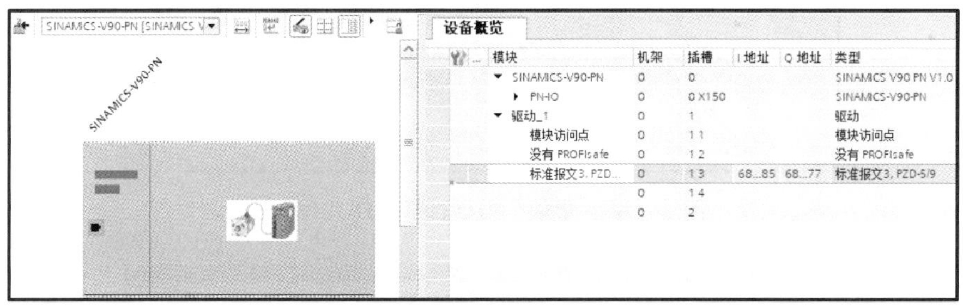

(c) 完成后的设备概览

图 5-56　报文选择与设备概览

2. 运动控制工艺对象组态

图 5-57 所示为运动控制工艺对象组态。与任务 5.1 不同，驱动器“常规”设置选择的是 PROFIdrive（见图 5-58）、驱动器设置（见图 5-59）和标准报文 3 设置（见图 5-60）。

图 5-57　运动控制工艺对象组态

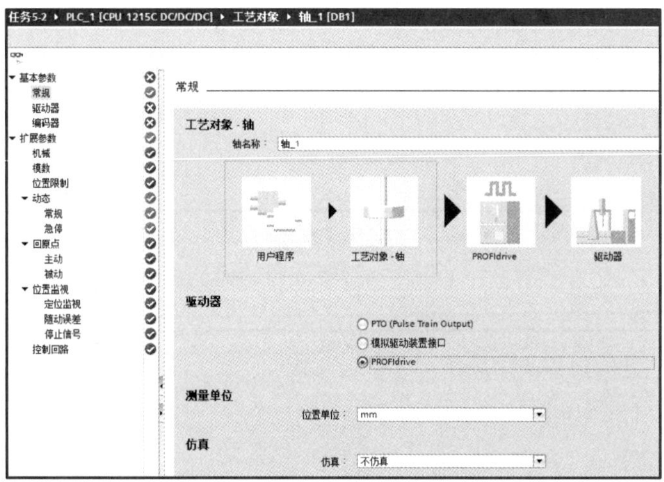

图 5-58　“常规”设置选择 PROFIdrive

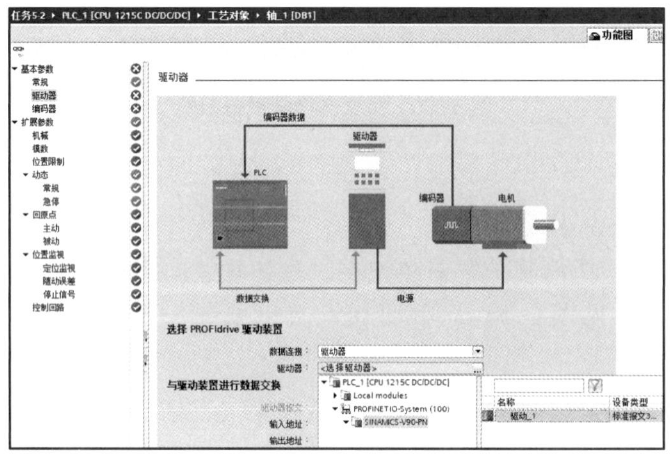

图 5-59　驱动器设置

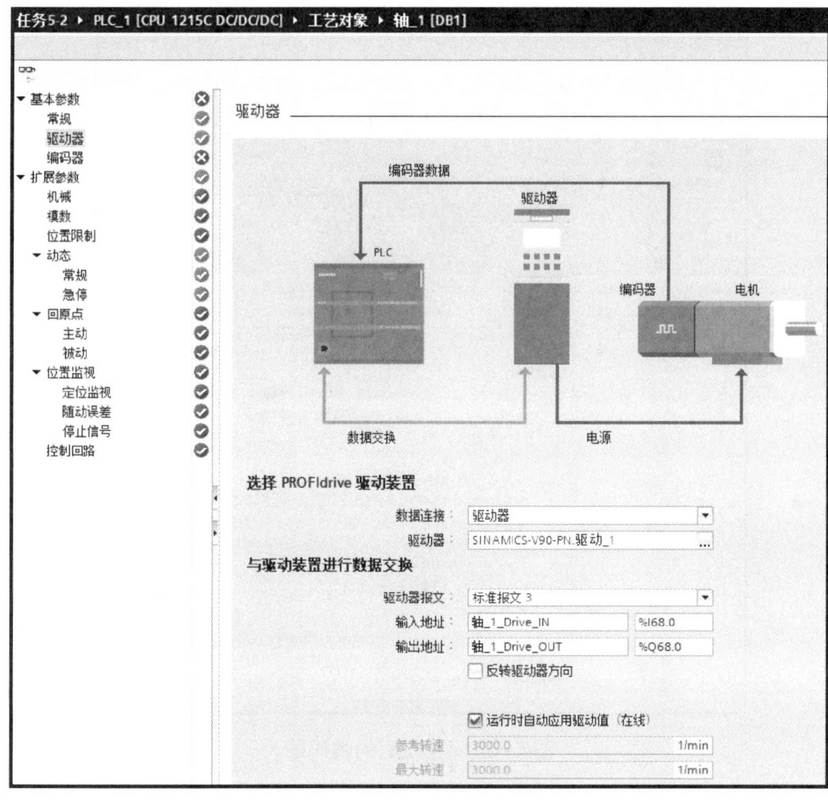

图 5-60　标准报文 3 设置

与步进电动机不同，伺服驱动器必须设置编码器（见图 5-61），选择 PROFIDrive 编码器，与编码器之间的数据交换也为标准报文 3，完成后的编码器如图 5-62 所示。

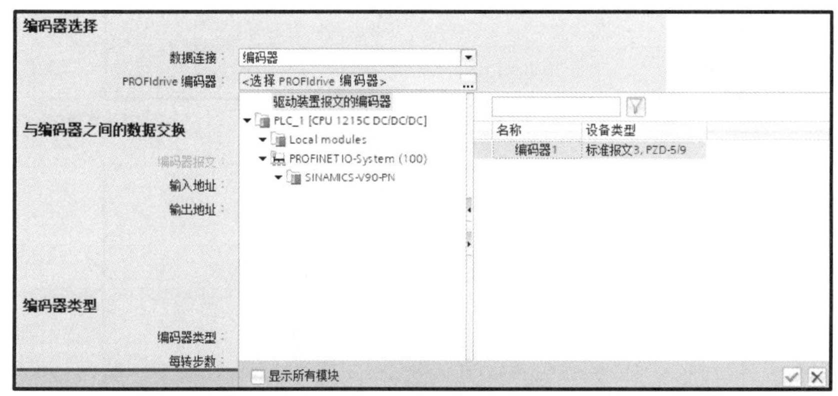

图 5-61　编码器选择

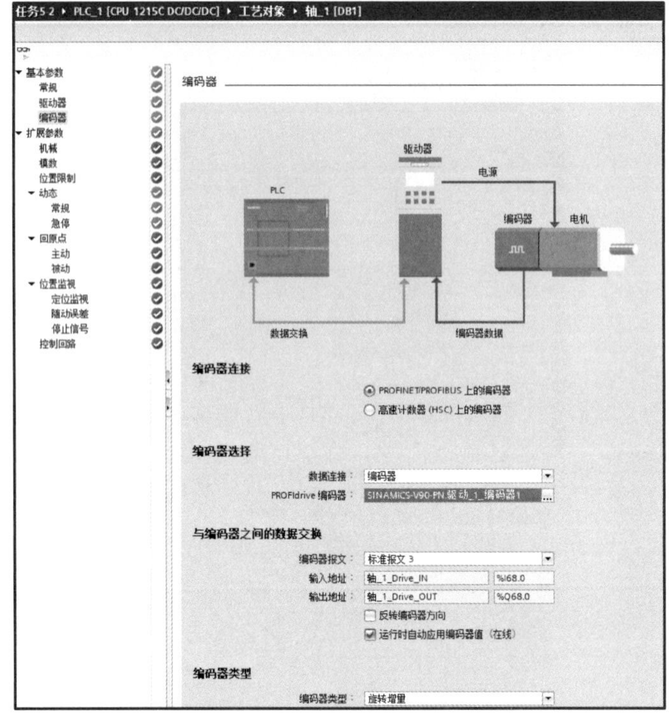

图 5-62　完成后的编码器

扩展参数包括编码器安装类型（见图 5-63）、位置限制（见图 5-64）和主动回零方式（见图 5-65）等。

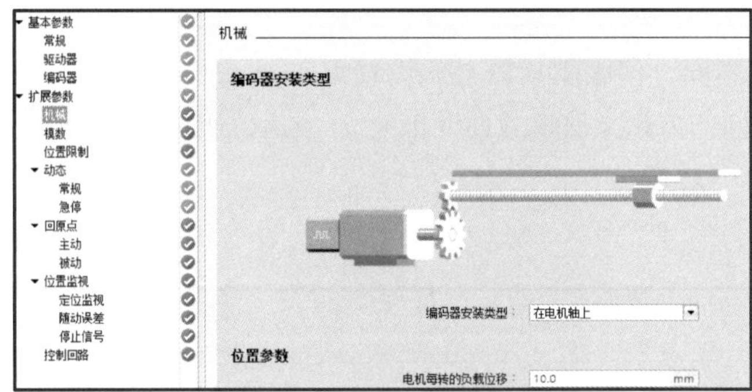

图 5-63　编码器安装类型

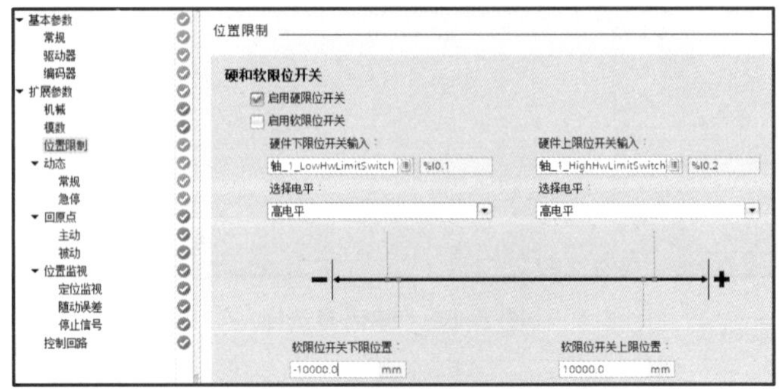

图 5-64　位置限制

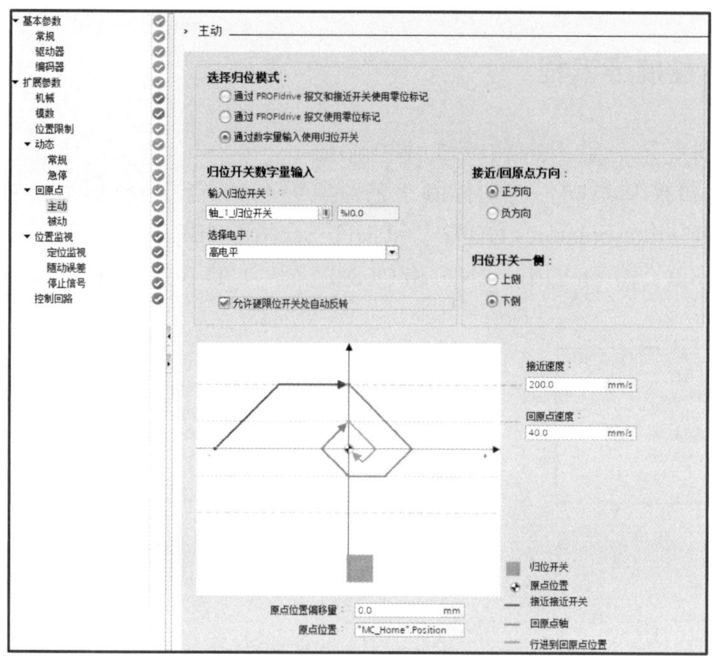

图 5-65　主动回零方式

3. 运动控制工艺对象调试

与任务 5.1 一样，可以进行图 5-66 所示的运动控制工艺对象调试。

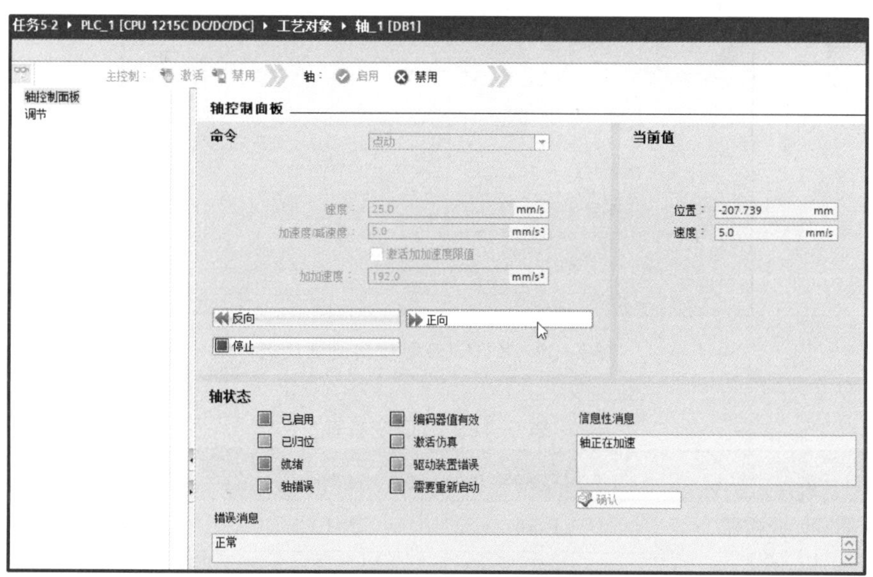

图 5-66　运动控制工艺对象调试

5.2.6　PLC 和触摸屏编程

1. 运动控制工艺对象组态和调试后的情况

与步进电动机控制不同，运动控制工艺对象组态和调试完成后，会主动生成图 5-67 所示的程序块 MC-Interpolator［OB92］和 MC-Servo［OB91］；同时生成图 5-68 所示的变量表，包括 I68.0（轴 _1_Drive_IN）和 Q68.0（轴 _1_Drive_OUT）等。

图 5-67　程序块结构

名称	变量表	数据类型	地址
轴_1_Drive_IN	默认变量表	"PD_TEL3_IN"	%I68.0
轴_1_Drive_OUT	默认变量表	"PD_TEL3_OUT"	%Q68.0
轴_1_LowHwLimitSwitch	默认变量表	Bool	%I0.1
轴_1_HighHwLimitSwitch	默认变量表	Bool	%I0.2
轴_1_归位开关	默认变量表	Bool	%I0.0

图 5-68　变量表

2. 触摸屏画面组态与 PLC 变量表

图 5-69 所示为 KTP700 触摸屏画面组态。表 5-12 所示为 PLC 变量表，包括在触摸屏上的开关、I/O 域等，这里为了简化程序采用开关而不是按钮，即该开关手动切换到 ON 后，会根据程序逻辑情况自动回到 OFF。比如，回零开关切换到 ON 后，当该动作完成后，自动回到 OFF；绝对位移切换到 ON 后，当该动作完成后，自动回到 OFF。

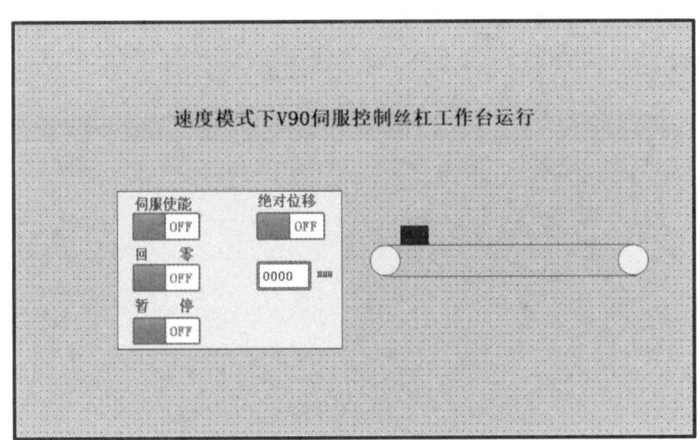

图 5-69　KTP700 触摸屏画面组态

表 5-12　PLC 变量表

名称	数据类型	地址	备注
HMI 伺服使能按钮	Bool	M10.0	触摸屏的开关
状态变量 1	Bool	M10.1	—
故障变量 1	Bool	M10.2	—
HMI 回零按钮	Bool	M11.0	触摸屏的开关

续表

名称	数据类型	地址	备注
状态变量 2	Bool	M11.1	—
故障变量 2	Bool	M11.2	—
HMI 绝对位移按钮	Bool	M12.0	触摸屏的开关
状态变量 3	Bool	M12.1	—
故障变量 3	Bool	M12.2	—
上升沿变量	Bool	M12.3	—
HMI 暂停按钮	Bool	M13.0	触摸屏的开关
状态变量 4	Bool	M13.1	—
故障变量 4	Bool	M13.2	—
设定位置值	Real	MD14	—
HMI 位置值	DInt	MD18	触摸屏的 I/O 域

3. PLC 梯形图编程

OB1 的梯形图程序如图 5-70 所示，具体说明如下：

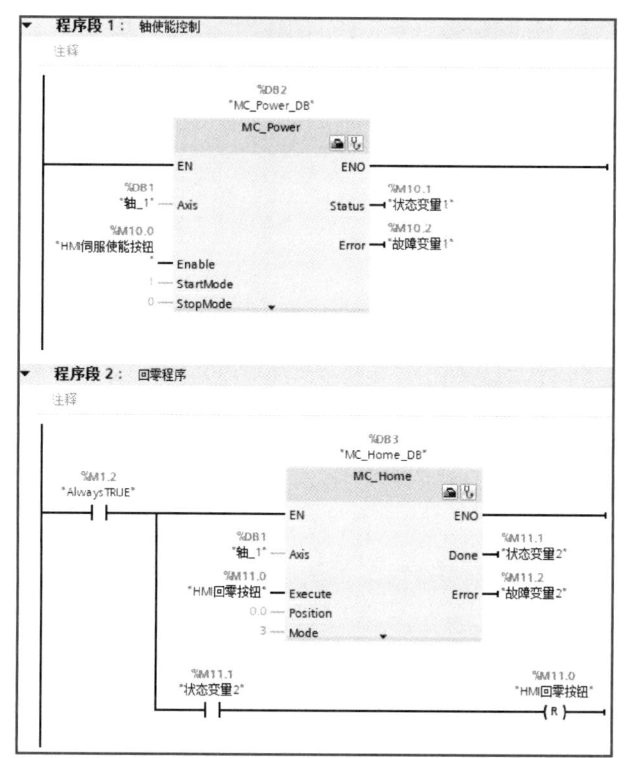

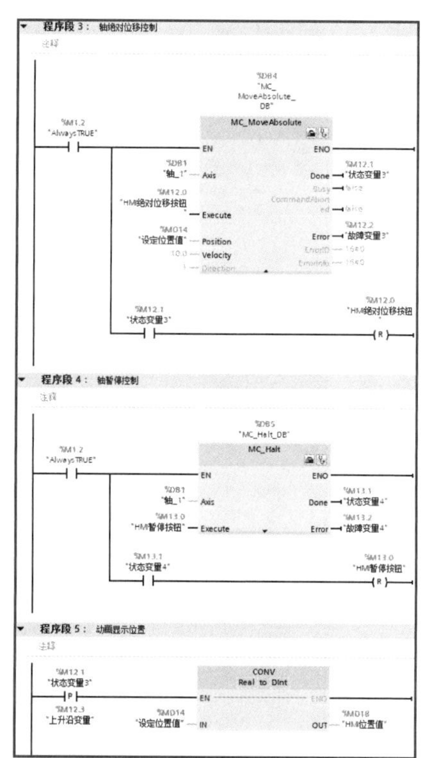

图 5-70　OB1 的梯形图程序

程序段 1：轴使能控制。MC_Power 指令必须在程序里一直调用，并保证 MC_Power 指令在其他 Motion Control 指令的前面调用。其中，StartMode = 1：位置控制（默认）；StopMode = 0：紧急停止，按照轴工艺对象参数中的“急停”速度停止轴。

程序段 2：回零程序。使用 MC_Home 运动控制指令可将轴坐标与实际物理驱动器位置匹配。轴的绝对定位需要回零。这里采用主动回零（Mode = 3），即自动执行回零步骤，轴的位置值为参数 Position 的值。当 Done 引脚为 ON 时，即完成该指令后，即可复位 HMI 回零按钮信号值。在实际应用中，回零时方向可以根据组态情况进行更改。

程序段 3：轴绝对位移控制。运动控制指令 MC_MoveAbsolute 启动轴定位运动，将轴移动到某个绝对位置。在使能绝对位置指令之前，轴必须回零。因此，MC_MoveAbsolute 指令之前必须有 MC_Home 指令。同样，当 Done 引脚为 ON 时，即完成该指令后，即可复位 HMI 绝对位移按钮信号值。

程序段 4：轴暂停控制。使用 MC_Halt 执行停止命令。

程序段 5：动画显示位置。当绝对位移指令完成后，会将丝杠工作台的位置进行水平方向的动画显示。

5.2.7　V90 PN 运动控制调试总结

1. IO 设备故障

在调试中，如果 V90 PN 的 PROFINET 设备名称与实际设置不一致，则会报“IO 设备故障”（见图 5-71）。除了正确填入 V90 PN 设置中 PROFINET 设备名称之外，还可以单击 V90 伺服右键，在弹出的菜单中选择“分配设备名称”（见图 5-72）。

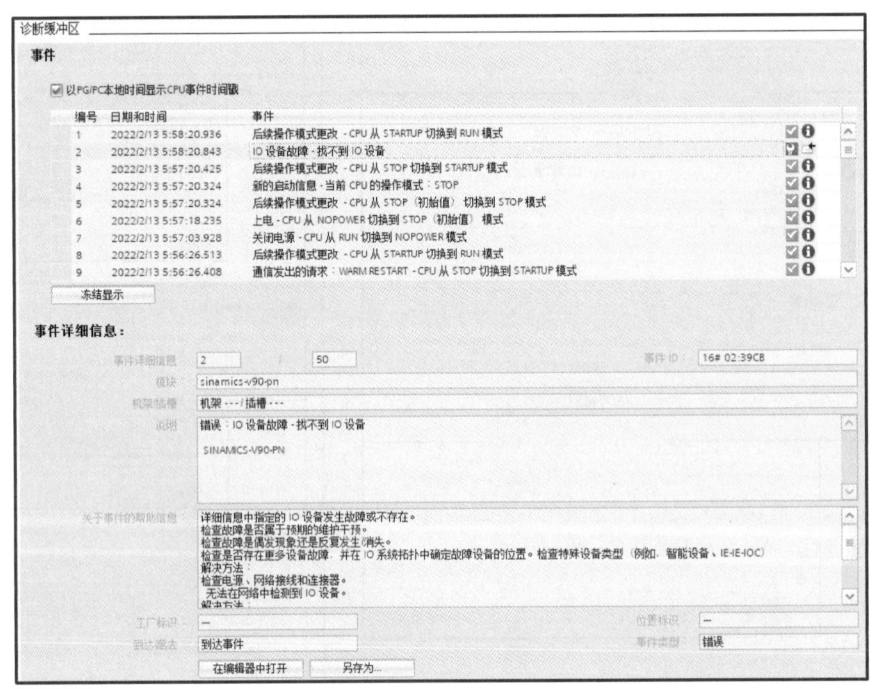

图 5-71　IO 设备故障

2. 实际调试画面

图 5-73 所示为触摸屏调试画面，运行前需要先使伺服使能为 ON，并进行回零动作，然后设置移动位置为 125 mm，最后单击“绝对位移”为 ON。

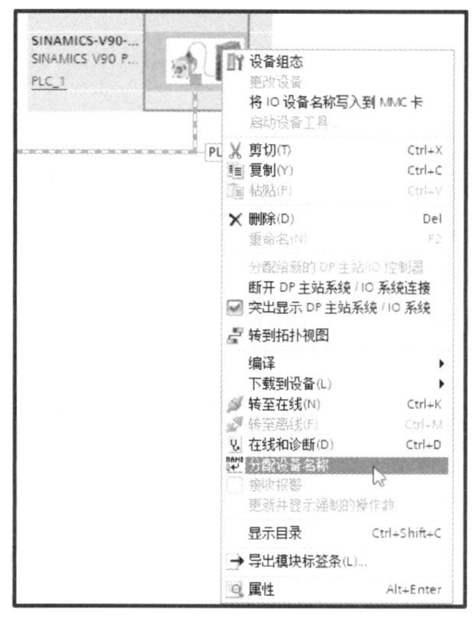

图 5-72　分配设备名称

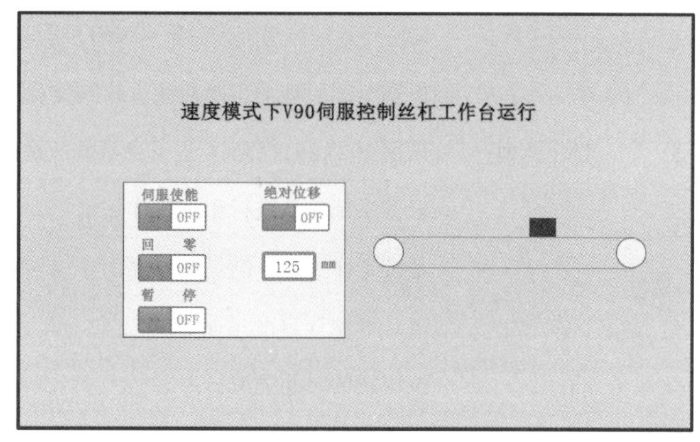

图 5-73　触摸屏调试画面

技能考核

考核任务：

1. 完成 PLC、触摸屏和伺服之间 PROFINET 连接且通信正常。
2. 采用软件设置 PLC 与伺服的通信方式设为标准报文 3。
3. 采用触摸屏组态和 PLC 编程完成伺服的绝对位移动作。

评分标准：

按要求完成考核任务，其评分标准如表 5-13 所示。

表 5-13　评 分 标 准

姓名：		任务编号：5.2	综合评价：		
序号	考核项目	考核内容及要求	配分	评分标准	得分
1	电工安全操作规范	着装规范，安全用电，走线规范合理，工具及仪器仪表使用规范，任务完成后整理场地并保持场地清洁有序	20	现场考评	
2	实训态度	不迟到、不早退、不旷课，实训过程认真负责，组内人员主动沟通、协作，小组间互助	10		

续表

<table>
<tr><th>序号</th><th>考核项目</th><th>考核内容及要求</th><th>配分</th><th>评分标准</th><th>得分</th></tr>
<tr><td rowspan="2">3</td><td rowspan="2">系统方案制订</td><td>PLC 和伺服控制对象说明与分析合理</td><td rowspan="2">10</td><td rowspan="14">现场考评</td><td rowspan="2"></td></tr>
<tr><td>PLC 和伺服控制电路电气原理图正确</td></tr>
<tr><td rowspan="2">4</td><td rowspan="2">编程能力</td><td>能使用通信组态采用标准报文 3 进行编程</td><td rowspan="2">15</td><td rowspan="2"></td></tr>
<tr><td>能进行运动控制工艺对象对 V90 伺服驱动器进行组态</td></tr>
<tr><td rowspan="3">5</td><td rowspan="3">操作能力</td><td>根据电气原理图正确接线，线路美观且可靠</td><td rowspan="3">25</td><td rowspan="3"></td></tr>
<tr><td>采用 V-ASSISTANT 进行参数修改和调试</td></tr>
<tr><td>根据系统功能进行正确操作演示</td></tr>
<tr><td rowspan="3">6</td><td rowspan="3">实践效果</td><td>系统工作可靠，满足工作要求</td><td rowspan="3">10</td><td rowspan="3"></td></tr>
<tr><td>PLC 和触摸屏变量命名规范</td></tr>
<tr><td>按规定的时间完成任务</td></tr>
<tr><td rowspan="2">7</td><td rowspan="2">汇报总结</td><td>工作总结，PPT 汇报</td><td rowspan="2">5</td><td rowspan="2"></td></tr>
<tr><td>填写自我检查表及反馈表</td></tr>
<tr><td>8</td><td>创新实践</td><td>在本任务中有另辟蹊径、独树一帜的实践内容</td><td>5</td><td></td></tr>
<tr><td colspan="3">合计</td><td>100</td><td></td><td></td></tr>
</table>

注：综合评价可以采用教师评价、学生评价、组间评价和企业评价按一定比例计算后综合得出五级制成绩，即 90~100 分为优，80~89 分为良，70~79 分为中，60~69 分为及格，0~59 分为不及格。

任务 5.3　EPOS 模式下 V90 伺服控制丝杠工作台运行

任务描述

如图 5-74 所示为 V90 PN 伺服驱动器在 EPOS 模式下控制丝杠工作台运行示意图，其中，PLC 不外接任何按钮。任务要求如下：

（1）将 PLC、触摸屏和变频器完成 PROFINET 连接，并设置在同一个 IP 频段。

（2）将 PLC 与变频器的通信方式设置为标准报文 111。

（3）在触摸屏上设置绝对位置，并进行定位。

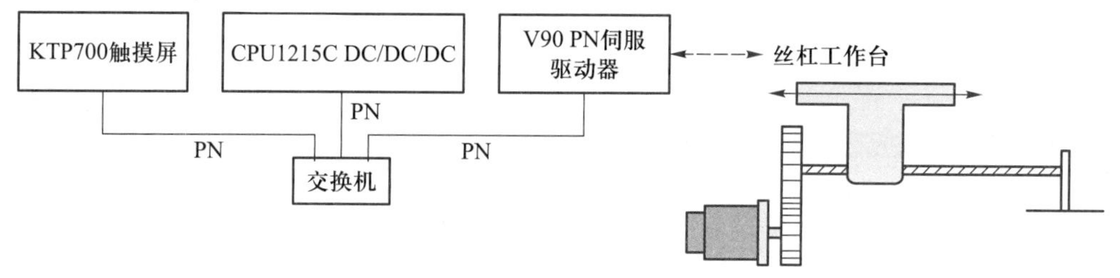

图 5-74　任务 5.3 控制示意图

知识准备 >>>

5.3.1　EPOS 控制

当 V90 PN 伺服驱动器通过 PROFINET 与 S7-1200 PLC 相连时，通过西门子提供的驱动库功能块 SinaPos（FB300）或 SINA_POS（FB284）可实现 V90 PN 的基本定位控制（即 EPOS），用于直线轴或旋转轴的绝对及相对定位。这里以 SinaPos 功能块为例进行说明，获取该功能块共有 2 种方法：

（1）安装 Startdrive 软件，在 TIA Portal 软件中会自动安装驱动库文件。

（2）在 TIA Portal 中安装 SINAMICS Blocks DriveLib。

安装完成后的选件包如图 5-75 所示，其包括 SinaPos 在内的多个指令。SinaPos 可在循环组织块 OB1 或循环中断组织块（如 OB32）中进行调用，配合 SINAMICS 驱动中的基本定位功能使用。需注意的是，在驱动侧必须激活基本定位功能，并使用西门子 111 通信报文。

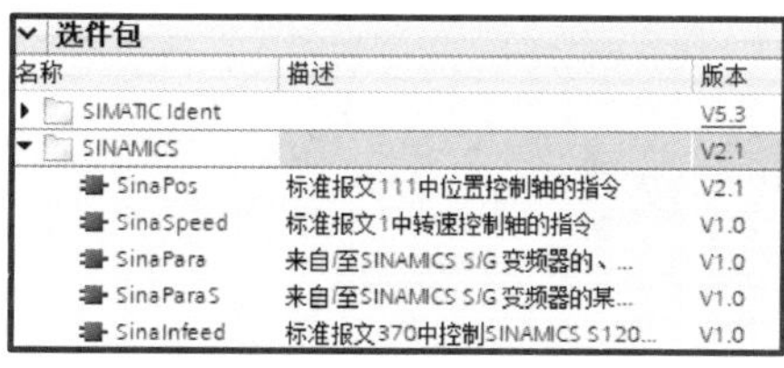

图 5-75　驱动库文件的指令选件包

5.3.2　SinaPos 指令

如图 5-76 所示，将 SinaPos 指令拖拽入程序中，会产生一个调用选项，完成后如图 5-77 所示。

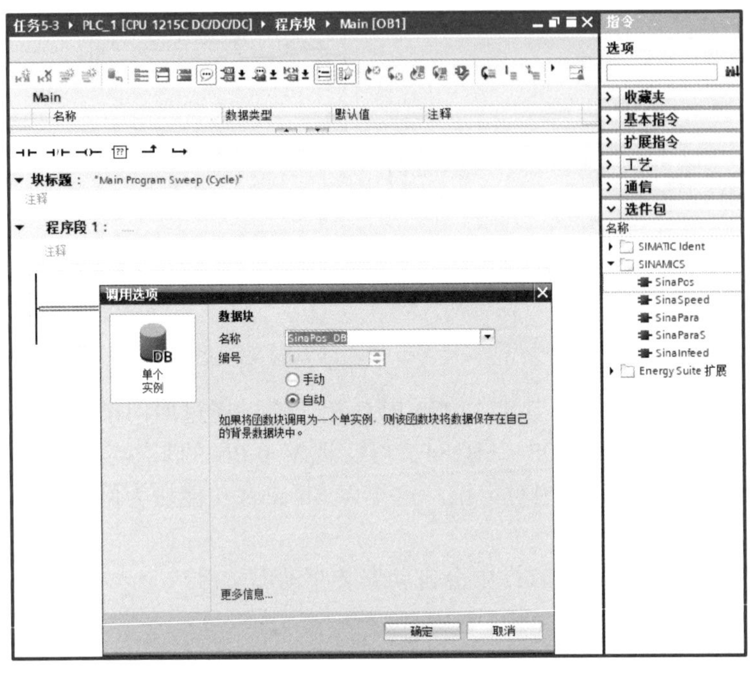

图 5-76　调用 SinaPos 指令

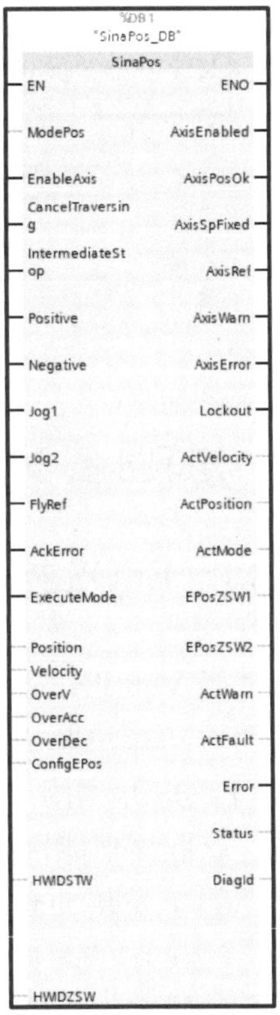

图 5-77　SinaPos 指令示意图

SinaPos 指令的输入和输出参数功能说明分别如表 5-14 和表 5-15 所示。如图 5-78 所示为 HWIDSTW 参数的输入选择。

表 5-14　SinaPos 指令的输入参数功能说明

输入参数	类型	默认值	描述
ModePos	Int	0	运行模式： 1 = 相对定位； 2 = 绝对定位； 3 = 连续运行模式（按指定速度运行）； 4 = 主动回零； 5 = 直接设置回零位置； 6 = 运行程序段 0～15； 7 = 按指定速度点动； 8 = 按指定距离点动
EnableAxis	Bool	0	伺服运行命令： 0 = 停止（OFF1）； 1 = 启动

续表

<table>
<tr><th>输入参数</th><th>类型</th><th>默认值</th><th>描述</th></tr>
<tr><td>CancelTraversing</td><td>Bool</td><td>1</td><td>0 = 取消当前的运行任务；
1 = 不取消当前的运行任务</td></tr>
<tr><td>IntermediateStop</td><td>Bool</td><td>1</td><td>暂停任务运行：
0 = 暂停当前运行任务；
1 = 不暂停当前运行任务</td></tr>
<tr><td>Positive</td><td>Bool</td><td>0</td><td>正方向</td></tr>
<tr><td>Negative</td><td>Bool</td><td>0</td><td>负方向</td></tr>
<tr><td>Jog1</td><td>Bool</td><td>0</td><td>点动信号 1</td></tr>
<tr><td>Jog2</td><td>Bool</td><td>0</td><td>点动信号 2</td></tr>
<tr><td>FlyRef</td><td>Bool</td><td>0</td><td>此输入对 V90 PN 无效</td></tr>
<tr><td>AckError</td><td>Bool</td><td>0</td><td>故障复位</td></tr>
<tr><td>ExecuteMode</td><td>Bool</td><td>0</td><td>激活请求的模式</td></tr>
<tr><td>Position</td><td>Dint</td><td>0［LU］</td><td>ModePos = 1 或 2 时的位置设定值；
ModePos = 6 时的程序段号</td></tr>
<tr><td>Velocity</td><td>Dint</td><td>0
［1000LU/m in］</td><td>ModePos =1、2、3 时的速度设定值</td></tr>
<tr><td>OverV</td><td>Int</td><td>100［%］</td><td>设定速度百分比 0~100%</td></tr>
<tr><td>OverAcc</td><td>Int</td><td>100［%］</td><td>ModePos = 1、2、3 时的设定加速度百分比 0~100%</td></tr>
<tr><td>OverDec</td><td>Int</td><td>100［%］</td><td>ModePos = 1、2、3 时的设定减速度百分比 0~100%</td></tr>
<tr><td>ConfigEPOS</td><td>Dword</td><td>0</td><td>可以通过此参数控制基本定位的相关功能，位的对应关系如下表所示：
<table>
<tr><th>ConfigEPos 位</th><th>功能说明</th></tr>
<tr><td>ConfigEPos.%X0</td><td>OFF2 停止</td></tr>
<tr><td>ConfigEPos.%X1</td><td>OFF3 停止</td></tr>
<tr><td>ConfigEPos.%X2</td><td>激活软件限位</td></tr>
<tr><td>ConfigEPos.%X3</td><td>激活硬件限位</td></tr>
<tr><td>ConfigEPos.%X6</td><td>零点开关信号</td></tr>
<tr><td>ConfigEPos.%X7</td><td>外部程序块切换</td></tr>
<tr><td>ConfigEPos.%X8</td><td>ModePos = 2、3 时，支持设定值的连续改变并且立即生效</td></tr>
</table>
注意：如果程序里对此进行了变量分配，应保证初始数值为 3（即 ConfigEPos.%X0 和 ConfigEPos.%X1 等于 1，不激活则 OFF2 和 OFF3 停止始终生效）</td></tr>
<tr><td>HWIDSTW</td><td>HW_IO</td><td>0</td><td>V90 设备视图中报文 111 的硬件标识符</td></tr>
<tr><td>HWIDZSW</td><td>HW_IO</td><td>0</td><td>V90 设备视图中报文 111 的硬件标识符</td></tr>
</table>

表 5-15　SinaPos 指令的输出参数功能说明

输出参数	类型	默认值	描述
AxisEnabled	BOOL	0	驱动已使能
AxisPosOk	BOOL	0	目标位置到达
AxisSpFixed	BOOL	0	设定位置到达
AxisRef	BOOL	0	已设置参考点
AxisWarn	BOOL	0	驱动报警
AxisError	BOOL	0	驱动故障
Lockout	BOOL	0	驱动处于禁止接通状态，检查 ConfigEPos 管脚控制位中的第 0 位及第 1 位是否置 1
ActVelocity	DINT	0	实际速度［十六进制的 40000000h 对应 P2000 参数设置的转速］
ActPosition	DINT	0［LU］	当前位置 LU
ActMode	INT	0	当前激活的运行模式
EPosZSW1	WORD	0	EPOS ZSW1 的状态
EPosZSW2	WORD	0	EPOS ZSW2 的状态
ActWarn	WORD	0	驱动器当前的报警代码
ActFault	WORD	0	驱动器当前的故障代码
Error	BOOL	0	1 = 存在错误
Status	Word	0	16#7002：没错误，功能块正在执行； 16#8401：驱动错误； 16#8402：驱动禁止启动； 16#8403：运行中回零不能开始； 16#8600：DPRD_DAT 错误； 16#8601：DPWR_DAT 错误； 16#8202：不正确的运行模式选择； 16#8203：不正确的设定值参数； 16#8204：选择了不正确的程序段号
DiagID	WORD	0	通信错误，在执行 SFB 调用时发生错误

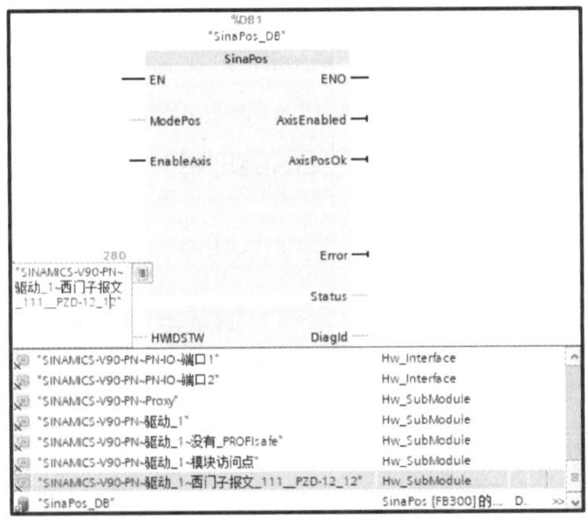

图 5-78　HWIDSTW 参数的输入选择

任务实施 >>>

5.3.3　硬件接线

CPU1215C DC/DC/DC 通过交换机与 KTP700 触摸屏、V90 PN 伺服进行 PROFINET 连接，其 IP 地址分别为 192.168.0.1（PLC）、192.168.0.3（触摸屏）和 192.168.0.10（伺服）。硬件接线与任务 5.2 一样。

5.3.4　采用 V-ASSISTANT 调试 V90 伺服驱动器

如图 5-79 所示，采用 V-ASSISTANT V90 PN 调试软件进行驱动器设置。选择与实际型号相同的驱动器和电动机，并设置控制模式为“基本定位控制器（EPOS）”。一旦控制模式更改成 EPOS，将自动存储参数到驱动 ROM（图 5-80）。

图 5-79　更改控制模式

图 5-80　存储参数到驱动 ROM

如图 5-81 所示为 EPOS 模式下的设置参数，它比速度模式下的参数要增加更多的项目，如设置机械结构，包括丝杠、圆盘、皮带轮、齿轮齿条、辊式带等。EPOS 模式下的设置值与 V90 PN 驱动器参数一一对应，比如设置齿轮箱系数 N，即伺服驱动器 p29248 的值。

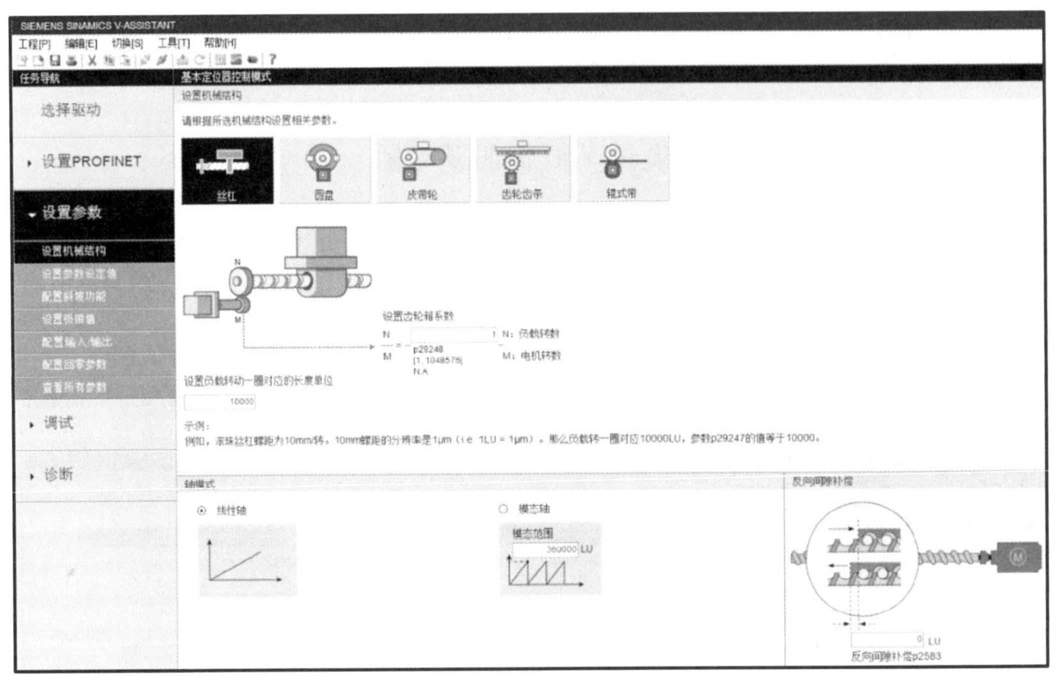

图 5-81　EPOS 模式下的设置参数

如图 5-82 所示，在设置 PROFINET 选项“选择报文”中，选择“当前报文”为“西门子报文 111，PZD-12/12”，也可以看到如图 5-83 所示接收方向 PZD 数据和如图 5-84 所示传输方向 PZD 数据。

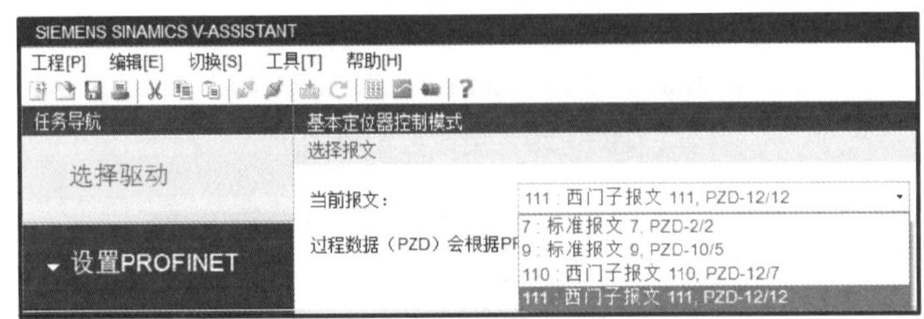

图 5-82　选择“西门子报文 111，PZD-12/12”

PZD结构及数值

接收方向（PZD数量 = 12）：

STW1（PZD1）

报文	描述	值
STW1	控制字 1	0000H
bit0	上升沿 = ON（可以使能脉冲）；0 = OFF1（通过斜坡函数发生器制动，消除脉冲，准备接通就绪）；	0
bit1	1 = 无OFF2（可以使能脉冲）；0 = OFF2（立即消除脉冲并禁止接通）；	0
bit2	1 = 无OFF3（可以使能脉冲）；0 = OFF3（通过OFF3斜坡p1135制动，消除脉冲并禁止接通）；	0
bit3	1 = 允许运行（可以使能脉冲）；0 = 禁止运行（消除脉冲）；	0
bit4	1 = 不拒绝运行任务；0 = 拒绝运行任务（以最大减速度斜坡下降）；	0
bit5	1 = 无立即停止；0 = 立即停止；	0
bit6	上升沿 = 激活运行任务	0
bit7	上升沿 = 应答故障	0
bit8	1 = Jog 1 信号源	0
bit9	1 = Jog 2 信号源	0
bit10	1 = 通过 PLC 控制	0
bit11	1 = 开始回参考点；0 = 停止回参考点；	0
bit12	保留	0
bit13	上升沿 = 外部程序段更改	0
bit14	保留	0
bit15	保留	0

图 5-83　接收方向 PZD 数据

传输方向（PZD数量 = 12）：

ZSW1（PZD1）

报文	描述	值
ZSW1	位置状态字 1	0000H
bit0	1 = 准备接通	0
bit1	1 = 准备运行（直流母线电压已载入，脉冲抑制）	0
bit2	1 = 运行使能（驱动跟随 n_set）	0
bit3	1 = 存在故障	0
bit4	1 = 自由停车无效（OFF2无效）	0
bit5	1 = 快速停车无效（OFF3无效）	0
bit6	1 = 禁止接通生效	0
bit7	1 = 存在报警	0
bit8	1 = 跟随误差在公差内	0
bit9	1 = 已请求控制	0
bit10	1 = 到达目标位置	0
bit11	1 = 已设置参考点	0
bit12	上升沿 = 运行程序段已激活	0
bit13	1 = 固定设定值	0
bit14	1 = 轴加速	0
bit15	1 = 轴减速	0

图 5-84　传输方向 PZD 数据

完成相关参数设置后，选择“电脑到驱动”的参数下载（见图 5-85）。

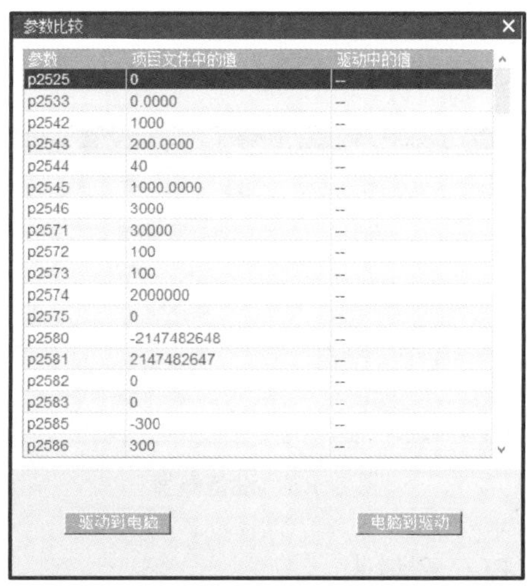

参数比较

参数	项目文件中的值	驱动中的值
p2525	0	--
p2533	0.0000	--
p2542	1000	--
p2543	200.0000	--
p2544	40	--
p2545	1000.0000	--
p2546	3000	--
p2571	30000	--
p2572	100	--
p2573	100	--
p2574	2000000	--
p2575	0	--
p2580	-2147482648	--
p2581	2147482647	--
p2582	0	--
p2583	0	--
p2585	-300	--
p2586	300	--

驱动到电脑　　电脑到驱动

图 5-85　参数下载

图 5-86 所示为 EPOS 模式下的电动机测试，此时为顺时针方向进行 30 r/min 的点动。

图 5-86　EPOS 模式下的电动机测试

以上步骤设置完成后，需要重启 V90 PN 伺服驱动器才能使参数设置生效。

5.3.5　PLC 配置与编程

1. 网络配置

新建项目，添加 PLC 和触摸屏，并添加 V90 PN 伺服驱动器，完成后的设备与网络如图 5-87 所示。

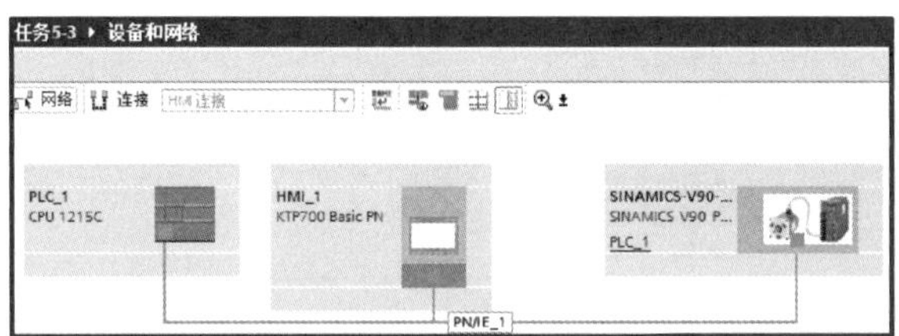

图 5-87　设备与网络

双击“SINAMICS-V90-PN”设备后，选择“西门子报文 111，PZD-12/12”，其设备概览如图 5-88 所示。

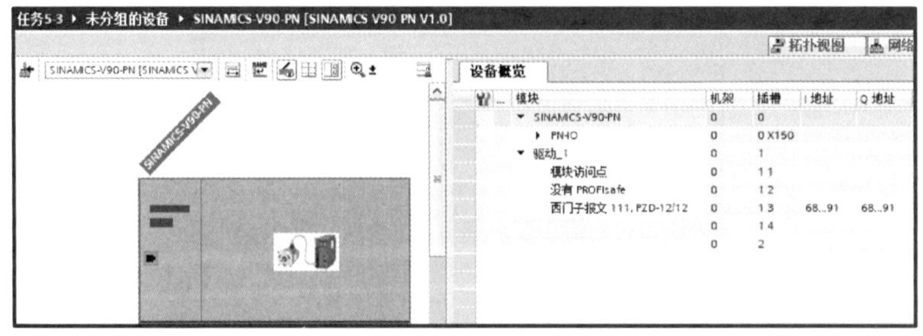

图 5-88　设备概览

2. 触摸屏画面组态与 PLC 变量表

图 5-89 所示为 KTP700 触摸屏画面组态，包括两部分：伺服点动正转 + 、伺服手动

回零、伺服点动反转 - 及伺服已回零指示；绝对位置设定值、伺服当前位置和绝对定位按钮。PLC 变量表如表 5-16 所示。

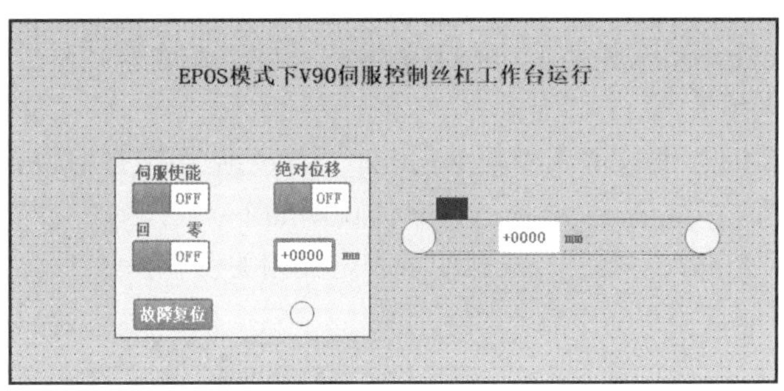

图 5-89　KTP700 触摸屏画面组态

表 5-16　PLC 变量表

名称	数据类型	地址	名称	数据类型	地址
原点	Bool	%I0.0	伺服状态	Bool	%M30.0
左限位	Bool	%I0.1	到达目标	Bool	%M30.1
右限位	Bool	%I0.2	设定值固定	Bool	%M30.2
运行模式	Int	%MW12	原点位置	Bool	%M30.3
伺服使能	Bool	%M14.0	伺服报警	Bool	%M30.4
急停	Bool	%M14.1	伺服故障	Bool	%M30.5
停止	Bool	%M14.2	禁止接通	Bool	%M30.6
正向运行	Bool	%M14.3	错误出现	Bool	%M30.7
反向运行	Bool	%M14.4	故障或报警信号	Bool	%M31.0
正向点动	Bool	%M14.5	当前速度	DInt	%MD50
反向点动	Bool	%M14.6	当前位置	DInt	%MD54
回零	Bool	%M14.7	当前模式	Int	%MW60
故障复位	Bool	%M15.0	状态 1 值	Word	%MW62
运行控制	Bool	%M15.1	状态 2 值	Word	%MW64
回零按钮	Bool	%M15.2	报警编号	Word	%MW66
绝对位置移动	Bool	%M15.3	故障编号	Word	%MW70
上升沿变量 1	Bool	%M16.0	当前状态	Word	%MW72
上升沿变量 2	Bool	%M16.1	拓展通信错误	Word	%MW74
上升沿变量 3	Bool	%M16.2	实际位置设定	Real	%MD120
下降沿变量 1	Bool	%M16.3	位置转换值	Real	%MD124
下降沿变量 4	Bool	%M16.4	实际位置转换 1	Real	%MD154
位置设定	DInt	%MD20	实际位置转换 2	Real	%MD158
速度设定	DInt	%MD24			

3. PLC 编程

伺服 FB 编程的基本思路如下：

（1）定义 V90_DB 数据块用来存放调用 FB284 相关的定位参数。

（2）运用 ModePos 运行模式 2（绝对定位）、4（主动回零）和 7（按指定速度点动）三种。

（3）在绝对定位时，通过输入参数 Position、Velocity 指定目标位置及速度。

伺服 FB 梯形图程序如图 5-90 所示，具体说明如下：

程序段 1：调用 SinaPos 指令。根据变量表定义相关引脚。

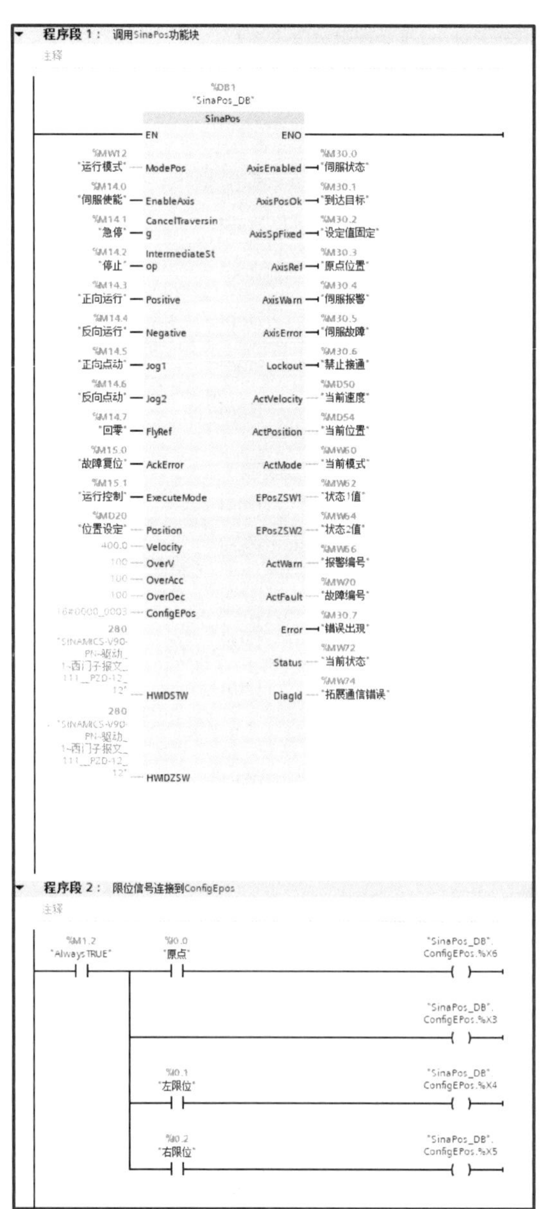

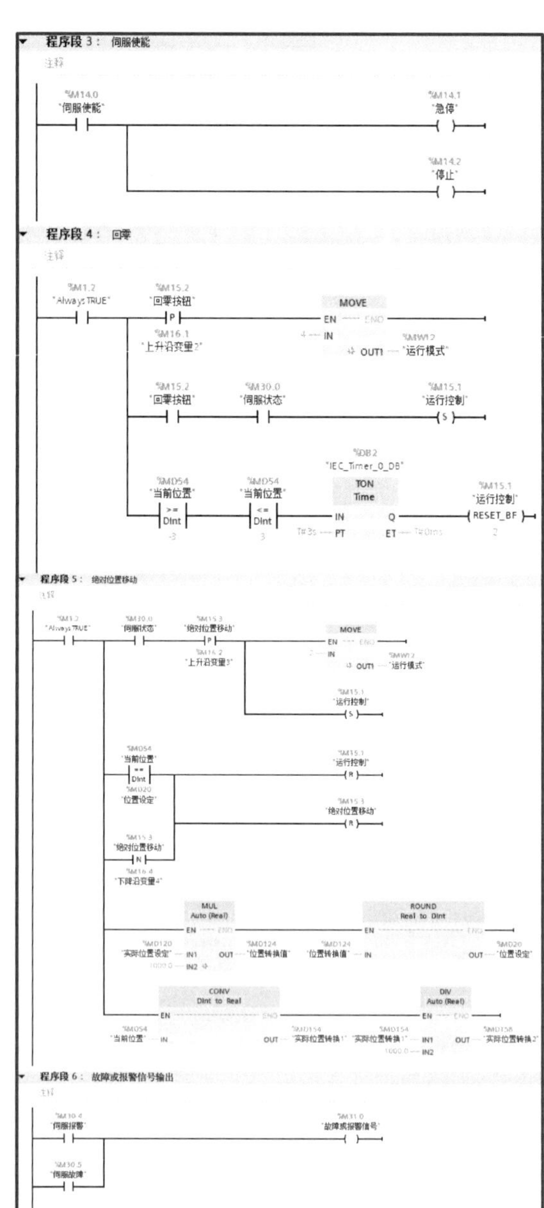

图 5-90　伺服 FB 梯形图程序

程序段 2：将限位信号连接到 ConfigEPos。

程序段 3：伺服使能。置位急停、停止信号，等待伺服状态 M30.0 输出为 1。

程序段 4：回零。设备刚启动时，如果未设置参考点，则设定伺服 ModePos 运行模式 4（主动回零）。切换触摸屏“回零”开关时，M30.0 输出为 1 时，激活 M15.1 运行控制。当达到目标原点时，且维持在［−3，3］之间达到 3 s 后，认为已经完成回零动作，复位相关变量。

程序段 5：绝对位置移动。如果已设置参考点（即回零已经完成），切换触摸屏“绝对位置移动”开关动作时，设置 ModePos 运行模式 2（绝对定位），激活 M15.1 运行控制。当达到目标位置时，复位相关变量。触摸屏设定的实际位置与 SinaPos 指令的绝对位置进行换算，这里以转换系数 1000.0 为例完成 mm 与编码位置的转换。

程序段 6：故障或报警信号输出。

5.3.6　EPOS 模式下伺服控制调试总结

将 PLC 和触摸屏程序编译后下载，按下启动按钮进行轴使能，在触摸屏上进行回零操作、正向点动和反向点动以及绝对定位操作，其画面如图 5-91 所示。图 5-92 所示为 SinaPos 指令监控。

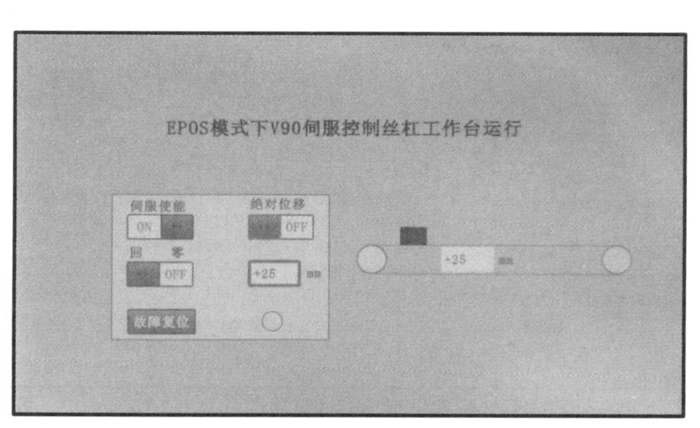

图 5-91　调试画面

图 5-92　SinaPos 指令监控

技能考核 >>>

考核任务：

1. 完成 PLC、变频器和触摸屏之间 PROFINET 连接且通信正常。
2. 采用软件设置 PLC 与变频器的通信方式设为标准报文 111。
3. 采用触摸屏组态和 PLC 编程完成变频器的通信控制。

评分标准：

按要求完成考核任务，其评分标准如表 5-17 所示。

表 5-17　评 分 标 准

姓名：		任务编号：5.3	综合评价：		
序号	考核项目	考核内容及要求	配分	评分标准	得分
1	电工安全操作规范	着装规范，安全用电，走线规范合理，工具及仪器仪表使用规范，任务完成后整理场地并保持场地清洁有序	20	现场考评	
2	实训态度	不迟到、不早退、不旷课，实训过程认真负责，组内人员主动沟通、协作，小组间互助	10		
3	系统方案制订	PLC 和伺服控制对象说明与分析合理 PLC、伺服控制和触摸屏电路电气原理图正确	10		
4	编程能力	能使用伺服通信组态并采用标准报文 111 进行编程 能进行 SinaPos 指令并进行定位控制	15		
5	操作能力	根据电气原理图正确接线，线路美观且可靠 使用 V-ASSISTANT 正确设定 V90 参数并调试成功 根据系统功能进行正确操作演示	25		
6	实践效果	系统工作可靠，满足工作要求 伺服控制变量命名规范 按规定的时间完成任务	10		
7	汇报总结	工作总结，PPT 汇报 填写自我检查表及反馈表	5		
8	创新实践	在本任务中有另辟蹊径、独树一帜的实践内容	5		
合计			100		

注：综合评价可以采用教师评价、学生评价、组间评价和企业评价按一定比例计算后综合得出五级制成绩，即 90~100 分为优，80~89 分为良，70~79 分为中，60~69 分为及格，0~59 分为不及格。

项目 5 拓展阅读

思考与练习

1. 图 5−93 为 CPU1215C DC/DC/DC 控制步进电动机带动丝杠滑台来回运行示意图，该步进电动机为三相电动机，步距角为 0.75°，丝杠螺距为 10 mm，请正确选择驱动器、配置限位开关，并画出控制系统接线图，最后进行绝对位置运行编程（可以在触摸屏上进行 50~250 mm 任意设定）。

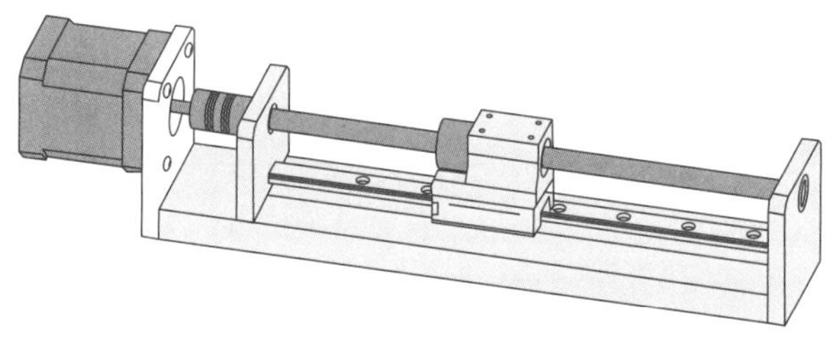

图 5−93　题 1 图

2. 如图 5−94 所示，使用步进电动机控制某流水线上进行产品检测，将不合格的产品快速推出。已知该步进电动机为两相电动机，步距角为 3°，推出速度为 1 000 脉冲 /s，旋转 10 圈，用 CPU 1215C DC/DC/DC 来控制，请正确选择驱动器，画出控制系统接线图，并进行编程。

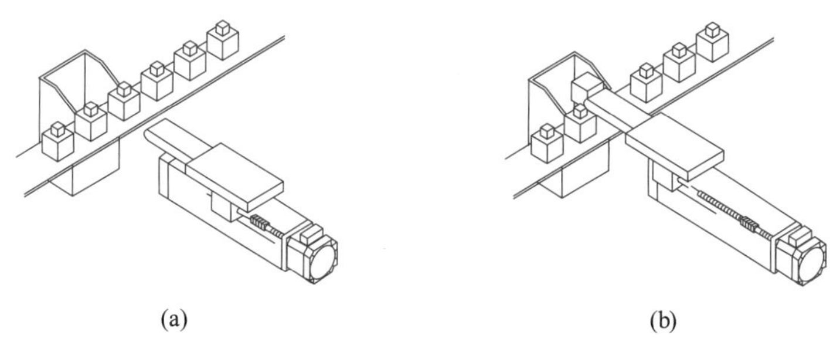

(a)　(b)

图 5−94　题 2 图

3. 由 CPU 1215C DC/DC/DC 控制的剪切机可以对材料进行定长切割，剪切长度通过触摸屏进行设置（0~99 mm），已知该步进电动机滚轴的周长为 50 mm，步距角为 1.8°，请画出控制系统接线图，并进行编程。

4. 某双轴步进电动机控制来驱动行走机械手，按下启动按钮后，行走机械手从 x 轴原点位置以 1 500 脉冲 /s 的速度向右行走 10 000 个脉冲，然后再沿着 y 轴的方向以同样的速度向上行走 15 000 个脉冲，最后停止。按下复位按钮，该机械手返回到原点。请设计电气控制系统并编程。

5. 某铝棒材定长切割机传动采用 S7−1200 PLC 与 V90 伺服驱动器组成的控制系统，其位置控制采用丝杠机构，已知该滚珠丝杠螺距为 5 mm，机械减速比为 1∶1，定长设置通过拨码开关设置为 20 mm、30 mm、40 mm 三挡，请画出电气接线图，并编写 PLC 程序。

6. 在控制装置，按下启动按钮，V90 伺服按图 5−95 所示的速度曲线循环运行，速度①为 0，速度②为 1 000 r/min，速度③为 800 r/min，速度④为 1 500 r/min，速度⑤为 0，速度⑥为 −300 r/min，速度⑦为 1 200 r/min。按下停止按钮，电动机马上停止。当出现故障报警信号时，系统停止运行，报警灯闪烁。请画出 PLC 控制伺服驱动器的接线图，并设置相关参数后编写 PLC 程序（采用 2 种方式）。

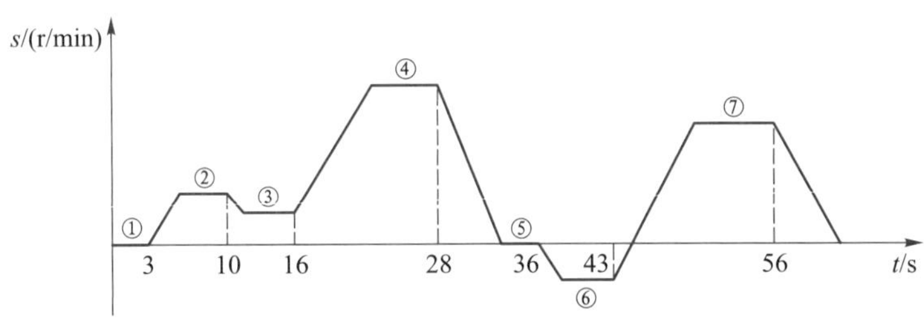

图 5−95　题 6 图

7. 现用 S7−1200 PLC、V90 伺服驱动器和伺服电动机来组成卷纸机控制系统（见图 5−96），其控制要求为：

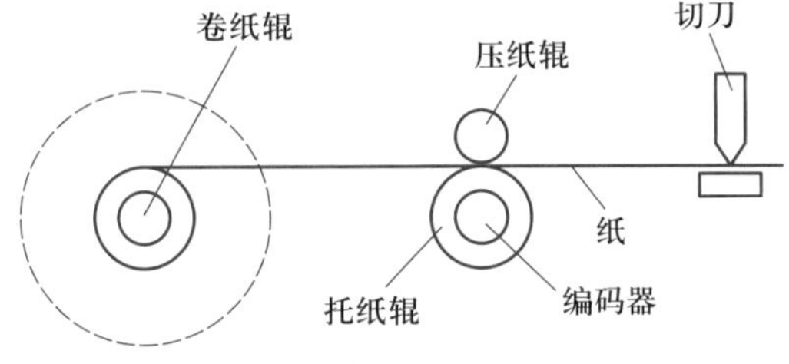

图 5−96　题 7 图

（1）按下启动按钮后，伺服电动机驱动卷纸辊开始卷纸，要求张力保持恒定，即开始时卷纸辊快速旋转，随着卷纸直径不断扩大，卷纸辊转速逐渐变慢。当卷纸达到 100 m 时切刀动作。

（2）按下暂停按钮后，卷纸机停止工作，记录编码器当前的卷纸长度；再按下启动按钮后，卷纸机在暂停的长度上继续工作，直到 100 m 为止。

（3）按下停止按钮后，卷纸停止工作，不记录卷纸长度；再按下启动按钮后，卷纸机从 0 开始工作，直到 100 m 为止。

请用伺服的速度控制方式进行编程。

项目 6

PLC 系统综合应用

导读

PLC 控制系统在设计过程中，一般都要从工艺过程出发，分析其控制要求、确定用户的输入输出元件、选择 PLC，然后分配 I/O，设计 I/O 连接图；接下来就是 PLC 程序设计，包括绘制流程图、设计梯形图程序、编制程序清单、输入程序并检查、调试与修改。与此同时，在 PLC 工程方面，需要做的就是控制台（柜）设计及现场施工，最后完成电气接线。本项目通过物料传送与堆垛自动控制实现了 PLC、变频器、伺服和触摸屏 4 个自动化产品的综合系统应用。

知识目标

1. 掌握有关生产线电动机的控制思路、气动回路的控制思路。
2. 掌握 PLC 控制系统设计的基本原则及步骤。

能力目标

1. 能够对生产现场的各类机械设备进行电气控制要求的分析，并能通过分析提出 PLC 综合解决方案，开展 PLC 系统的设计、调试工作。

2. 能够很快了解 PLC 控制的各类机械设备的工作过程、电气接线，能够诊断、处理各类系统故障。

素养目标

1. 具有实事求是的科学态度，乐于通过亲历实践实现、检验、判断各种技术问题。

2. 弘扬钱学森的科学和爱国精神，努力在新时代中勇立潮头。

任务 6.1　物料传送与堆垛自动控制系统

任务描述 >>>

如图 6-1（a）所示是物料传送与堆垛自动控制总体示意图。当物品放置在 A 处时，由 G120 变频器驱动的输送带电动机开始启动，待输送至 B 处时，输送带停止运行。伺服驱动丝杠机构带动气动机械手（R）运行到 20 mm 处，与输送带连接，气动机械手开始伸出并将物品夹紧；R 运行至 40 mm 处，将该物品缩回；根据计数的奇偶性，分别存放至两组料仓中，即奇数放料仓 1（140 mm 处）、偶数放料仓 2（240 mm 处）。

任务要求如下：

（1）根据如图 6-1（b）所示的气动机械手设计气缸动作的气路图，并进行安装。

（2）实现 PLC、触摸屏、变频器、伺服之间的 PROFINET 通信设置。

（3）实现物料传送与堆垛流程的触摸屏工艺控制和动画显示。

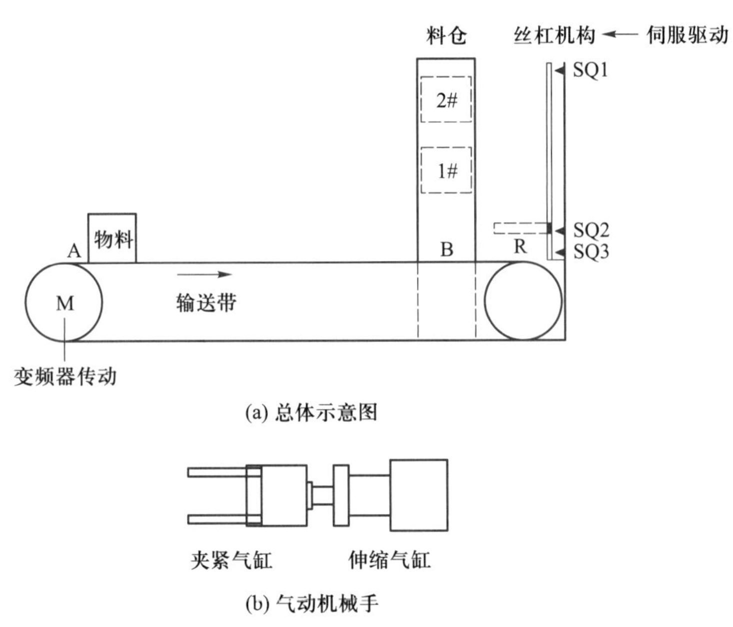

图 6-1　任务 6.1 控制示意图

知识准备

6.1.1　PLC 控制系统设计的步骤

图 6-2 所示为 PLC 控制系统设计的一般步骤。它从工艺过程出发，分析控制要求、确定用户的 I/O 设备、选择 PLC，然后分配 I/O，设计 I/O 连接图。接下来，分两路进行，一路是 PLC 程序设计，包括绘制流程图、设计梯形图、编制程序清单、输入程序并检查、调试与修改；一路是设计控制台（柜）及现场施工，完成电气接线。最后，完成并满足用户要求后编制技术文件直至交付用户使用。

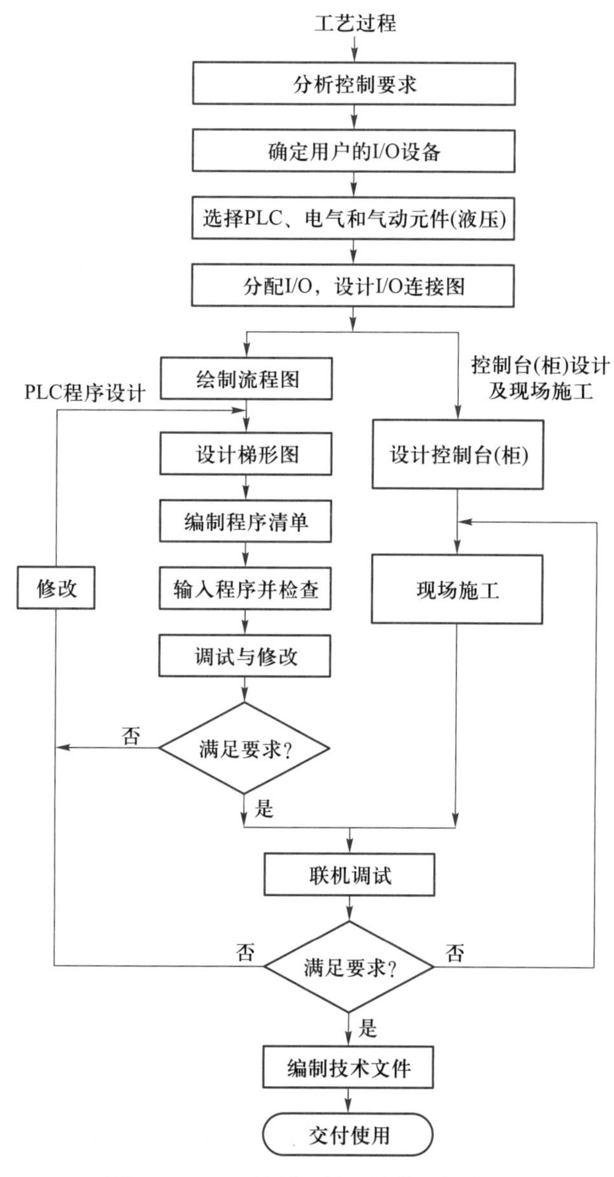

图 6-2　PLC 控制系统设计的一般步骤

对 PLC 控制系统设计中的关键步骤说明如下：

1. 选择 PLC、电气和气动元件（液压）

PLC 控制系统是由 PLC、用户输入及输出设备、控制对象等连接而成的。需要认真选择用户输入设备（按钮、开关、限位开关和传感器等）和输出设备（继电器、接触器、信号灯、气动元件、液压元件等执行元件）。需要进行电气元件的选用说明，必要时应设计完成系统主电路图。

根据选用的输入输出设备的数目和电气特性，选择合适的 PLC。PLC 是控制系统的核心部件，对于保证整个控制系统的技术经济性能指标起着重要作用。PLC 的选择应包括机型、容量、I/O 点数、输入输出模块（类型）、电源模块以及特殊功能模块等。

2. 分配 I/O 点，设计 I/O 连接图

根据选用的输入输出设备、控制要求，确定 PLC 外部 I/O 端口分配。

（1）列出 I/O 分配表，对各 I/O 点功能做出说明（即输入输出定义）。对于输入信号要做 NC 或 NO 说明，对 NPN 传感器或 PNP 传感器要正确区分。对于输出信号则要做电压等级说明，需要进行中间继电器转化的要特别说明。

（2）画出 PLC 外部 I/O 接线图，依据输入输出设备和 I/O 点分配关系，画出 I/O 接线图，接线图中各元件应有代号或编号说明。

（3）必要时列出电器元件明细表，并注明规格数量等详细信息。

3. 绘制流程图

绘制 PLC 控制系统程序流程图，完成程序设计过程的分析说明，尤其是步序控制流程图中相关的转移条件和执行。

4. 设计梯形图

利用编程软件编写控制系统的梯形图程序，在满足系统技术要求和工作情况的前提下，应尽量简化程序，按照 IEC 61131-3 进行编程。同时，尽量减少 PLC 的输入输出点，设计简单、可靠的梯形图程序。需注意安全保护，检查自锁和联锁要求、防误操作功能等是否实现。

IEC 61131-3 推动了 PLC 在软件方面的平台化，进一步发展为工程设计的自动化和智能化，具体体现在：

（1）编程的标准化，促进了工控编程从语言到工具性平台的开放，同时为工控程序在不同硬件平台间的移植创造了前提条件。

（2）为控制系统创立统一的工程应用软环境奠定坚实基础。从应用工程程序设计的管理，到提供逻辑和顺序控制、过程控制、批量控制、运动控制、传动、人机界面等统一的设计平台，以及调试、投运和投产后的维护等，统统纳入统一的工程平台。

（3）应用程序的自动生成工具和仿真工具。

（4）为适应工业 4.0 和智能制造的软件需求，IEC 61131-3 第 3 版将面向用户的编程 OOP 纳入标准。

5. 调试

（1）利用在计算机上仿真运行调试 PLC 控制程序。

（2）与 PLC 仅输入及输出设备联机进行程序调试。调试中，对设计的系统工作原理进行分析，审查控制实现的可靠性，检查系统功能，完善控制程序。控制程序必须经过反

复调试、修改，直到满意为止。

6. 编制技术文件

技术文件应有控制要求、系统分析、主电路、控制流程图、I/O 分配表、I/O 接线图、内部元件分配表、系统电气原理图、PLC 程序、程序说明、操作说明、结论等。技术文件要重点突出，图文并茂，文字通畅。

任务实施 >>>

6.1.2　输入 / 输出定义和电气接线

根据本任务要求，S7-1200 CPU1215C DC/DC/DC、KTP700 触摸屏、G120 变频器和 V90 PN 伺服四个自动化产品采用 PROFINET 相连构成物料传送与堆垛自动控制系统的硬件。PLC 外接 5 个输入信号，即限位开关 SQ1~SQ5，同时外接 4 个输出信号，即电磁阀 Y1~Y4。I/O 分配如表 6-1 所示。

表 6-1　I/O 分配

	PLC 软元件	元件符号 / 名称
输入	I0.0	SQ1/ 轴 _1_ 归位开关（NO）
	I0.1	SQ2/ 轴 _1_LowHwLimitSwitch（NO）
	I0.2	SQ3/ 轴 _1_HighHwLimitSwitch（NO）
	I0.3	SQ4/B 处光电开关（NO）
	I0.4	SQ5/A 处光电开关（NO）
输出	Q0.0	Y1/ 气缸伸出电磁阀
	Q0.1	Y2/ 气缸缩回电磁阀
	Q0.2	Y3/ 气缸夹紧电磁阀
	Q0.3	Y4/ 气缸松开电磁阀
	QW256	G120 变频器命令
	QW258	G120 变频器频率

图 6-3 所示为 PLC 控制电路电气原理图，包括 I/O 连接、PROFINET 连接。如图 6-4 所示为其网络拓扑图，需要正确设置其 IP 地址。

图 6-5 所示为将该 4 个自动化产品组成 PN/IE 网络，设置为一个频段内的 IP 地址，确保网络测试成功。

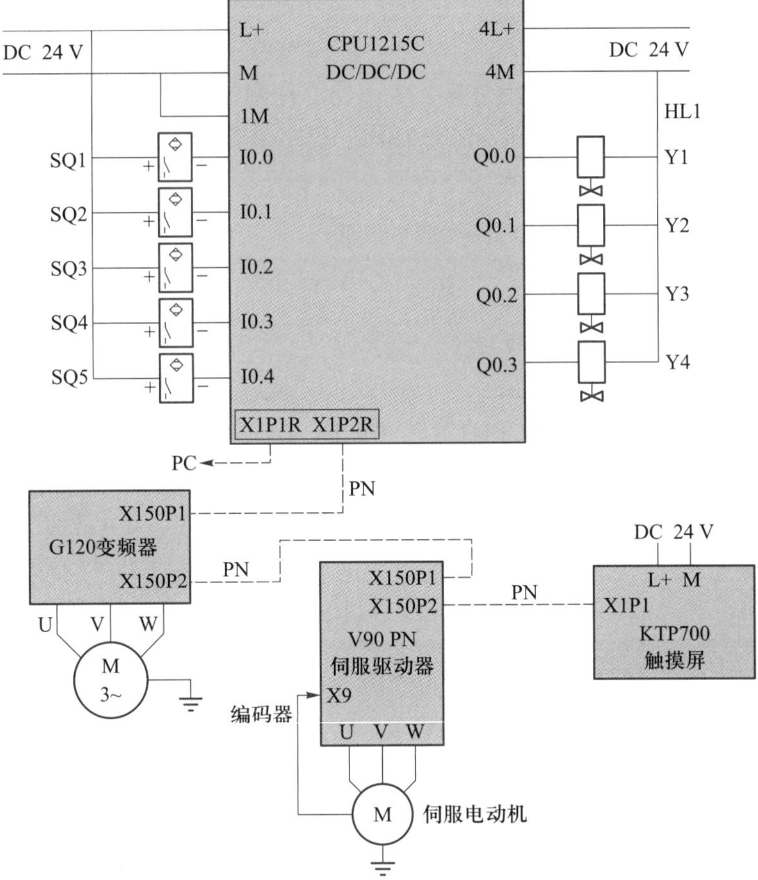

图 6-3　PLC 控制电路电气原理图

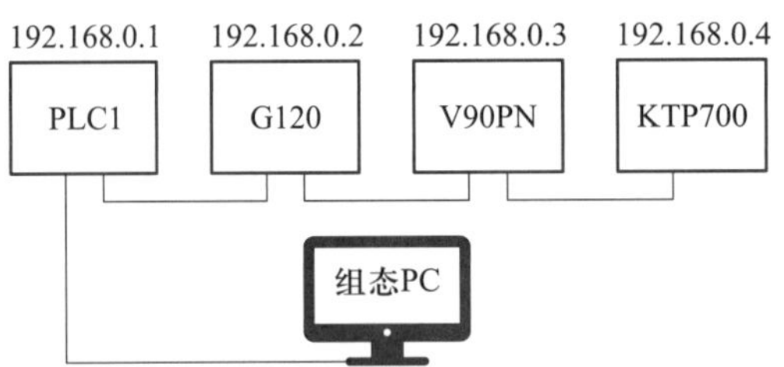

图 6-4　网络拓扑图

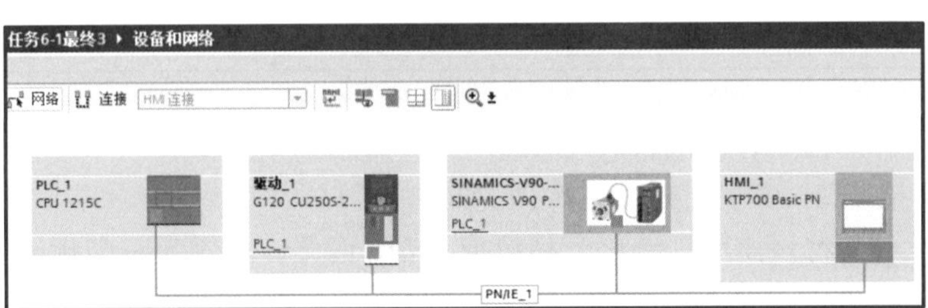

图 6-5　设备与网络

6.1.3　气路图设计与安装

图 6–6 所示是气动机械手气路图，它包括气泵、气源二联件（空气过滤器、调压阀）、气源开关、气阀底座、2 对二位五通电磁阀（分别为控制伸缩气缸和夹紧气缸）。

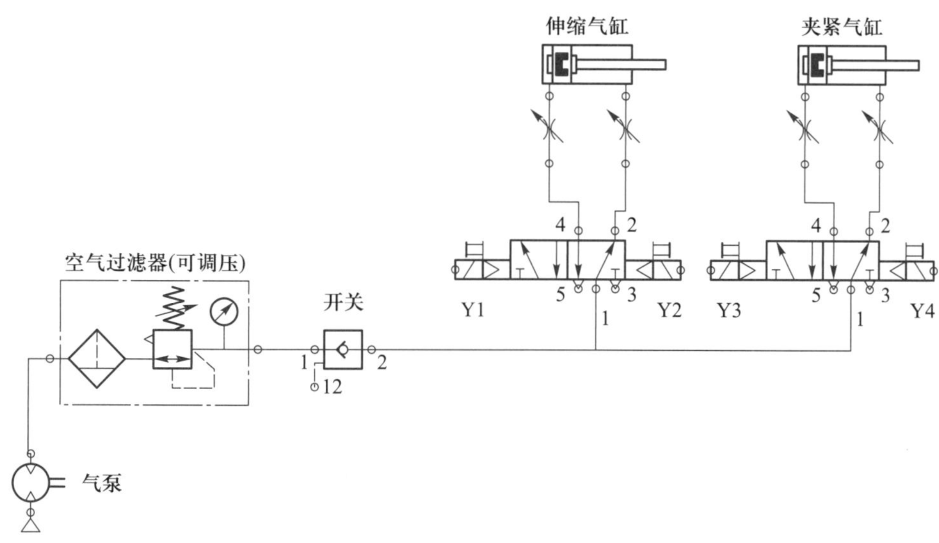

图 6–6　气动机械手气路图

由汇流板和电磁阀等组成的阀组（见图 6–7），包括：电磁阀，如二位五通电磁阀，建议选线圈电压 DC24V；进气孔及气管接头；去各气缸的出气孔及气管接头；消音器；堵头；汇流板。

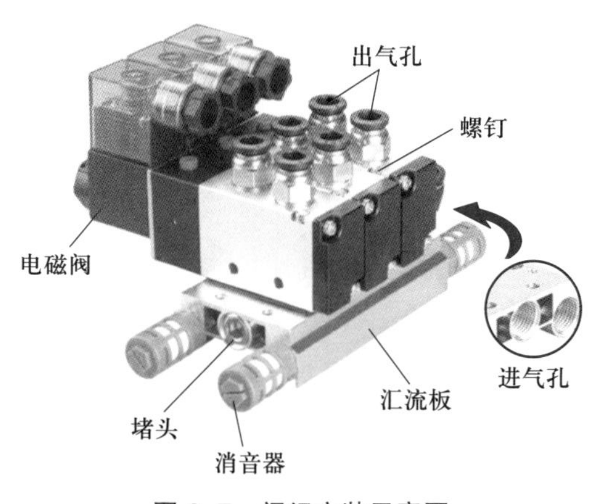

图 6–7　阀组安装示意图

6.1.4　触摸屏画面组态

图 6-8 所示为触摸屏主画面组态，它包括：

（1）“伺服调试画面”按钮、“变频器调试画面”按钮、“气动机构调试画面”按钮，用于进入三个单独的调试画面（见图 6-9～图 6-11）。

（2）自动运行和复位按钮。

（3）物品的移动从 A 处①到 B 处②，待气动机械手伸出夹紧后上移到 B1（即③）、缩回到 B2（即④），根据 MOD 指令奇偶判断是放在 C1（即伺服动作到⑤、气缸伸出到⑥），或 C2（伺服动作到⑦、气缸伸出到⑧），具体如图 6-12 所示。

（4）气动机械手的移动共分四个位置，即 L1～L4，分别对应 B1、B2、C1 和 C2 时的气动机械手所在位置。它在触摸屏上用一条线来表示，在主程序中又称线动画示意，具体如图 6-13 所示。

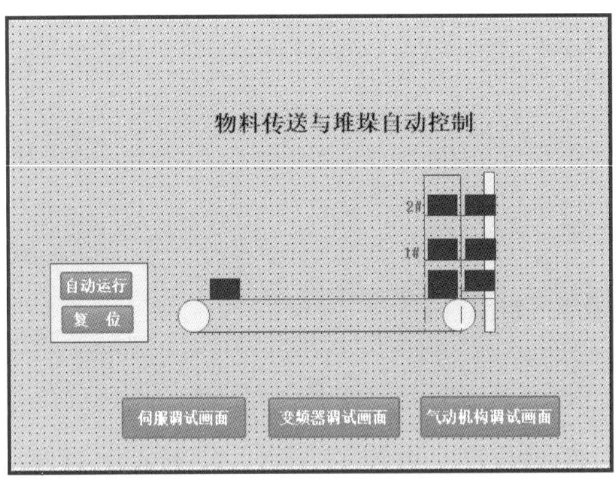

图 6-8　触摸屏主画面组态

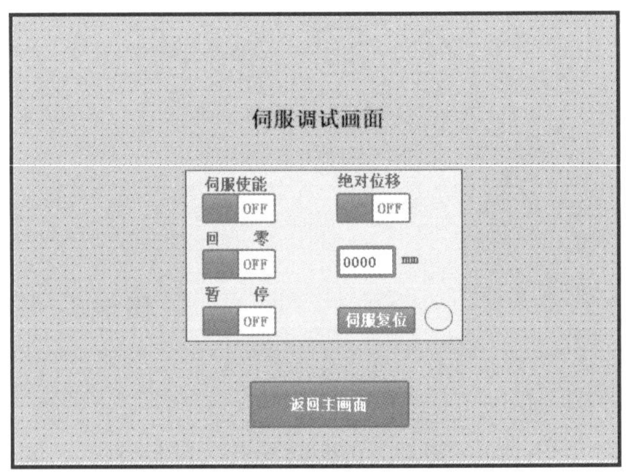

图 6-9　伺服调试画面

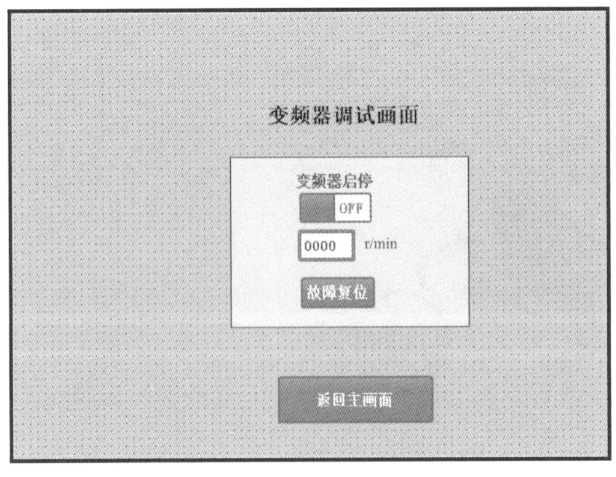

图 6-10　变频器调试画面

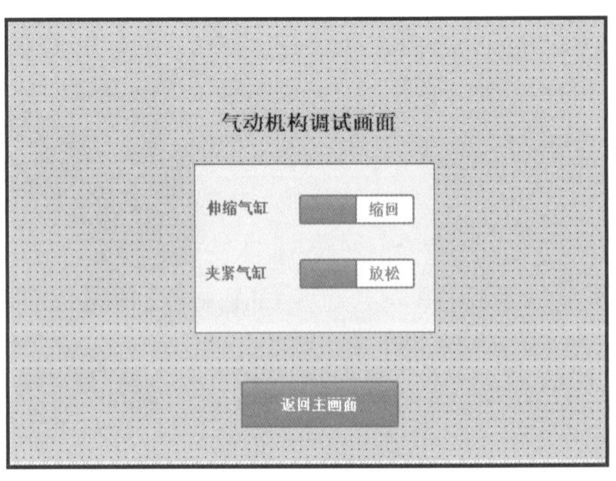

图 6-11　气动机构调试画面

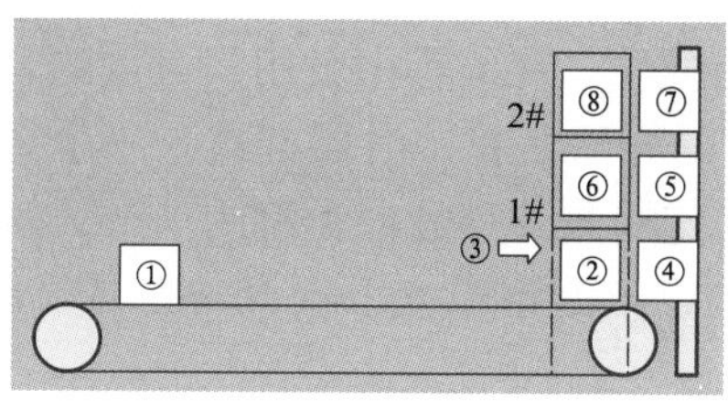

图 6-12　物料动画示意图

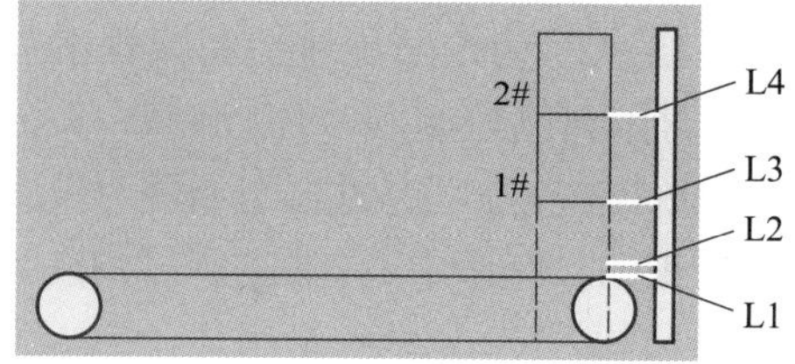

图 6-13　气动机械手示意图（线动画示意图）

6.1.5　PLC 步序控制编程

图 6-14 所示为 PLC 步序控制说明。其中，从步序控制字设置为 0→步序控制 1→……→步序控制 7→步序控制 1……→，步序控制转移条件为限位开关或计时运行时间到。

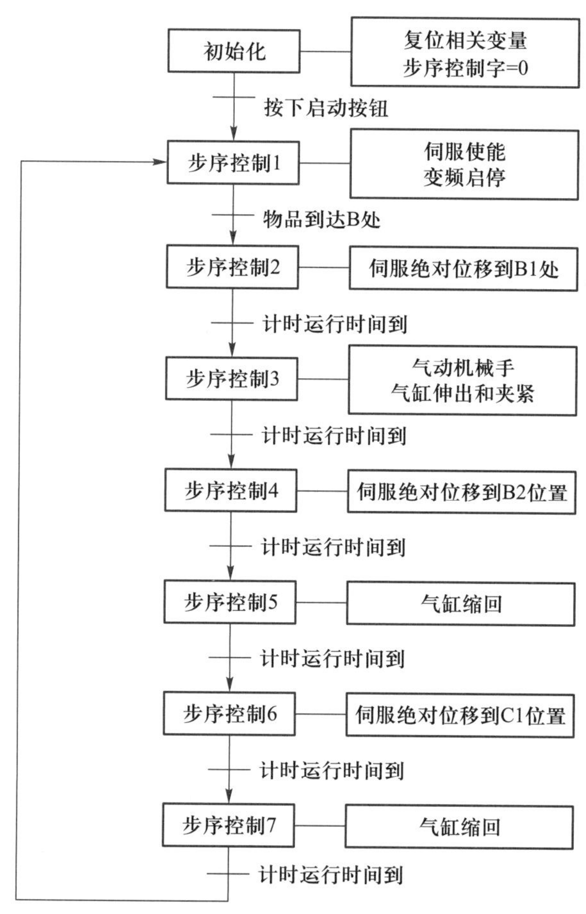

图 6-14　PLC 步序控制说明

1. OB1 梯形图编程

图 6–15 所示为按照步序控制流程编写的梯形图程序。在编程中会用到大量的定时器作为气缸动作到位控制和步序控制转移条件。简化的方法是将定时器都放入一个全局数据块 DB20，命名为“定时器组数据块”，并定义“定时器 T”数据类型为 Array [0..20] of IEC_TIMER。程序中的丝杠绝对为 B1 = 20 mm，B2 = 40 mm，C1 = 140 mm 或 240 mm（此时即 C2 位置）。

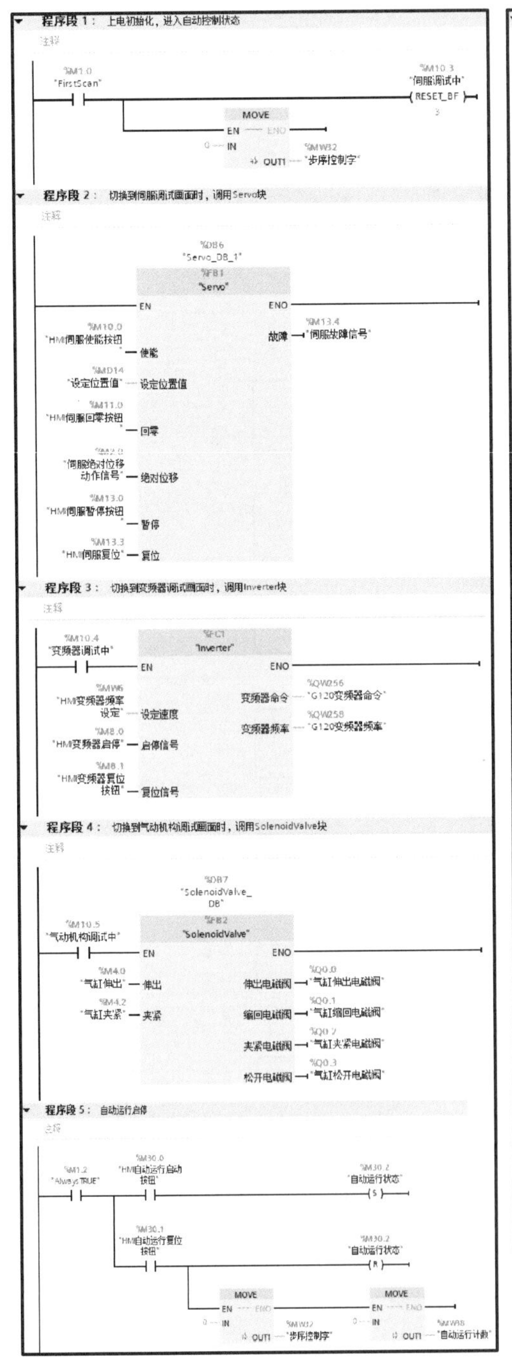

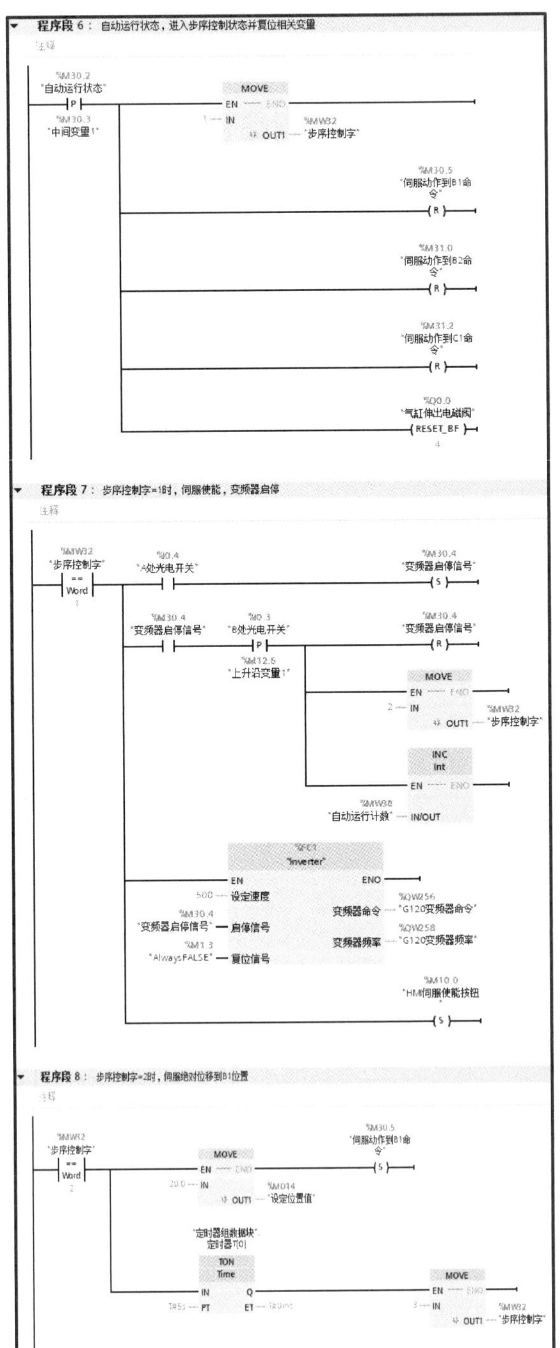

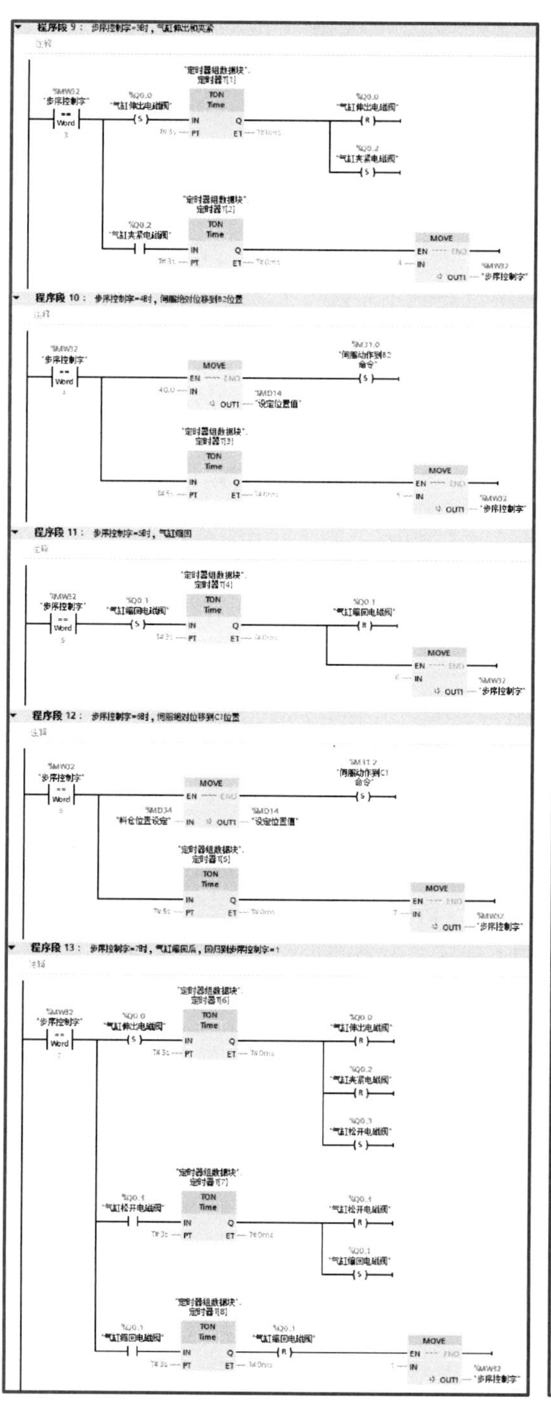

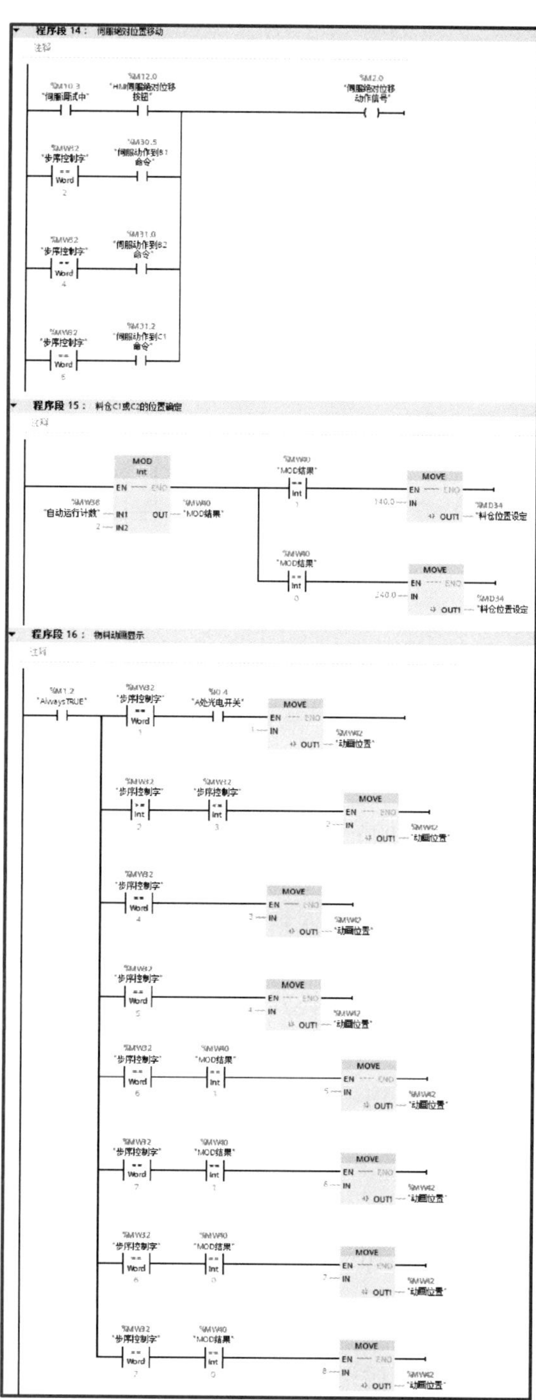

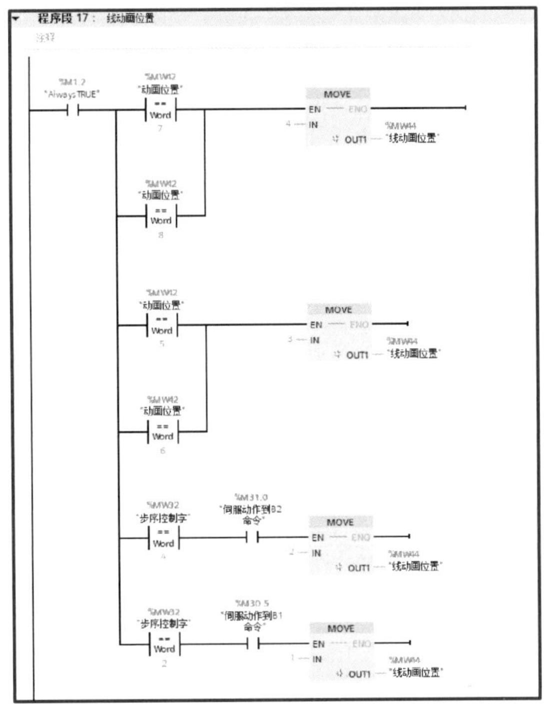

图 6-15　OB1 梯形图程序

程序说明如下：

程序段 1：上电初始化，进入自动控制状态。复位调试变量，将步序控制字设置为 0。

程序段 2：切换到伺服调试画面时，调用 Servo（FB1 块）。

程序段 3：切换到变频器调试画面时，调用 Inverter（FC1 块）。

程序段 4：切换到气动机构调试画面时，调用 SolenoidValve（FB2 块）。

程序段 5：自动运行启停。

程序段 6：自动进行状态，进入步序控制状态并复位相关变量。

程序段 7~13：按步序控制 1~7 动作。

程序段 14：伺服绝对位置移动。

程序段 15：料仓 C1 或 C2 的位置确定。

程序段 16：物料动画显示。

程序段 17：线动画显示，即气动机械手动画显示。

2. FC1 梯形图编程

表 6-2 所示为 FC1（Inverter）输入 / 输出参数定义，图 6-16 所示为其梯形图程序，用来实现变频器的命令控制和频率设定。

表 6–2　FC1 输入 / 输出参数定义

输入输出参数类型	名称	数据类型
Input	设定速度	Int
	启停信号	Bool
	复位信号	Bool
Output	变频器命令	Word
	变频器频率	Word
Temp	Tmp1	Real
	Tmp2	Int

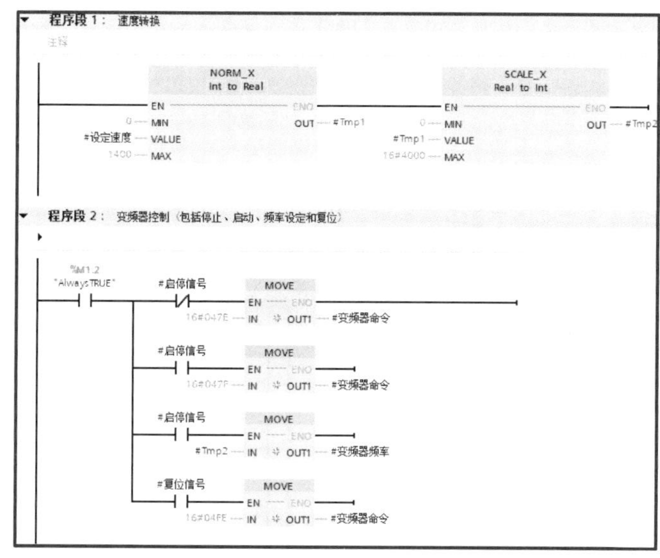

图 6–16　FC1 的梯形图程序

3. FB1 梯形图编程

表 6–3 所示为 FB1（Servo）输入 / 输出参数定义，图 6–17 所示为其梯形图程序。

表 6–3　FB1 输入 / 输出参数定义

输入输出参数类型	名称	数据类型
Input	使能	Bool
	设定位置值	Real
Output	故障	Bool

续表

输入输出参数类型	名称	数据类型
InOut	回零	Bool
	绝对位移	Bool
	暂停	Bool
	复位	Bool
Static	回零结果	Bool
	绝对位移结果	Bool
	暂停结果	Bool
Temp	Err1	Bool
	Err2	Bool
	Err3	Bool
	Err4	Bool
	Err5	Bool

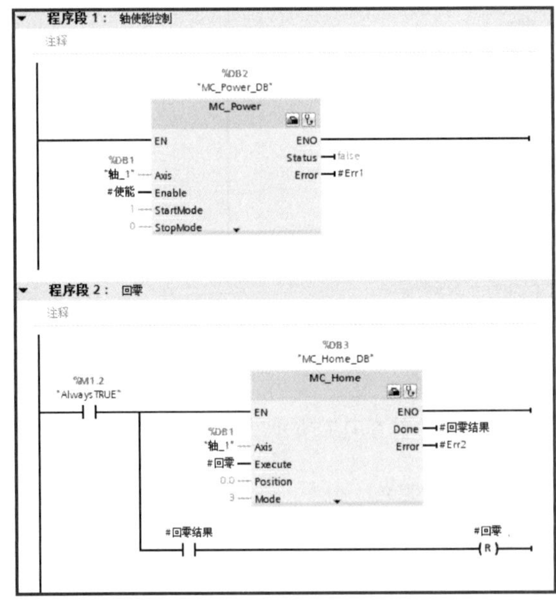

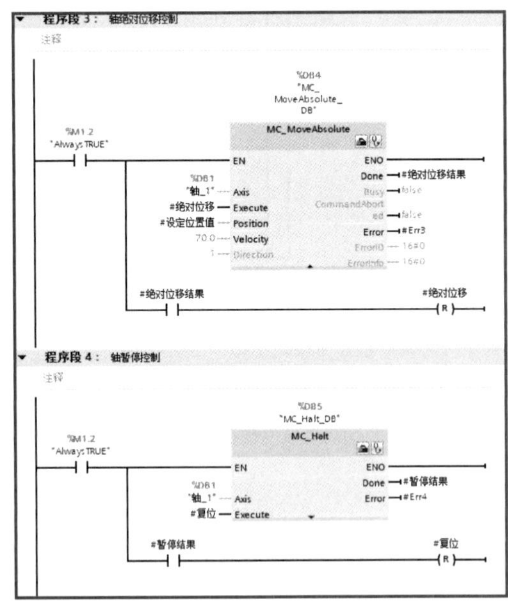

图 6-17　FB1 的梯形图程序

4. FB2 梯形图编程

FB2 块可用来测试气缸电磁阀的动作，如表 6-4 所示为 FB2（SolenoidValve）输入 / 输出参数定义，图 6-18 所示为其梯形图程序。

表 6-4　FB2 块输入 / 输出参数定义

输入输出参数类型	名称	数据类型
Input	伸出	Bool
	夹紧	Bool
Output	伸出电磁阀	Bool
	缩回电磁阀	Bool
	夹紧电磁阀	Bool
	松开电磁阀	Bool
Static	IEC_Time_0_Instance	TON_TIME
	IEC_Time_0_Instance_1	TON_TIME
	IEC_Time_0_Instance_2	TON_TIME
	IEC_Time_0_Instance_3	TON_TIME

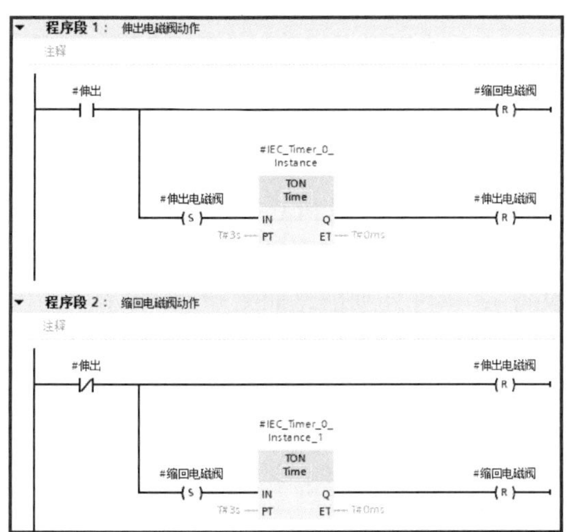

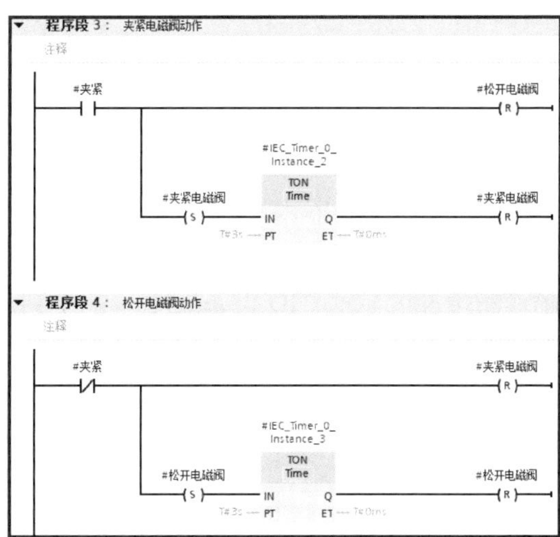

图 6-18　FB2 的梯形图程序

6.1.6　物料传送与堆垛自动控制调试

图 6-19 所示为“物料传送与堆垛自动控制”调试时的触摸屏主画面、伺服调试画面、变频器调试画面和气动机构调试画面。

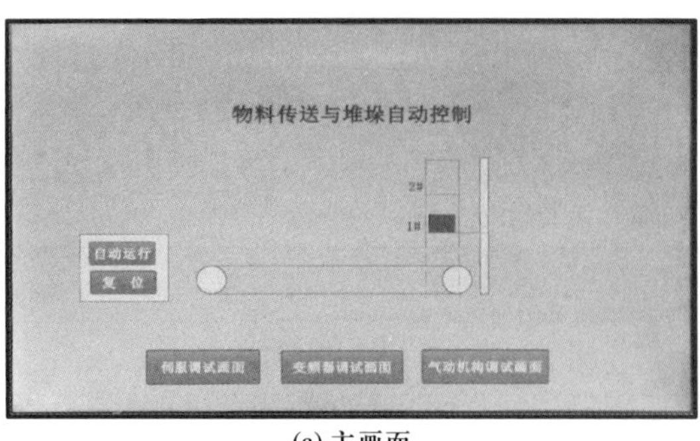

(a) 主画面

(b) 伺服调试画面

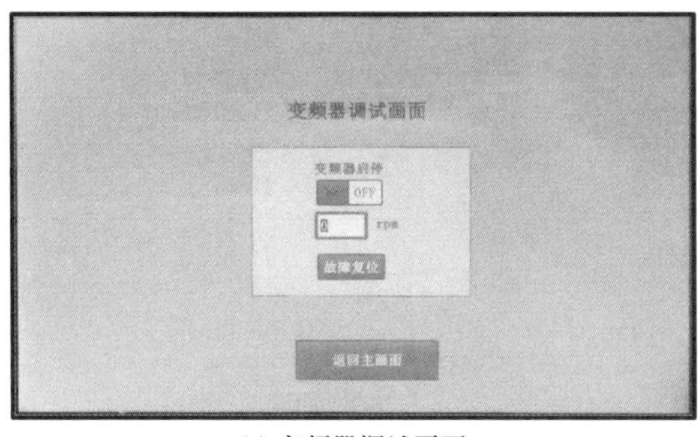

(c) 变频器调试画面

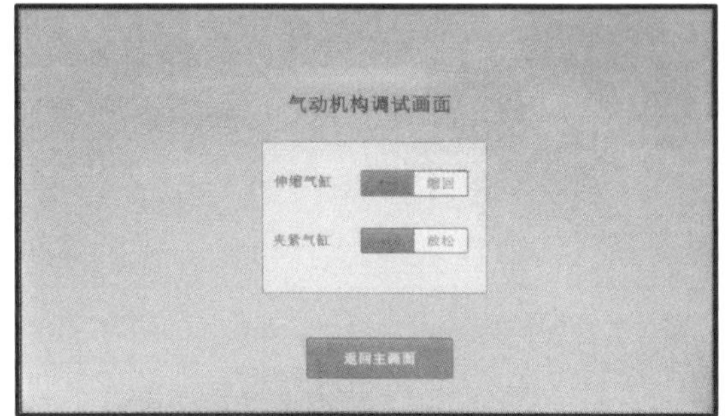

(d) 气动机构调试画面

图 6-19　物料传送与堆垛自动控制调试画面

6.1.7　故障诊断

1. IO 设备故障

通过 PROFINET 通信的自动化产品越多，其调试难度就越大，最常见的为 IO 设备故障。

当 G120 变频器由于出现异常与 PLC 无法联网时，反映到 PLC CPU 操作面板就是"ERROR"灯闪烁，如图 6-20 所示。此时可以打开博途软件进行在线诊断，如图 6-21 所示诊断缓冲区显示"IO 设备故障 - 找不到 IO 设备"，事件详细信息如图 6-22 所示。

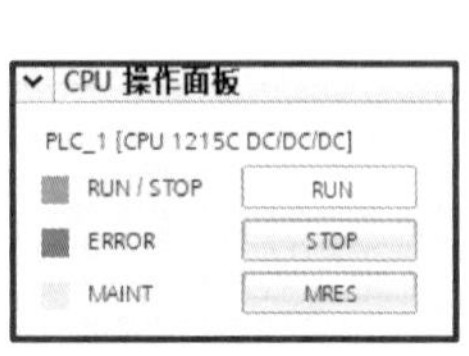

图 6-20　CPU 故障

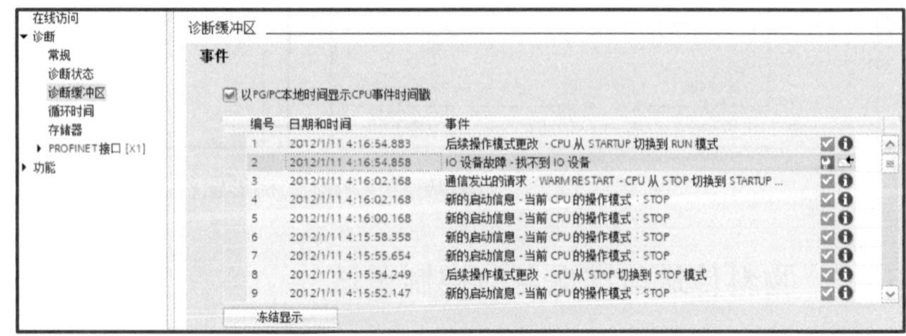

图 6-21　诊断缓冲区

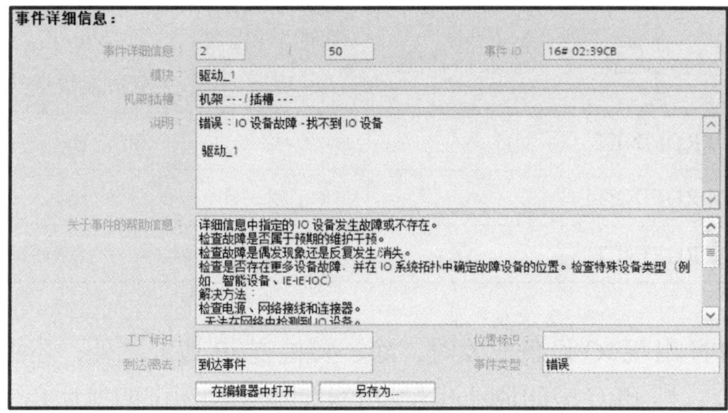

图 6-22 事件详细信息

此时可以检查驱动的以太网接口是否设置错误，如设置错误需重新设定，如图 6-23 所示。

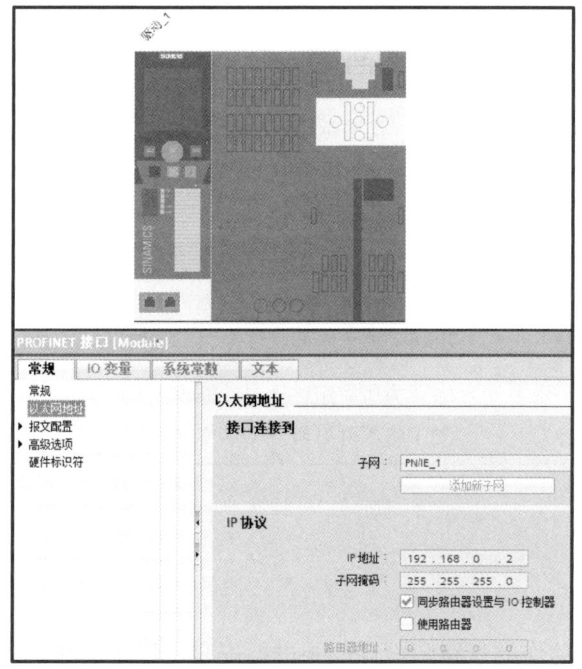

图 6-23 驱动器的 PROFINET 接口

同时，还需要检查设备的版本号和型号是否一致，如表 6-5 所示是不同的 CPU 版本所带 IO 设备的特性。

表 6-5　不同的 CPU 版本所带 IO 设备的特性

CPU 硬件版本	接口类型	控制器功能	智能 IO 设备功能	可带 IO 设备最大数量	扩展站子模块最大数量总和
V4.0	PROFINET	√	√	16	256
V3.0	PROFINET	√	×	16	256
V2.2	PROFINET	√	×	8	128

当伺服 V90 PN 出现 IO 设备故障时，除了要检查 IP 地址之外，还需注意 PROFINET 设备名称是否一致，即 PLC 中的地址和 V90 PN 伺服驱动器中的地址必须一致。

2. 伺服不动作

伺服不动作的原因有两种，一种是未执行回零操作，另一种是伺服驱动器本体故障。

伺服驱动在 PLC 每次下载程序后均需进行回零操作，否则无法进行绝对位置移动。如果出现回零位置不准，则有以下几个原因：寻零速度设置得太快、零点开关信号不稳定、回零方式选择错误。

伺服驱动器本体故障后无法进行动作，此时可以查看 V90 PN 上的故障或报警代码。建议采取如表 6-6 所示的处理方法（相关资料可以查看说明书）。

表 6-6　伺服驱动器故障及处理方法

故障代码	F1015
故障名称	内部软件错误
反应	OFF2
原因	出现了一个内部软件错误
处理方法	（1）为所有组件上电（断电 / 上电）； （2）将固件升级到新版本

技能考核 >>>

考核任务：

1. 实现所有气缸动作的气路图设计，并进行安装，经手动测试动作正常。

2. 实现 PLC、触摸屏、伺服电动机、变频器之间的 PROFINET 通信设置，且信号传送正常。

3. 实现物料传送和堆垛工艺流程的触摸屏控制，正常启停，动画正确。

评分标准：

按要求完成考核任务，其评分标准如表 6-7 所示。

表 6-7 评分标准

<table>
<tr><td colspan="2">姓名：</td><td>任务编号：6.1</td><td colspan="3">综合评价：</td></tr>
<tr><td>序号</td><td>考核项目</td><td>考核内容及要求</td><td>配分</td><td>评分标准</td><td>得分</td></tr>
<tr><td>1</td><td>电工安全操作规范</td><td>着装规范，安全用电，走线规范合理，工具及仪器仪表使用规范，任务完成后整理场地并保持场地清洁有序</td><td>20</td><td rowspan="17">现场考评</td><td></td></tr>
<tr><td>2</td><td>实训态度</td><td>不迟到、不早退、不旷课，实训过程认真负责，组内人员主动沟通、协作，小组间互助</td><td>10</td><td></td></tr>
<tr><td rowspan="3">3</td><td rowspan="3">系统方案制订</td><td>PLC、触摸屏、变频器和伺服的通信分析合理</td><td rowspan="3">15</td><td rowspan="3"></td></tr>
<tr><td>控制电路电气原理图正确</td></tr>
<tr><td>气路图设计正确，气动元件选型合理</td></tr>
<tr><td rowspan="3">4</td><td rowspan="3">编程能力</td><td>PLC 步序控制思路明确</td><td rowspan="3">20</td><td rowspan="3"></td></tr>
<tr><td>触摸屏画面符合任务要求</td></tr>
<tr><td>触摸屏、PLC、变频器和伺服之间通信连接正常</td></tr>
<tr><td rowspan="3">5</td><td rowspan="3">操作能力</td><td>根据电气原理图正确接线，线路美观且可靠</td><td rowspan="3">15</td><td rowspan="3"></td></tr>
<tr><td>变频器和伺服参数设置正确，调试正常</td></tr>
<tr><td>根据系统功能进行正确操作演示</td></tr>
<tr><td rowspan="3">6</td><td rowspan="3">实践效果</td><td>系统工作可靠，满足工作要求</td><td rowspan="3">10</td><td rowspan="3"></td></tr>
<tr><td>PLC 变量和触摸屏变量命名规范</td></tr>
<tr><td>按规定的时间完成任务</td></tr>
<tr><td rowspan="2">7</td><td rowspan="2">汇报总结</td><td>工作总结，PPT 汇报</td><td rowspan="2">5</td><td rowspan="2"></td></tr>
<tr><td>填写自我检查表及反馈表</td></tr>
<tr><td>8</td><td>创新实践</td><td>在本任务中有另辟蹊径、独树一帜的实践内容</td><td>5</td><td></td></tr>
<tr><td colspan="3">合计</td><td>100</td><td></td><td></td></tr>
</table>

注：综合评价可以采用教师评价、学生评价、组间评价和企业评价按一定比例计算后综合得出五级制成绩，即 90~100 分为优，80~89 分为良，70~79 分为中，60~69 分为及格，0~59 分为不及格。

项目 6 拓展阅读

思考与练习

1. 某混合搅拌装置如图 6–24 所示，其中电动机 M 为 G120 变频器进行控制，所有操作由触摸屏 KTP700 控制。

（1）初始状态：气动电磁阀 Y1、Y2、Y3、Y4 和搅拌机均为 OFF，液面传感器 L1、L2、L3 均为 OFF。

（2）启动运行：触摸屏按下启动按钮。

① 气动电磁阀 Y1 闭合（Y1 为 ON），开始注入液体 A，至液面高度为 L2（此时 L2 和 L3 为 ON）时，停止注入（Y1 为 OFF），同时开启液体 B 气动电磁阀 Y2（Y2 为 ON）并注入液体 B，当液面升至 L1（L1 为 ON）时，停止注入（Y2 为 OFF）。

② 停止液体 B 注入时，电动机启动（M = ON），开始搅拌混合。要求电动机先正转 5 s，停 1 s 后反转 5 s。

③ 停止搅拌后放出混合液体（Y4 为 ON），至液体高度为 L3 后，再经 5 s 停止放液体。

④ 如此循环搅拌 3 次过程后，结束搅拌，所有气动电磁阀和搅拌机均恢复为初始状态。

（3）停止：触摸屏按下停止按钮后，要求完成一个搅拌过程后，所有电磁阀和搅拌机均恢复为 OFF。

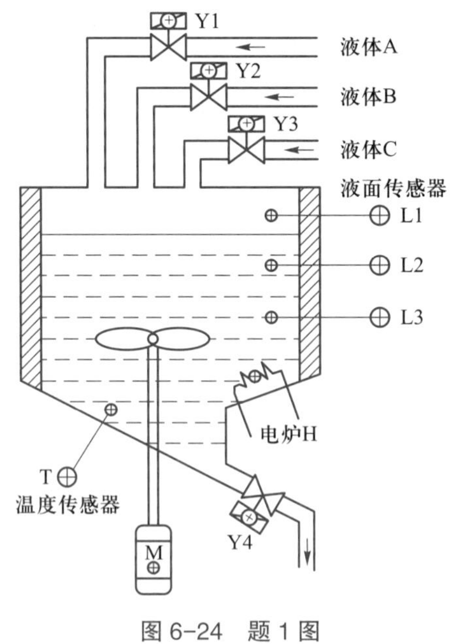

图 6–24 题 1 图

请绘制电气原理图和气动原理图，列出 I/O 分配表，并进行 PLC 编程、触摸屏组态和变频器调试。

2. 如图 6-25 所示为 2 个 V90 PN 组成的 X-Y 伺服堆垛机构，可以对 5×5 的仓格实行存料控制。根据先上后下、先左后右的原则进行，一旦某一个仓格存放物料之后，就无法再存入。当堆垛机构到某一个仓格前时，则采用气动机械手将物料存放到仓格里。请绘制由 PLC、触摸屏和 2 个伺服构成的自动堆垛系统进行电气原理图和气动原理图，列出 I/O 分配表，并进行 PLC 编程、触摸屏组态和变频器调试。

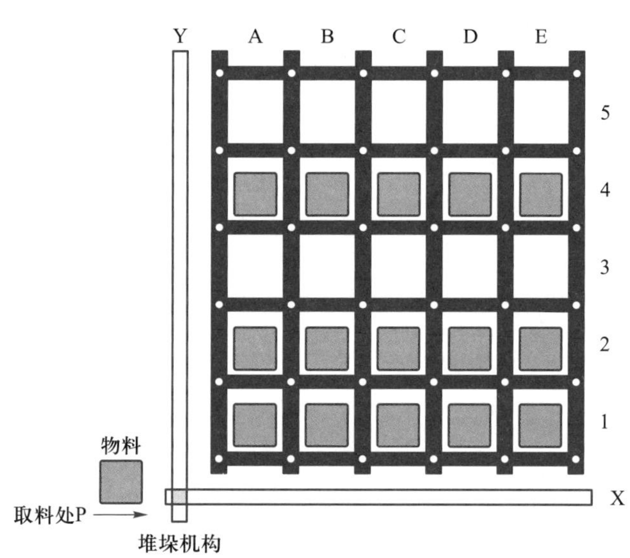

图 6-25　题 2 图

参考文献

［1］李方园. 西门子 S7-1200 PLC 从入门到精通［M］. 北京：电子工业出版社，2018.

［2］李方园. 西门子 S7-1200 PLC 从入门到实战［M］. 北京：电子工业出版社，2021.

［3］芮庆忠，黄诚. 西门子 S7-1200 PLC 编程及应用［M］. 北京：电子工业出版社，2020.

读者意见反馈

为收集对教材的意见建议，进一步完善教材编写并做好服务工作，读者可将对本教材的意见建议通过如下渠道反馈至我社。

咨询电话　400-810-0598

反馈邮箱　gjdzfwb@pub.hep.cn

通信地址　北京市朝阳区惠新东街 4 号富盛大厦 1 座
　　　　　高等教育出版社总编辑办公室

邮政编码　100029